藍學堂

學習・奇趣・輕鬆讀

BRIAN W. KERNIGHAN

UNIX系統開發者 **布萊恩・柯尼罕**————著　李芳齡————譯

普 林 斯 頓 最 熱 門 的

電 腦 通 識 課

enter

 **數 位 時 代 人 人 必 懂 的
資 訊 基 礎 × 最 新 應 用**

UNDERSTANDING
THE DIGITAL WORLD

WHAT YOU NEED TO KNOW ABOUT COMPUTERS,
THE INTERNET, PRIVACY, AND SECURITY 2e

各界讚譽

「本書是谷歌最知名的發明家對我們現在所處的世界最清晰、最簡單的解釋——電腦如何運作，以及為什麼會這樣。地球上每個人都需要讀。」

——艾力克・施密特（Erik Schmidt）／Google前CEO

「如果說上個世代必讀的書是《大英百科全書》，那麼這個世代必讀的書也許就是這本《普林斯頓最熱門的電腦通識課》。當我們懂了電腦，那麼全宇宙的知識都在我們的手掌中。」

——葛如鈞／國立臺灣大學 網路與多媒體研究所 兼任助理教授

「本書揭開電腦與網路的神秘面紗，人人都能從中學到東西。柯尼罕以友善、易讀易懂的文風，把機器內部的運作和數位世界的平日新聞與發展連結起來。」

——哈利・路易士（Harry Lewis）／哈佛大學電腦科學教授、前哈佛學院院長

「柯尼罕述說我們必須知道的有關於電腦及電腦科學的東西，他聚焦於對日常電腦使用者有用且有趣的概念，涵蓋廣泛的主題，包括電腦硬體、編程、演算法、網路、以及有關政府監視、隱私及網路中立性等政治意味濃厚的議題。」

——約翰・麥考米克（John MacCormick）／
狄金森學院（Dickinson College）電腦科學教授

「柯尼罕作為一名電腦科學家，具有明星級的信譽，但本書展現的是對現代世界中科技境況的人道主義關切⋯⋯。本書非常接地氣地解釋電腦運算的根本知識，以及電腦科技與我們的生活如何互動，這些知識將很長期地切要。」

——史帝夫・曼斯菲爾德—戴文（Steve Mansfield Devine）／《網路安全》（*Network Security*）期刊編輯

「本書為普羅大眾提供電腦與電子通訊的綜覽，平順流暢地探討一個又一個主題，不論什麼背景的讀者都會覺得易讀易懂。」

——布萊恩・瑞斯派斯（Bryan Respass）／柏根縣立高中（Bergen County Academies）電腦科學教師

目次

第2部／軟體

第4章／演算法

第5章／編程及程式語言

第6章／軟體系統

作者序

自 1999 年起，幾乎每個秋季，我都在普林斯頓大學開一門課：「我們世界裡的電腦」（Computers in Our World），這課程名稱含糊得令我覺得不好意思，但是，這是我在當年的某天，在不到五分鐘內想出來的，一旦決定了，改名就難了。不過，教這門課是我在非常享受的大學教書工作中最有趣的一件事。

開這門課是基於我的一個觀察。我們的世界裡，電腦及電腦運算無所不在，一些電腦運算非常明顯可見——現在，每個學生都有一台遠比 IBM 7094 主機型電腦還要強大的筆記型電腦，1964 年我還是普林斯頓大學研究生時，一台服務整個校園的 IBM 7094 主機型電腦得花數百萬美元購買，體積佔據一個大空調房間。[1] 每個學生都有一支手機，其電腦運算力遠超過那古董的 IBM 7094。每個學生都能高速連結網際網路，全球人口中有一大部分也能高速連網，人人都在線上搜尋與購物，使用電子郵件、簡訊，及社交網路來和親友保持聯絡。

但這只是電腦運算這座大冰山的一角，絕大部分還隱藏於表面之下。我們看不到、通常也不會想到隱藏於家電、車子、飛機，以及無數我們視為理所當然的電子器材——智慧型電視機、恆溫器、門鈴、語音辨識系統、健身追蹤器、耳機、玩具、遊戲等等——內部的電腦。我們也不太會去思考種種基礎設施對電腦運算的倚賴程度，包括電視網、有線電視、空中交通管制、電力網、銀行與金融服務等等。

多數人將不會直接涉及這類系統的建造工作，但人人都受到它們的顯著影響，有些人將必須做出與它們有關的重要決策。一個受過教育的人起碼得知道電腦運算的基本原理：電腦能做什麼，以及如何做；電腦完全做不到什麼，以及哪些部分只是因為目前還難以做到；電腦與電腦之間如何溝通，以及它們彼此溝通時會發生什麼；電腦運算與通訊影響我們周遭世界的許多方

式。

電腦運算的無所不在與無孔不入，以我們意想不到的方式影響我們。雖然，我們不時被提醒，監視系統愈來愈多，我們的隱私被侵犯以及我們的身分被盜用的危險與日俱增，但我們可能還不了解電腦運算及通訊導致的這類脆弱性的程度。

美國國安局外包技術員愛德華‧史諾登（Edward Snowden）在 2013年 6 月向一些新聞記者提供五萬份文件，揭露美國國安局經常性地監聽與收集近乎世上所有人的電子通訊（電話、簡訊、與網際網路使用），但主要對象是生活在美國、對自己國家的安全不構成威脅的美國公民。史諾登揭露的文件顯示，其他國家也監聽及窺探它們的人民。或許，最令人驚訝的是，過了起初的義憤填膺之後，一切又回歸平常，政府監聽與窺探的情形愈來愈多，但人民順從或不以為意地接受。

企業也在線上及實體世界追蹤和監視我們，許多公司的事業模式基礎是收集龐大資料，使用這些資料來預測與影響我們的行為。龐大的資料供輸已經促成了語音理解、電腦視覺，及語言翻譯等領域的大進展，但這是以犧牲我們的隱私為代價，人們變得更難匿名。

各種類型的駭客已經變得很老練於攻擊資料庫，現在幾乎天天都上演企業及政府機構遭到電子入侵的戲碼；大量的顧客及員工資訊遭竊，這些被盜的資訊往往被用於欺詐及身分盜用。個人受到攻擊的情形也相當普遍，在以往，你只要不理會謊稱為奈及利亞皇族發出的電子郵件，就能免於網路詐騙；但現在，針對性攻擊遠遠更狡猾，已經成為企業電腦系統遭到入侵的最常見手法之一。

臉書（Facebook）、映思（Instagram）、推特（Twitter）、銳遞（Reddit）等等之類的社交媒體網站已經改變了人們的互動方式，有時候，這是正面的改變——與親友保持聯繫，觀看新聞，種種娛樂等等。這些有時產生正面影響，例如，2020 年中，警察殘暴執法的影片被人們病毒式傳播，使「黑人的命也是命」（Black Lives Matter）運動引起大家的關注。

但是，社交媒體也造成了相當多的負面作用。種族主義分子、仇恨團體、

陰謀理論者，以及其他瘋狂人士，不論理念或政治立場為何，他們總是能夠輕易地在網際網路上找到彼此，協調合作，擴大他們的影響作用。在呼籲或尋求節制線上內容時，言論自由的主張和技術性挑戰等棘手問題導致敵意與荒謬言論的散播居高不下。

在透過網際網路而緊密相連的世界，司法管轄權也是難題。歐盟自2018年開始實行一般資料保護規範（General Data Protection Regulation，簡稱GDPR），讓歐盟國家居民控管他們的個人資料的收集與使用，防止公司在歐盟以外地區傳送或儲存這類資料。但是，GDPR是否有效改善了個人隱私，尚不明確，當然，這些規範只適用歐盟國家，世界其他地區的情況有所不同。

雲端運算的快速採用使情況更為複雜。雲端運算係指個人及公司把他們的資料儲存於亞馬遜、谷歌，及微軟之類公司擁有的伺服器裡，並由那些伺服器執行運算，也就是說，資料不再由其所有權人直接保管，而是由第三方保管，這些第三方的議程、責任，及脆弱性不同於資料所有權人，可能面臨利害衝突的管轄權要求。

種種器材與網際網路連結的「物聯網」（Internet of Things，IoT）正在快速成長中，手機當然是個明顯的例子，還有車輛、保全攝影機、家用電器與控制系統、醫療器材，以及大量的基礎設施如空中交通管制及電力網等等。這種萬物與網際網路連結的趨勢將持續發展，因為與網路連結的益處令人無法抗拒，但是，這也涉及了重大風險，因為這些器材可不是純粹娛樂我們，一些這類器材控管了生死系統，它們的安全性往往遠比較早而較成熟的系統更為脆弱。

能夠有效防禦這一切的方法並不多，密碼術是其中之一，它提供了保護通訊及資料儲存的隱私性與安全性的手段。不幸的是，強大的密碼（cryptography）持續遭到攻擊，政府並不喜歡讓個人、公司，或恐怖分子有真正的、百分之百的私密通訊，因此經常呼籲在密碼演算法中留有後門（backdoor），讓政府機構可以在必要時破解加密，當然是以「有適當防護」及「為了國家安全著想」為前提。但是，不論意圖多良善，這都是壞主意。

縱使你相信政府將總是守規矩，私密資訊絕對不會外洩（儘管史諾登揭露的文件證明，我們不該相信這點），你仍然應該考慮使用起碼程度的密碼，避免敵人、朋友及壞傢伙使用你的私密資訊。

普羅大眾——例如上我的課程的學生，或一般受過教育的人，不論他們的背景為何，受過什麼訓練，都必須關切一些問題與議題。

我的課程的學生並不是主修工程、物理或數學之類科技性質學科的學生，可能主修英語、政治、歷史、古典主義、經濟、音樂、藝術等等人文科學及社會科學，上完這課程，他們應該能夠讀懂有關於電腦運算的新聞報導，從中學到更多，或許還能看出其中可能不精確的論述。就更廣泛而言，我希望我的學生及讀者能夠對科技抱持理智的懷疑，知道科技通常是個好東西，但不是萬靈丹；反過來說，科技有時雖帶來不好的影響，但它不是十惡不赦。

物理學家理查・穆勒（Richard Muller）在其優異著作《給未來總統的物理課》（*Physics for Future Presidents*）中，嘗試解釋領導人必須應付的核子威脅、恐怖分子、能源、全球暖化等等重要課題所涉及的科技背景，不立志於當總統、但有見識的公民也應該對這些主題有起碼程度的了解。[2] 穆勒使用的這種教育方法為我想達到的目的提供了一個很好的比喻：「給未來總統的電腦課」。

一個未來的總統應該對電腦有什麼了解呢？一個有見識的公民應該對電腦有什麼了解呢？你應該對電腦有什麼了解呢？

我認為，有四個核心技術領域：硬體、軟體、通訊及資料。

硬體是有形的部分：我們可以看到及觸摸到、放在我們家中及辦公室，以及我們隨身攜帶的手機裡。電腦裡頭有什麼，它如何運作，它是如何建造出來的？它如何儲存及處理資訊？什麼是位元（bit）及位元組（byte），我們如何用它們來表現音樂、電影及其他種種東西？[3]

軟體是告訴電腦去做什麼的指令，它是幾乎完全無形的東西。我們能夠用電腦來運算什麼，運算速度有多快？我們如何告訴電腦去做什麼？為何如

此難以使它們做對？為何經常難以使用它們？

　　通訊指的是電腦、手機及其他器材為了我們而彼此交談、並且使我們能夠彼此交談的東西：網際網路，全球資訊網，電子郵件以及社交媒體。這些是如何運作的？這些通訊帶來的益處顯而易見，但這其中涉及了什麼風險，尤其是我們的隱私及資安？可以如何降低這些風險？

　　資料是硬體與軟體收集、儲存，及處理並透過通訊系統發送至世界各地的所有資訊。這其中有些是我們自願（不論是否經過審慎考慮）貢獻的資料──我們上傳的文字、相片及影片；但大部分是我們在日常生活中不知情之下（更遑論經過我們的同意）被收集與分享的個人資訊。

　　不論你是不是總統，將來選不選總統，你都應該了解電腦，因為它影響你個人。不論你的生活與工作距離科技多遠，你都將必須和科技與科技人員往來互動。對器材與系統的運作有所了解，是一大益處，縱使是簡單的事件──例如，你認知到，這名銷售員、或這名技術協助員、或這位政治人物並未告訴你全部真相，對你也有益處。

　　事實上，無知可能對你造成直接傷害。若你不了解病毒、網路釣魚及其他類似的威脅，你將更容易受到它們的侵害。若你不知道社交網路如何洩漏、甚至散播你視為隱私的資訊，你的隱私被洩漏的程度可能比你所知道的更為嚴重。若你不了解企業與商家多麼魯莽輕率地利用它們對你的生活的了解來牟取商業利益，你就不會為了蠅頭小利而捨棄隱私。若你不知道何以在一家咖啡店或一座機場點進個人的網路銀行戶頭是件危險的事，你的金錢或身分有可能被盜。若你不知道資料多麼容易被操縱，你將更可能被假新聞、虛假形象及陰謀論欺騙。

　　建議你從頭到尾循序閱讀本書，但你也可以先跳讀你較感興趣的主題，再回頭閱讀前面部分。例如，你可以先閱讀第八章有關於網路、手機、網際網路、全球資訊網及隱私問題，這過程中，為幫助了解某些部分的內容，你可能得參閱一些前面章節，但大致上，先閱讀第八章是沒有問題的，你可以讀懂絕大部分內容。你可以略過數量性質的內容，例如第二章中的「二進數」（binary numbers），你也可以忽略幾章裡頭有關程式語言的細節。

　　本書的註釋列出我喜歡的一些書籍，包括源頭連結以及有幫助的補充。本書最後提供的詞彙表簡單定義及解釋重要的術語及首字母縮略字。

　　任何一本探討電腦運算的書籍，都可能很快地過時，本書也不例外。本書第一版出版時，我們還未見識到敵意行動者操縱美國及其他國家的民意及影響選舉的嚴重程度。我在這第二版中增加重要的新故事，其中許多和個人隱私及資安有關，因為在過去幾年，這問題已經變得愈來愈迫切。第二版也增加新專章探討人工智慧、機器學習，以及「大數據」如何使它們變得如此強大、但有時也非常危險。我也在這新版中嘗試釐清含糊的解釋，並刪除或替換過時的材料。儘管如此，當你閱讀本書時，難免仍會有一些錯誤或過時的細節，但我已經盡力清楚指出具有持久價值的內容。

　　我撰寫此書的目的是使你能夠對一項了不起的科技有一定程度的認識，了解它如何運作、它源自何處，以及它未來的可能走向。或許，閱讀本書的過程中，你也會對這世界產生有益的思考，這是我所期盼的。

致謝

　　我再次衷心感謝幫助改進此書的朋友及同事。Jon Bentley 非常仔細地閱讀本書的稿子數次，他提供有條理的建議、事實查證及新例子，這些是非常寶貴的貢獻。Al Aho、Swati Bhatt、Giovanni De Ferrari、Paul Kernighan、John Linderman、Madeleine Planeix-Crocker、Arnold Robbins、Yang Song、Howard Trickey，及 John Wait 等人對本書全稿提出詳細的評論。我也感謝 Fabrizio d'Amore、Peter Grabowski、Abigail Gupta、Maia Hamin、Gerard Holzmann、Ken Lambert、Daniel Lopresti、Theodor Marcu、Joann Ordille、Ayushi Sinha、William Ughetta、Peter Weinberger，及 Francisca Weirich-Freiberg 等人提供的建議。Sungchang Ha 對本書第一版所做的韓文譯本也明顯有助於改善本書英文版的這第二版。感謝 Harry Lewis、John MacCormick、Bryan Respass 與 Eric Schmidt 對第一版的讚譽。一如既往，衷心感謝共事愉快的普林斯頓大學出版公司的製作團隊——Mark Bellis、Lorraine Doneker、Kristen Hop、Dimitri Karetnikov，及 Hallie Stebbins 等人，特別要感謝 MaryEllen Oliver 一絲不苟的校對及事實查證工作。

　　距離我開設這門課，已經過了二十個年頭，我的學生早已開始推動這世界，或至少幫助這世界維持於軌道上，他們當中有新聞工作者、醫生、律師、各層級的教師、政府官員、公司創辦人、藝術家、表演者、深度參與及貢獻的公民，我對他們引以為傲。

　　我們全都受惠於在新冠肺炎（COVID-19）危機期間辛苦努力與犧牲的許多人，他們的奉獻使我們其他人得以在較安適的住家工作，能夠仰賴繼續運作的基本服務以及在疫情中照料我們的醫療體系，沒有言語能夠表達我們對他們的虧欠與感激。

本書第一版致謝

我再次衷心感謝朋友及同事的慷慨幫助與建議。Jon Bentley 非常仔細地閱讀本書的稿子數次，對每一頁提出很有幫助的評論與意見，他的貢獻使本書變得遠遠更好。下列人士對本書全稿提供寶貴的建議、批評與糾正：Swati Bhatt、Giovanni De Ferrari、Peter Grabowski、Gerard Holzmann、Vickie Kearn、Paul Kernighan、Eren Kursun、David Malan、David Mauskop、Deepa Muralidhar、Madeleine Planeix-Crocker、Arnold Robbins、Howard Trickey、Janet Vertesi，及 John Wait。我也受惠於下列人士提供的建議：David Dobkin、Alan Donovan、Andrew Judkis、Mark Kernighan、Elizabeth Linder、Jacqueline Mislow、Arvind Narayanan、Jonah Sinowitz、Peter Weinberger，及 Tony Worth。衷心感謝共事愉快的普林斯頓大學出版公司的製作團隊——Mark Bellis、Lorraine Doneker、Dimitri Karetnikov，及 Vickie Kearn 等人。

我也感謝普林斯頓大學資訊技術政策中心（Center for Information Technology Policy）的友情、交談，及每週的免費午餐。感謝 COS 109 課程的學生，你們的才能與熱情持續帶給我驚奇與鼓舞。

向數位貢獻者致謝

我由衷感謝朋友及同事的慷慨幫助與建議，尤其是 Jon Bentley，他對幾份全稿的近乎每一頁提供了詳細的評論。Clay Bavor、Dan Bentley、Hildo Biersma、Stu Feldman、Gerard Holzmann、Joshua Katz、Mark Kernighan、Meg Kernighan、Paul Kernighan、David Malan、Tali Moreshet、Jon Riecke、Mike Shih、Bjarne Stroustrup、Howard Trickey，及 John Wait 等人非常仔細地閱讀全稿，提出許多有幫助的建議，為我免去了一些大出糗。我也感謝 Jeniffer Chen、Doug Clark、Steve

Elgersma、Avi Flamholz、Henry Leitner、Michael Li、Hugh Lynch、Patrick McCormick、Jacqueline Mislow、Jonathan Rochelle、Corey Thompson，及 Chris Van Wyk 等人的寶貴評論，我希望他們能在成書中看到我採納他們的建議的許多地方，別注意到我沒納入建議的少數地方。

David Brailsford 根據他本身辛苦獲得的經驗，提供很多有關於自行出版及文本格式方面的有用建議，Greg Doench 及 Greg Wilson 慷慨提供有關出版方面的建議。我也感謝 Gerard Holzmann 及 John Wait 在相片方面提供的協助。

Harry Lewis 是我在 2010 至 2011 學年任教哈佛大學時的東道主，本書的一些初稿寫就於當時，他的建議及一門類似課程的教學經驗為我提供了很大的幫助，他對本書的幾份文稿也提供了寶貴意見。哈佛大學工程與應用科學學院（School of Engineering and Applied Sciences）及柏克曼網際網路與社會研究中心（Berkman Center for Internet and Society）提供辦公空間與設備，是一個友善且激勵的環境，還有固定的免費午餐（是的，這世上真的有免費的午餐！）。

我特別感謝多年來上我的 COS 109 課程（我們世界裡的電腦）的無數學生，他們的興趣、熱情及友誼持續鼓舞我，我希望，在他們開始運轉這世界後，能受益於從這課程中學到的東西。

前言

「那是最美好的時代，也是最糟糕的時代。」

——狄更斯（Charles Dickens），

《雙城記》（*A Tale of Two Cities*），1859 年

我太太和我計畫在 2020 年夏天去英國度假，我們已經訂房，付了訂金，買了機票，安排友人代為照料我們的房子和貓，但世界突然改變。

到了 3 月初，情勢已經很明顯，新冠肺炎將成為重大的全球性健康危機。普林斯頓大學臨時通知關閉實體教室授課，要求多數學生返家，學生必須在一週內打包及離校。沒多久，學校決定，這學期，學生都不必再返校了。

課程全都轉移至線上，學生在線上聽課，撰寫報告，考試，拿到評分，我也因此變成經驗老到的 Zoom 視訊系統業餘用戶。所幸，我教的是兩個小型研討班課程，每個研討班的學生不到十二人，因此能夠在同一時間見到班上的所有學生，大家都能有適量的交談。其他授課較大班的同事就沒這麼幸運了，當然，所有線上上課的學生也受到了不利影響。

多數學生回到舒適的家裡，有可靠的電力供給，良好的網際網路連結，支持他們的家庭環境，食物或其他重要物資不虞匱乏。當然，強制分離導致一些人際關係受害，或者，強制居家使得一些家人關係改善，有時則是恰恰相反，家人之間的衝突更多。但這些都還是較小的問題。

也有學生陷入了遠遠更糟的境況。一些學生沒有網際網路連結，或是連網斷斷續續，導致無法使用視訊及電子郵件。有些學生罹病或被隔離很長時間，有些學生得照顧生病的家人，或甚至有家人染疫身故。

大學的日常行政作業也移到線上，走廊上相遇的閒聊變成了日常的線上相會，文書作業大都被電子郵件取代。很快地，許多人出現了 Zoom 疲乏症，但截至目前為止，我還未淪為 Zoom 轟炸（Zoom bombing）的受害

人，被駭客入侵我的線上空間。

在世界許多地方，幸運的人能夠在線上做他們的工作，公司很快改變為「居家工作」模式。人們把他們的視訊背景改變成整排書籍，或是展示鮮花與圖片，他們學會如何在視訊時讓小孩、寵物及其他人事物保持安靜，別進入鏡頭裡。

原本就已經很夯的串流影片變得更夯了，線上遊戲也順勢成長，實體運動被完全取消，虛擬運動盛行起來。

我們持續收到新冠肺炎疫情發展情勢的最新報導——疫情快速擴散，遏制效果緩慢、飄忽不定，在此同時，還有太多來自政治人物的奇幻思維及公然撒謊，少有誠實且勝任的領導人。其間，我們稍稍領教了指數級成長速度有多快。

適應這種新的工作與生活模式的過程，出人意料之外地容易。幸運者能夠繼續工作，和親友保持虛擬聯繫，在線上購買食物及其他生活用品，一切近乎如常運作。網際網路和所有基礎設施讓我們保持連結，通訊系統、電力、暖氣、供水等等，幾乎全部如常，展現了驚人的韌性。

在全球危機中，除了偶爾的焦慮時刻，這些科技系統運作得太好了，以至於我們通常不會去想到它們，儘管事實上，若沒有它們，我們的一切日常將陷入停擺，而且，少有人提及維持這一切正常運作的許多幕後英雄，他們往往是冒著自己的健康、甚至生命危險去維持這些運作。我們也未能多想想因為疫情而失業的無數人，他們的工作無法透過網際網路來執行，一夕之間就失去了飯碗。

在必須開始使用 Zoom 的 3 月之前，我從未聽聞過這玩意兒。Zoom在 2013 年開始推出服務，提供視訊會議系統，與微軟的「Microsoft Teams」及谷歌的「Google Meet」（原名 Hangouts Meet）之類大型服務供應商競爭。Zoom 在 2019 年公開上市，截至我撰寫此文的 2020 年秋末，該公司市值已超過 1,250 億美元，遠高於一些歷史更悠久、更著名的公司如通用汽車公司（General Motors，市值 610 億美元），奇異公司（General Electric，市值 850 億美元），也高於 IBM 的 1,160 億美元。[4]

對於那些有快速、可靠的網際網路、一台電腦、一部攝影機，及一個麥克風的人來說，轉移至線上工作是可行的，網際網路與雲端服務供應商有足夠容量能處理增加的流量，視訊服務很普遍，也夠好，使多數人能夠自在地使用它們。十年前，根本沒有如此順暢的運作。

總而言之，無處不在的現代科技使幸運者得以在肆虐全球的疫情中維持與尋常相差不多的工作與生活運轉，這經驗提醒我們，科技觸角已經延伸得多廣，它已經多麼深入我們的生活，以及它如何以種種方式改善了我們的生活。

但是，故事還有另一面，不是那麼樂觀的一面。

網際網路已經變成了一個孕育偏執、仇恨、瘋狂理論的溫床，而且這情形愈演愈烈。社交媒體讓政治人物及政府官員散播謊言，更加分化我們，逃避究責，不顧事實的「新聞」出處更加助長惡行。推特及臉書之類的網站嘗試在「自由表達思想的中立平台」和「限制煽動性貼文與公然撒謊的猛烈攻擊」這兩者之間找到一個中間立場，但徒勞無功。

如今，監視與監聽程度已經達到歷史新高，許多國家使用科技來限制人民，監控他們的行為。例如，中國處處使用人臉辨識系統，其一是用這類系統來追蹤其少數族群。新冠肺炎疫情期間，中國政府強制人民下載安裝一款手機應用程式，作為一種通行證，同時也向警方通報其用戶的所在位置。[5] 在美國及英國，地方執法機關使用人臉辨識系統、車輛牌照掃讀機及其他類似系統來監視人們。

我們的手機持續監視我們的所在位置，種種第二方及第三方可以收集這些資料。智慧型手機的追蹤應用程式是科技雙面性的一個好例子，一套新冠肺炎接觸追蹤系統能告訴你是否接觸過一個潛在的感染者，誰會反對使用這樣的系統呢？可是，讓政府得知你去過哪裡、和誰交談過的一套科技系統，也讓政府能夠更有效地監控，追蹤疾病的系統很容易淪為搜出和平抗議人士、異議人士、政敵、吹哨人，以及被當權者視為可能構成威脅的任何人的監控搜索系統（行動應用程式型接觸追蹤系統究竟有沒有成效，尚不明確，

因為這其中涉及了高比率的偽陽性及偽陰性[6]）。

在近乎所有我們和線上世界的互動以及我們和實體世界的很多互動中，無數的電腦系統在監視與記住你我和誰往來，我們支付了多少錢，我們當時身在何處。這些資料收集有一大部分被用於商業用途，因為公司對我們的了解愈多，就愈能準確地對我們做針對性廣告。多數讀者知道這種資料收集，但我相信，資料收集量及詳細程度將令許多人大吃一驚。

監控與收集資料的，不是只有公司，政府也深度涉及監控與監聽。美國國安局的電子郵件、內部報告，以及史諾登揭露的 PowerPoint 簡報資料顯示，數位時代的暗中監視監聽情形有多嚴重，重點是，國安局大規模地監視每一個人。[7]

史諾登的揭發令人震驚，外界普遍懷疑，國安局暗中監視監聽的對象遠多於它承認的數目，但實際程度超過所有人的想像。國安局經常性地收集所有在美國打的電話的元資料（metadata）──誰打給誰，他們何時講電話，電話講了多久，而且，也可能錄下電話交談內容。國安局記錄我的 Skype 交談及電子郵件聯絡人，也可能收集我的郵件內容（當然，也收集你的），它監聽世界領袖的手機。它在海底電纜進入與離開美國的設備端上置入錄音器材，攔截大量的網際網路通訊。它徵召或強迫大型電信及網際網路公司收集與交出其用戶的資訊，它長期儲存大量資料，和其他國家的情報機構分享這其中的部分資料。[8]

另一方面，我們幾乎天天聽到又一家公司或機構被駭客入侵，盜取無數人的姓名、地址、信用卡卡號及其他個人資訊，通常，這些是高科技犯罪，但有時是其他國家竊取寶貴資訊的間諜行動。此外，不時也會出現負責資訊維護工作的人員愚蠢或粗心地暴露私人資料的意外事件。不論是哪種機制，我們被收集的資料太常被暴露或盜取，可能被用來對付我們。

本書旨在解釋這一切的背後技術，讓你了解這類系統的運作。圖片、音樂、電影及你個人生活的細節如何能夠被迅速傳遍全世界？電子郵件與簡訊是如何運作的，它們有多私密？為何垃圾郵件那麼容易被發送、又那麼難以阻攔？手機無時無刻地報告你身在何處嗎？誰在線上及你的手機上追蹤

你，這為何是要緊的事？在群眾中，你的面孔能被辨識出來嗎？誰知道那是你的面孔？駭客能接管你的車子嗎？自動駕駛車呢？我們能防衛我們的隱私及安全嗎，抑或我們應該乾脆放棄這麼做？讀完本書，你應該對電腦及通訊系統的運作有起碼的了解，知道它們如何影響你，以及你可以如何在有用的服務和保護你的隱私之間取得一個平衡。

在此先扼要介紹一些基本概念，本書後文將有更詳盡的討論。[9]

第一個概念是「通用的資訊數位表述法」（universal digital representation of information）。複雜的機械系統——例如二十世紀很多年代用以儲存文件、圖片、音樂及影片的系統，已經被一種統一的儲存機制取代，資訊改為數位式表述法（亦即數值），不再是使用專門形式——例如在塑膠膜片上嵌入彩色染料，或是在膠卷上磁圖案。紙本郵件被電子郵件取代，紙本地圖被數位地圖取代，紙本文件被線上資料庫取代。所有那些形形色色的類比表述法，已經被一種共通的低階表述法取代，在這種低階表述法中，一切東西都變成了數字：數位資訊。

第二個概念是「通用的數位處理器」（universal digital processor）。所有的數位資訊可以由單一一個通用器材處理，這通用器材就是數位電腦，處理統一的數位表述法的數位電腦取代了處理類比表述法的複雜機器設備。如同我們將在後文看到的，電腦在執行它們能執行的運算時，能力是相同的，差別只在於執行速度，以及能夠儲存的資料量。智慧型手機是非常先進的電腦，其電腦運算力和筆記型電腦差不多，因此，愈來愈多以往只有桌上型電腦或筆記型電腦能處理的工作，如今已經可由智慧型手機處理，而且，這種趨同過程正在加快中。

第三個概念是「通用的數位網路」（universal digital network）。網際網路連結處理數位表述法的數位電腦；它使電腦與手機連結至電子郵件、搜尋、社交網路、購物、銀行業務、新聞、娛樂，及其他種種事物。如今，世上大多數人口已經取得這種網路，你可以和任何人互通電子郵件——不論他們身在何處，或他們選擇如何讀取他們的郵件；你可以在你的手機、筆記型電腦，或平板電腦上搜尋、貨比三家，及購買；社交網路使你可以在手機

或電腦上和親友保持聯繫；你可以觀看無盡的娛樂，且往往是免費的。智慧型器材監控你家裡的種種系統；你可以告訴它們去執行什麼工作，或是詢問它們問題。有遍布全球的基本設施使所有這些服務結合運轉。

第四個概念是持續被收集與分析的巨量數位資料（digital data）。現在，我們可以免費取得世界絕大多數地區的地圖、空拍照、街景照；搜尋引擎不知疲倦地掃描網際網路，以便有效率地回答查詢；難以計數的書籍已有數位形式；社交網路及分享網站持有巨量我們上傳的及有關於我們的資料。線上及實體商店與服務提供瀏覽與選購它們的商品／服務的管道，但在此同時，它們也靜悄悄地記錄我們造訪它們時所做的每件事，搜尋引擎、社交網路及我們的手機幫助它們做這些記錄。網際網路服務供應商記錄我們在線上的互動，包括我們所做的連結等等。政府時時刻刻監視我們，其程度與精確度是十年或二十年前不可能做到的。

由於數位科技系統持續變得更小、更快、更便宜，這一切正在快速變化中。具有新炫功能、更好的螢幕、更有趣的應用程式的手機不斷地問世，時時都有新鮮的配件出現，最實用的配件功能被納入手機應用程式裡。這是數位技術的自然副產品，任何技術性發展都會引領各種數位器材的進步：若某項改變使得資料的處理更便宜、更快速或處理量更大，所有數位器材都會因此受益。其結果是，數位系統普及，在台前或幕後成為我們生活不可或缺的一部分。

這種進步想必是件好事，事實上，從多數方面來看，確實是好事，但是，白光旁邊也有一些烏雲，其中最明顯的烏雲之一、或許也是最令個人憂心的是數位科技對個人隱私的影響。當你使用手機去搜尋某項產品、然後造訪一些網路商店時，有很多方在記錄你造訪了哪裡，以及你點擊了什麼。它們知道你是誰，因為你的手機指出了獨一無二的你；它們知道你現在身處何處，因為你的手機時時刻刻報告它所在位置方圓一百米左右內的位置。手機公司記錄這些資料，而且可能出售它們。使用全球定位系統（Global Positioning System，GPS）之下，可以找到你所在位置的五到十公尺內，若你的手機定位服務功能在開啟狀態的話，行動應用程式可以取得這資訊，

它們也可以出售這資訊。事實甚至更糟：關閉定位服務功能只能防止應用程式使用 GPS 資料，無法防止手機的作業系統透過基地台、Wi-Fi，或藍牙（Bluetooth）來收集與上傳此資料。[10]

你的實體生活及線上生活都受到監視，臉孔辨識技術能夠在街上或商店裡辨識你，交通攝影機掃描你的車牌，知道你的車子在何處，電子道路收費（electronic toll-collection，ETC）也做得到。連網的智慧型恆溫器、語音應答系統、門鎖、寶寶監視器、保全攝影機，這些全都是我們邀請登門入府的監視器材，我們現今想都沒想就允准的追蹤系統已經使得喬治‧歐威爾（George Orwell）在其著作《1984》中描繪的監視情境顯得隨便且不經心。

我們做了什麼以及在哪做，這些記錄可能被永久記存，數位儲存太便宜，資料太寶貴，因此，資訊鮮少被丟棄。若你在線上張貼了什麼丟臉的東西，或是發出了令你事後感到後悔的郵件，那就太遲了。來自各種源頭的有關你的資訊，可以被彙總起來，創造出一幅你的生活的詳細面貌，在你不知情或未獲得你准許之下，被提供給商業、政府或犯罪用途，這資訊可能無限期地可供給，在未來的任何時候被用來危害你。

通用網路及其通用數位資訊使我們變得脆弱，容易受到陌生人侵犯，其程度是十或二十年前未能想像得到的。誠如密碼學及資安專家布魯斯‧施奈爾（Bruce Schneier）在其佳作《隱形帝國：誰控制大數據，誰就控制你的世界》（*Data and Goliath*）中所言：「我們的隱私受到來自持續監視的攻擊，了解這是如何發生的，才能了解這其中涉及的危害。」[11]

保護我們的隱私與財產的社會機制未能跟上科技的快速進步。三十年前，我和我的本地銀行及其他金融機構往來是透過紙本郵件，以及偶爾親自上門，取款得花好些時間，並且留下詳細的紙本記錄，在此同時，別人也難以盜取我戶頭裡的錢。現在，我大都透過網際網路和金融機構往來，我可以便利地取得我的資料，但有可能因為我本身的某個疏忽，或是這些公司的某個疏失，導致這世界遠處的陌生人能夠快速地盜走我的全部存款，盜用我的身分，損毀我的信用評等，或者做其他誰也料想不到的什麼事，而且幾乎沒有挽救的機會。

　　本書想幫助你了解這些系統是如何運作的，以及它們如何改變我們的生活。當然，這是一個走馬看花，因此，現在算起的十年後，現今的系統將顯得笨拙且過時。技術變化不是一個獨立事件，而是一個不斷發展的過程——快速，持續，加速。所幸，數位系統的基本概念將依舊不變，因此，若你了解這些概念，你也將了解未來的系統，你將更能應付未來的系統帶來的挑戰與機會。

硬體

> 「天哪，若是能用蒸汽機來做這些計算，那該多好！」

——查爾斯·巴貝奇（Charles Babbage），1821 年

節錄自哈利·威爾莫·柏克斯頓（Harry Wilmot Buxton），《查爾斯·巴貝奇的生活與工作回憶錄》（*Memoir of the Life and Labours of the Late Charles Babbage*），1872 年

　　硬體是電腦運算中實體、有形的部分：你看得到、觸摸得到的器材與設備。電腦運算器材的歷史很有趣，但我只在此提及一點點，不過，有些值得一提的趨勢，尤其是一定空間可以容納的電路系統與設備數量的指數型成長趨勢，而且，這往往是在固定價格之下的成長。伴隨數位設備變得更便宜且更強大，各式各樣的機械系統被遠遠更統一化的電子系統取代。

　　計算機有悠久歷史，不過，早期的計算機大都是專業用，通常是用於預測天文事件或天文點。例如，一個未經證實的理論說，位於英格蘭的巨石陣（Stonehenge）是一個天文觀測站；製造於西元前 100 年左右的安提基特拉儀（Antikythera mechanism）是一個具有高度複雜機械工藝的天文計算機；算盤之類的計算器具已被使用了數千年，尤其是在亞洲。計算尺（滑尺，slide rule）發明於 1600 年代初期，就在約翰·納皮爾（John Napier）發表對數概念後不久。1960 年代，我在大學讀工程物理系時，使用一把計算尺，但現在，計算尺已經變成古玩，早就被計算機和電腦取代了，我當年辛苦習得的專長，如今已無用武之地。

　　與現今的電腦最相關的先祖是約瑟夫・馬利・賈卡（Joseph Marie Jacquard）在 1800 年左右於法國發明的賈卡織布機（Jacquard loom），這種織布機使用矩形的打孔卡，把編織圖案的規則打孔於其上，織布機再據此來編織。也就是說，在打孔卡上的控制指令下，賈卡織布機被「編程」去編織各種圖案；改變打孔卡上的打孔規則，就會編織出不同的圖案。[12] 創造出節省人力的編織機，導致織工失去工作，進而導致社會動亂，1811 年至 1816 年間的盧德運動（Luddite movement）就是反對機械化的暴動，現代電腦運算技術也導致了類似的動盪。

　　現今的計算機概念始於十九世紀中葉英國的科學家查爾斯・巴貝奇。巴貝奇對航海及天文學感興趣，這兩個領域都需要數值表來計算位置，他畢生花很多時間於嘗試打造能夠把製作數值表所需執行的累人、乏味、且經常出錯的人工算術予以機械化、甚至可以把數值表印出來的計算機。從本章開頭的那句引言，可以感受到巴貝奇有多麼煩惱於這些計算工作。基於包括惹

圖表I-1　巴貝奇的差分機的現代實現版[13]

惱他的金主等種種原因，巴貝奇有生之年從未能夠實現他的抱負，完整地打造出一台計算機，但他的機器設計相當精確。倫敦的科學博物館（Science Museum）和加州山景城（Mountain View）的電腦史博物館（Computer History Museum）都存放及展示了使用他那個年代的工具與材料打造的巴貝奇差分機（Difference Engine）現代實現版，＜圖表I-1＞的照片是山景市電腦史博物館展示的那台差分機。[14]

　　英國詩人喬治·拜倫（George Byron）的女兒、後來的羅弗雷斯伯爵夫人（Countess of Lovelace）奧古斯塔·愛達·拜倫（Augusta Ada Byron）結識巴貝奇後，對數學及他的計算器材產生了濃厚興趣。羅弗雷斯伯爵夫人後來撰文詳述如何使用巴貝奇設計的分析機（Analytical Engine，他設計的計算器材中最先進的一種）來執行科學運算，同時，她也推測，這類機器也能用於非數值的運算，例如作曲。她寫道：「例如，和聲學和作曲中的高音之間的基本關係可以使用這種表達與編寫法，這機器也許能夠創作任何複雜程度或範圍的精確音樂作品。」[15] 愛達·羅弗雷斯伯爵夫人常被後人稱為世上第一位程式設計師，愛達程式語言（Ada programming language）就是以她命名的。[16]

圖表I-2　愛達·羅弗雷斯伯爵夫人肖像畫

由英國畫家瑪格麗特·莎拉·卡本特（Margaret Sarah Carpenter）繪於 1836 年 [17]

　　1800 年代末期，簽約為美國普查局（US Census Bureau）工作的赫曼・何樂禮（Herman Hollerith）設計並打造出能夠比人工作業遠遠更快速地製作出普查資訊統計表的機器。何樂禮應用賈卡織布機的概念，在硬卡上打孔，以他的機器能夠處理的形式來編碼普查資料。1880 年的普查花了八年的時間來編表，但使用何樂禮的打孔卡及製表機，1890 的普查只花了一年就完成，而非原先預測的十年或更多時間。何樂禮在 1896 年創立一家公司，該公司（譯註：在 1911 年）與其他幾家公司經由購併，合為一家公司，此公司於 1924 年改名為「International Business Machines」，就是我們今天所知的 IBM。

　　巴貝奇的機器是由齒輪、輪子、槓桿、金屬條等組裝而成的複雜機器，二十世紀的電子學發展使科學家能夠想像不仰賴機械組件來建造的電腦。在所有全電子機器中，第一台最重要的機器是電子數值積分計算機（Electronic Numerical Integrator and Computer，ENIAC），是普瑞斯柏・艾科特（Presper Eckert）和約翰・莫奇利（John Mauchly）於 1940 年代在費城的賓州大學建造出來的。ENIAC 體積龐大，佔據一個大房間，需要大量電力支持，每秒能執行 5,000 次加法。這機器原本是打算用來執行彈道研究實驗之類的演算，但直到二次大戰後的 1946 年才建造完成。現在，賓州大學的摩爾工程學院（Moore School of Engineering）存放及展示 ENIAC 的部分組件。[18]

　　巴貝奇清楚看出一台計算機能夠以相同形式儲存其運算指令（亦即程式）及資料，但 ENIAC 沒有把指令和資料一起儲存於記憶體裡，而是透過轉換器與接線方式來連結與輸入指令。最早把程式與資料儲存在一起的電腦是在英國建造的，最著名的是 1949 年於劍橋大學建造的延遲儲存電子自動計算機（Electronic Delay Storage Automatic Calculator，EDSAC）。

　　早期的電子電腦使用真空管作為主要元件，真空管這種電子器材的體積與形狀類似圓柱形燈泡（參見下一章＜圖表 1-7 ＞），它們昂貴、脆弱、體積大、耗電。電晶體發明於 1947 年，積體電路發明於 1958 年，這兩項發明開啟了電腦的現代紀元，這些技術使電子系統得以穩定地演變得更小、更

便宜、更快速。

　　本書接下來三章討論電腦硬體，內容側重電腦運算系統的邏輯架構，較不側重電腦硬體的實體建造細節；數十年來，電腦運算系統的邏輯架構大致不變，而硬體已經有了驚人程度的變化。第一章綜觀電腦的結構與元件；第二章說明電腦如何用位元、位元組，及二進制來表述資訊；第三章解釋電腦實際上如何運算──它們如何處理位元及位元組，以產生結果。

電腦是什麼？

「由於這個製造出來的設備將是一種通用的運算機器，它應該包含與主要用途相關的元件，包括算術、記憶—儲存、控制、以及和操作人員連結。」

——亞瑟·柏克斯（Arthur W. Burks）、
赫曼·高德斯坦（Herman H. Goldstine）
及約翰·馮紐曼（John von Neumann），
〈電子計算機的邏輯設計的初步討論〉，1946 年 [19]

關於硬體的討論，我們首先綜觀究竟電腦是什麼。我們可以從至少兩個觀點來看電腦：其一，邏輯或功能性組織——有哪些部件，它們做什麼，以及它們如何連結；其二，實體結構——部件的模樣如何，以及它們是如何製造的。本章的目的是幫助你了解電腦究竟是什麼，一窺電腦的內部，了解每一部件的功能，大致了解無數的首字母縮略字和數字的含義。

想想你自己的電腦運算器材，許多讀者有某種「PC」——從 IBM 最早於 1981 年銷售的個人電腦演進而來的一台筆記型電腦或桌上型電腦，搭載微軟公司出品的某個版本的視窗作業系統；有些人擁有搭載 macOS 作業系統的蘋果麥金塔電腦（Apple Macintosh）；[20] 也有人可能擁有 Chromebook，這種個人電腦搭載的是儲存及運算主要仰賴網際網路的 Chrome OS 作業系統。更專門性質的器材如智慧型手機、平板電腦及電子書閱讀器，也都是強大的電腦。這些器材的外貌全都不同，你使用它們時的感覺也不同，但它們外表之下的內在基本上是相同的，下文會解釋原因。

我們可以拿車子作為大致上的類比。上百年來，車子的功能部件一直維持不變，每輛車子有一個使用某種燃料來運轉的引擎，有一個讓駕駛人操控

車子的方向盤，有儲存燃料的地方，有乘客乘坐及存放物品的地方。但是，過去一個世紀，車子的實體已經大大改變：它們是用不同材料打造出來的，而且變得更快、更安全、更可靠、更舒適。我的第一輛車是使用了多年的1959年份福斯金龜車（Volkswagen Beetle），它和法拉利（Ferrari）可是大不相同，但這兩款車都能把我和我購買的日用品從商店運送回家，或是帶我橫越全國，就功能上來說，它們是相同的（特此聲明：我從未坐過法拉利，更別提擁有一輛法拉利了，因此，我懷疑法拉利車是否有放日用品的地方。不過，我曾經停車於一輛法拉利旁邊，參見＜圖表 1-1 ＞）。

相同情形也發生於電腦。在邏輯組織方面，現今的電腦非常相似於1950年代的電腦，但實體上的差異遠遠超過發生於車子上的變化。相較於六十年或七十年前的電腦，現在的電腦遠遠更小、更便宜、更快速、更可靠，

圖表 1-1　我此生與法拉利車最接近的一刻

在一些性能上更優異了百萬倍，這些改進是電腦如今這麼普及的根本原因。

一個重要概念是區分一個東西的基本功能——它的運作方式的差異，以及這個東西的實體特性——它是如何打造或內部構造的差異。就電腦來說，「內部構造」這個實體部分以驚人的速度變化，它的運轉速度也是，但「運作方式」這個功能部分則是維持得相當穩定。在後文中，我們將一再看到一個抽象描述和一個具體實作這兩者之間的區別。

我有時在我開設的大學課程的第一堂課做一個調查：多少人擁有一台個人電腦？多少人擁有麥金塔電腦？2000 年代初期，這兩者的比例相當穩定——10:1，擁有個人電腦的人明顯較多；但這比例在幾年間快速改變，現在，擁有麥金塔電腦的人超過四分之三。不過，就全球而言，擁有及使用個人電腦者仍然遠多於擁有及使用麥金塔電腦者。

這不平衡的比率是因為一者優於另一者嗎？若是的話，是什麼在如此短的時間內有這麼大的變化呢？我詢問學生，哪一種電腦更好，並請他們說出他們的意見是基於什麼客觀評價標準。你在購買電腦時，是什麼促使你做出選擇？

價格自然是答案之一，個人電腦往往較便宜，這是市場中有許多供應商導致激烈競爭的結果。各式各樣的硬體附加元件，更多的軟體，更多的專門知識與技術，這些都容易取得，這是經濟學家稱為**網絡效應**（network effect）的一個例子：愈多其他人使用某個東西，這東西就變得對你更有效用，其效用大致與使用者人數成正比。

至於選擇麥金塔電腦者，主要是認為它可靠、品質好、具設計美學，覺得它「就是好用」，許多消費者因此願意支付較高價格購買它。

個人電腦與麥金塔電腦，何者較佳的辯論無休無止，任何一方都說服不了另一方，但這引發了一些好疑問，幫助人們思考各種電腦運算器材之間有何異同。

手機也有類似的辯論。現在，近乎人人都有一支能夠跑下載自蘋果應用程式商店（App Store）或 Google Play Store 的行動應用程式（apps）的智慧型手機，手機就是一部瀏覽器、一個電子郵件系統、一支手錶、一台

相機、一台音樂及影片播放器、一台錄音機、一份地圖、一個導航器、一個比較購物的工具、偶爾還作為一個通話器材。通常，我的學生當中有大約四分之三使用 iPhone，近乎所有其餘的學生使用來自許多供應商之一的安卓（Android）手機。iPhone 更貴，但提供與蘋果的電腦、平板、手錶、音樂播放器及雲端服務更滑順的整合，這是網絡效應的另一個例子。現在，我的學生中鮮少有人使用功能型手機（feature phone）——純粹用來打電話、別無其他功能的手機。我的調查樣本來自美國，這是一個相對較富裕的環境；在其他環境與世界其他地區，安卓手機更為盛行。

人們選擇一款手機，不選擇別款手機，同樣有其好理由——功能、經濟、設計美學等等，但基本上，跟個人電腦與麥金塔電腦之爭一樣，不論哪款手機，執行電腦運算的硬體很相似。我們來看看為什麼。

▌1.1 邏輯結構

若我們要繪出一台簡單的通用電腦的抽象圖——它的邏輯或功能性架構，它看起來就像＜圖表 1-2 ＞中的圖示（不論是個人電腦或麥金塔電腦都一樣）：一個處理器（processor），一個主記憶體（primary memory），一個輔助儲存器（secondary storage），以及種種其他元件，全部由一組名為「匯流排」（bus）的線路連結，這些線路在它們之間傳輸資訊。

圖表 1-2　一個簡單的理想化電腦的架構圖

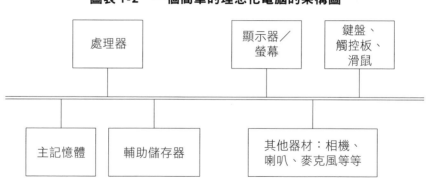

若我們要為一支手機或平板電腦繪出這幅圖，它的模樣也相似，只不過，滑鼠、鍵盤，及顯示器結合成一個元件——螢幕，還有許多隱藏元件如一個羅盤、一個加速規，以及一個判讀你的實體位址的 GPS 接收器。

自 1940 年代起，這個基本組織——一個處理器，儲存指令與資料的記憶體及儲存器，以及輸入與輸出器材——就已經是個標準，通常被稱為馮紐曼架構（von Neumann architecture），以約翰・馮紐曼為命名，他在 1946 年發表的一篇文獻（本章開頭的引言）中敘述了這個架構。雖然，偶爾有人辯論馮紐曼是否因此居功過多而忽視了其他人的貢獻，無庸置疑的是，這篇文獻太明確且精闢，時至今日，仍然非常值得一讀。例如，本章開頭的引言是此文獻的第一句，翻譯成今天的術語，處理器提供算術與控制，主記憶體及輔助儲存器是記憶—儲存，鍵盤、滑鼠，及顯示器與操作人員互動。

在此附帶說明術語：處理器向來被稱為中央處理器（central processing unit，CPU），但現在更常簡稱為「處理器」。主記憶體常被稱為隨機存取記憶體（random access memory，RAM），輔助儲存器通常是磁碟（disk 或 drive），這些反映的是不同的實體布局（physical implementation，譯註：一般直接寫 implementation，譯為「實作」）。在本書中，我大都使用「處理器」、「記憶體」，及「儲存器」這些用詞，偶爾使用較老的用詞。

1.1.1 處理器

若我們可以說電腦有大腦的話，那麼，處理器就是電腦的大腦。處理器執行算術、移動資料，且控制其他元件的運作，處理器能夠執行的基本運算項目有限，但它執行得飛快，每秒數十億筆。它能夠根據前面的運算結果來決定接下來執行什麼運算，因此，它相當程度地不依賴其人類使用者。第三章將對這元件有更多的討論，因為它太重要了。

若你去實體店或在線上購買一台電腦，將會看到產品介紹中提及絕大多

數的以上元件，且通常伴隨著神秘的首字母縮略字和同樣神秘的數字，例如一個處理器被描述為「2.2 GHz dual-core Intel Core i7」，我的一台電腦的處理器就是被如此描述的，但這究竟是什麼？這台處理器是英特爾製造的，「Core i7」是英特爾的一個處理器系列產品的名稱，這台處理器是雙核心（dual-core）處理器——把兩個處理器（兩個核心）封裝在一個積體電路上，在此例中，小寫的「core」（核心）變成「processor」（處理器）的同義詞。一個核心就是一個處理器，但中央處理器可能有幾個核心，能夠一起運作或獨立運作，使運算執行得更快，就多數用途而言，不論有多少核心，只需把這種組合想成是「處理器」就夠了。

至於「2.2 GHz」，那就是更有趣的部分了。處理器的速度是以它每秒能執行的運算或指令或指令集來衡量的（至少是大致以此來衡量），處理器使用一個內部時鐘——就像心跳或時鐘的滴答聲——來計步其基本運算。衡量處理器速度的一個指標是每秒的滴答次數，每秒的跳動或滴答次數被稱為一**赫茲**（hertz，Hz），以德國工程師海因里奇‧赫茲（Heinrich Hertz）命名，他在 1888 年發現如何產生電磁波，這直接引領出無線電及其他無線系統的誕生。電台以百萬赫（megahertz，MHz，譯註：從以前到現在，台灣的電台都使用「兆赫」一詞，這是肇因於中文辭海中寫「百萬為兆」而衍生出來的誤譯詞，實際上，兆赫是 THz）來稱呼它們的廣播頻率，例如 102.3 MHz。現在的電腦通常以吉赫（gigahertz，十億赫茲，GHz）的速度運轉，我的電腦處理器速度是相當普通的水準——2.2GHz，意指它每秒滴答 2,200,000,000 次。人的心跳大約是 1Hz，或是每天約 100,000 次，每年約 3,000 萬次，所以，我的電腦處理器的每個核心每秒跳動的次數是我的心臟在 70 年間跳動的次數。

這是我們首次遇上字首為 mega、giga 之類的數值，這在電腦運算領域是非常普遍的用字，「mega」是一百萬，或 10^6；「giga」是十億，或 10^9，發音為重音的「g」，如同「gig」中的發音。我們很快就會遇上更多的數值單位，本書最後附上的詞彙表中有完整的單位表。

1.1.2 主記憶體

主記憶體儲存那些被處理器及電腦的其他部件活躍使用的資訊，它的內容可以被處理器更改。主記憶體不僅儲存處理器目前正在處理的資料，也儲存告訴處理器對那些資料做什麼處理的指令，以下這點很重要：藉由記憶體中載入不同的指令，我們可以讓處理器執行不同的運算。這使得內儲程式電腦（stored-program computer）變成一種通用設備，同一台電腦可以跑文書處理及試算表，上網，收發電子郵件，在臉書上和朋友聯繫，處理我的稅務，播放音樂，全都只需在記憶體中置入適當的指令就行了。內儲程式的概念的重要性，再怎麼強調都不為過。

電腦正在執行工作時，主記憶體提供一個儲存資訊的地方，它儲存目前正在活動中的程式指令，例如 Word、Photoshop 或瀏覽器，它儲存它們的資料──被編輯的文件，螢幕上的相片，正在播放的音樂，也儲存在幕後運作而讓你同時跑多個應用程式的作業系統──視窗、macOS，或其他作業系統──的指令。第六章將探討應用程式及作業系統。

主記憶體被稱為**隨機存取記憶體**或 **RAM**，因為處理器可以快速存取儲存在它裡頭任何地方的資訊，而且，不論儲存於它裡頭的任何地方，存取的速度都一樣快；有點簡化地說，以隨機順序進入記憶體的任何位址存取資訊，都不會減速。雖然，VCR 錄影帶早就成為老古董了，你可能還記得它們，當你想看一部電影的結尾時，你必須從最開頭的地方快速進帶（其實應該說是慢慢進帶！），這稱為循序存取（sequential access）。

大多數的 RAM 是**依電性記憶體**（volatile memory，或譯「易失性記憶體」），亦即若關閉電源，它的內容就消失了，你將突然間失去當下執行中的所有資訊，所以，你應該經常儲存你正在執行中的工作，尤其是在使用桌上型電腦時，絆到電源線而導致電源關閉，可能發生慘劇。

你的電腦有固定量的主記憶體，其容量的衡量單位是位元組，一個**位元組**的記憶體量大到足以容納一個字符如 W 或 @，或是一個小數字如 42，或一個較大數值的一部分。第二章將說明在記憶體及電腦的其他部件中如何

表述資訊，因為這是電腦運算的基本課題之一。現下，你可以把記憶體想成一個由許多相同的小盒子組成的一個大集成體，小盒子的數量上達幾十億個，每個小盒子能容納一小量的資訊。

什麼是容量？我現在使用的筆記型電腦有 80 億個位元組，或 8 個吉位元組（gigabyte，GB）的主記憶體，這容量可能太小了，因為愈多的記憶體通常能轉化為更快的電腦運算，對於所有想同時使用主記憶體的程式來說，容量永遠嫌不足，而且，把一個不活動的程式的某些部分移出，騰出空間給別的程式，這需要花些時間。若你想要讓你的電腦運轉得更快，最佳策略可能是購買更多的 RAM——前提是，你的電腦的記憶體可以升級的話，有些電腦的記憶體是不能升級的。

1.1.3 輔助儲存器

主記憶體有龐大、但有效的容量可儲存資訊，當電源關閉時，它的內容就消失，反觀**輔助儲存器**縱使在關閉電源時，仍然會保留資訊。輔助儲存器主要有兩種：較老式的磁碟，被稱為**硬碟**（hard disk 或 hard drive），較新式的被稱為**固態硬碟**（solid state drive，SSD）。這兩種硬碟儲存的資訊量遠多於主記憶體，而且，它是非依電性記憶體（non-volatile memory）：縱使關閉電源，這兩種硬碟裡的資訊仍然保留著。資料、指令及種種其他東西長期儲存於輔助儲存器裡，只會暫時地被帶進主記憶體裡。

磁碟藉由設定旋轉金屬表面上細小區域磁性物質的磁化方向來儲存資訊，資料儲存於同心磁軌上，用一個感應器（譯註：這感應器通常稱為「讀寫頭」）在各磁軌間移動，讀寫資料。一台較老的電腦在執行工作時發出的嗡嗡聲，就是磁碟在運作的聲音，把供應器移動到表面的正確位置。磁碟表面高速旋轉，每分鐘旋轉至少 5,400 次，<圖表 1-3 >是一個標準的筆記型電腦磁碟照片，你可以在照片中看到磁碟表面及感應器，這個磁盤的直徑是 2.5 英吋（6.35 公分）。

磁碟儲存器的每一個位元組大約比 RAM 便宜 100 倍，但處理資訊的速度較慢，磁碟存取表面任何一個特定磁軌得花約 10 毫秒，因此，每秒約

圖表 1-3　一個硬碟機的內部結構照片

讀寫 100 MB 的資料。

　　十年前，幾乎所有筆記型電腦都有磁碟；現在，幾乎所有筆記型電腦都有固態硬碟（SSD），使用的是**快閃記憶體**（flash memory），而非旋轉式機器。快閃記憶體是非依電性記憶體，因為在這種記憶體中，資訊是以電荷（electric charge）形式儲存於電路系統，縱使斷電了，電荷仍然維持於個別的電路元件裡。這些儲存電荷（stored charges）可被讀取，看看它們的數值是什麼，它們可以被擦除，再寫入新數值。快閃記憶體更快、更輕、更可靠，不容易摔壞，需要的電力少於傳統的磁碟儲存器，因此也被使用於手機、相機之類的器材上。目前，SSD 的每個位元組價格仍然較高，但價格持續下滑中，其優點非常顯著，因此，SSD 已經相當普遍地取代了筆記型電腦中的機械式磁碟。

　　通常，一顆筆記型電腦的 SSD 容量為 250GB 到 500GB。可插入通用序列匯流排（Universal Serial Bus，USB）槽的外接硬碟的容量是多個兆位元組（terabyte，TB），它們仍然是基於旋轉式機械裝置。「Tera」是

一兆，或 10^{12}，這是一個你將經常看到的單位。

一個兆位元組（TB），或一個吉位元組（GB）有多大呢？一個位元組可容納最常見的英文文本中的一個字母，一本約 250 頁的《傲慢與偏見》（*Pride and Prejudice*）紙本書有大約 680,000 個字，因此 1 GB 可以容納近 1,500 本。[21] 我比較可能使用 1 GB 容量的儲存器來儲存一本《傲慢與偏見》，以及一些音樂，MP3 格式的音樂大約每分鐘 1 MB，因此，我最喜愛的音樂 CD 之一《Jane Austen's Songbook》的一個 MP3 版本大約是 60 MB，1 GB 容量的儲存器還有空間可以儲存另外 15 小時的音樂。英國廣播公司（BBC）在 1995 年製作、由珍妮佛‧艾莉（Jennifer Ehle）及柯林‧佛斯（Colin Firth）主演的《傲慢與偏見》電視影集的雙碟 DVD 不到 10 GB，因此，我若有 1 TB 容量的儲存器，我可以儲存這部影集，外加 100 部類似的電影。

磁碟機是邏輯結構（logical structure）與實作（physical implementation）之間有所差異的一個好例子。像 Windows 上的 File Explorer 或 macOS 上的 Finder 之類的程式，把一個磁碟機的內容展示成資料夾與檔案層級結構形式（hierarchy of folders and files），但實際上，資料可以儲存於旋轉式機械裝置、或無移動部件的積體電路、或其他完全不同的裝置上。一台電腦使用哪種硬碟，並不打緊，硬碟本身的硬體和作業系統的軟體合稱為「檔案系統」（file system），它們結合起來運作，創造組織結構，我們將在第六章回頭討論這個。

電腦的邏輯組織和人們配合得太好了（或者，更可能的是，到了現在，我們已經完完全全適應這種邏輯組織了），以至於其他器材也提供相同的邏輯組織，儘管，它們是使用完全不同的實體方法去達成這邏輯組織。舉例而言，讓你從一個 CD-ROM 或 DVD 中存取資訊的軟體，使這資訊看起來像是以檔案層級結構形式去儲存，不管它實際上是如何儲存這資訊。就連如今早已過時的磁片（floppy disk，軟磁碟），同樣讓儲存的資訊看起來像是使用相同的邏輯組織方式。這是**抽象化**（abstraction）的一個好例子，在電腦運算領域，抽象化是一個很普遍的概念：實作細節被隱藏起來。在檔案系

統這個例子中，不論使用的技術有多麼不同，都是以資料夾與檔案的層級結構形式把內容呈現給使用者。

1.1.4 其他

　　無數其他的器材提供特殊功能。滑鼠、鍵盤、觸控螢幕、麥克風、相機、掃描器等等，讓使用者能輸入內容；顯示器、列印機、喇叭等等，輸出內容給使用者；Wi-Fi 或藍牙之類的網路元件則是和其他電腦連結與溝通。各式各樣的輔助技術幫助人們應付視、聽，或其他的存取問題。

　　＜圖表 1-2 ＞中的架構圖顯得彷彿這一切全都由一組名為匯流排（這個名詞是借取自電機工程領域）的線路連結，但實際上，一台電腦中有多個匯流排，各有適合於它們的功能的特性——處理器與記憶體之間的匯流排短、快、貴，耳機孔的匯流排長、慢、便宜。這些匯流排當中的一些也有可看到的外觀，例如無所不在的通用序列匯流排（USB）供器材插入於電腦上。

　　這章不會花太多時間討論其他器材，但後文中的一些特定脈絡下，偶爾會提到它們。在此僅列出可能伴隨你的電腦或附加於它身上的一些器材：滑鼠、鍵盤、觸控板及觸控螢幕、顯示器、列印機、掃描器、遊戲操控器、頭戴式耳機、喇叭、麥克風、相機、電話機、指紋感應器，和其他電腦連結等等，這清單可說是無窮盡。這些器材全都歷經了相同於處理器、記憶體及磁碟機的演進：它們的實體特性快速變化，通常是朝向更小的體積內含有更多性能，且價格持續降低。

　　另外值得一提的是，這些器材如何匯集成一個單一設備。手機現在已經充當手錶、計算機、拍照與拍攝影片的相機、音樂及電影播放器、遊戲機、條碼掃描器、導航裝置，甚至是手電筒。智慧型手機具有相同於筆記型電腦的抽象架構，但因為體積與電力限制，它們的實作與筆記型電腦有重大差異。手機沒有＜圖表 1-3 ＞那樣的硬碟，但當關閉手機時，它們有快閃記憶體用來儲存資訊——聯絡人清單、相片、應用程式等等。手機也沒有許多外接設備，但通常有耳機槽孔和 USB 連接頭，此外，微型相機如今已經便宜到大多數手機的每一邊都有一台。在可能性空間中，iPad 之類的平板電腦

佔據一席之地，它們也是電腦，使用相同的通用架構及相似的元件。

┃1.2 實體構造

我在課堂上帶來種種硬體器材（我數十年的淘寶習慣累積的收藏品），並且揭開它們的內部，供學生傳閱。電腦運算領域的許多東西是抽象的，所以，讓他們能夠看到和觸摸到磁碟、積體電路晶片、製造它們的晶圓等等東西，是滿有幫助的做法，而且，看看一些器材的演進，也是很有趣的事。例如，我們難以辨識現在的筆記型電腦硬碟和一、二十年前的筆記型電腦硬碟的差別，較新的筆記型電腦硬碟容量可能是舊筆記型電腦硬碟容量的十倍或百倍，但這改進是無形的，我們看不到。數位相機等器材使用的安全數位記憶卡（Secure Digital Memory Card，SD 卡）也一樣，現在的 SD 卡外包裝和幾年前的 SD 卡外包裝相同（參見＜圖表 1-4 ＞），但容量遠遠較大，價格也較低，32 GB 的 SD 卡售價不到 10 美元。

另一方面，電腦中裝載各種元件的電路板有明顯的演進與發展。現在的電路板上裝載的元件更少，因為更多的電路系統布置於它們內部；現在的電路也更細，比起二十年前，連結插針（pins）更多，且它們彼此更靠近。

＜圖表 1-5 ＞是 1990 年代末期的一台桌上型個人電腦的電路板，處理器與記憶體之類的元件被嵌入或插入於這電路板上，用蝕刻（印刷，print）於另一面的電路連結起來。＜圖表 1-6 ＞是＜圖表 1-5 ＞中這塊電路板的背面，其中，平行的印刷電路是各種匯流排。

電腦裡的電子電路是由大量的一些基本元素建構而成，這其中最重要的是**邏輯閘**（logic gate），邏輯閘根據一或二個輸入值，運算出一個輸出

圖表 1-4　不同容量的 SD 卡

圖表 1-5　約 1998 年時的個人電腦的電路板，12×7.5英寸（30×19公分）

圖表 1-6　印刷電路板上的匯流排

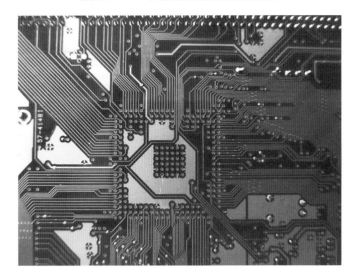

值；它使用電壓或電流之類的輸入訊號來控制一個輸出訊號（也是電壓或電流）。有足夠的邏輯閘以正確方式連結，就可能執行任何種類的運算。查爾斯‧佩佐德（Charles Petzold）撰寫的《程式》（*Code*）一書對此有詳盡說明，[22] 也有無數網站提供動畫展示邏輯電路如何執行算術及其他運算。

基本的電路元素是**電晶體**（transistor），這是貝爾實驗室（Bell Labs）的約翰‧巴丁（John Bardeen）、華特‧布拉頓（Walter Brattain）及威廉‧夏克利（William Shockley）於 1947 年共同發明的一種設備，他們三人因為這項發明，於 1956 年獲頒諾貝爾物理學獎。在一台電腦中，一個電晶體基本上就是一個電閘，在電壓的控制下，開啟或關閉電流；用這簡單的基礎，可以建構非常複雜的系統。

早期的邏輯閘是用分立元件（discrete components）建構的——例如電子數值積分計算機（ENIAC）中體積如同圓柱形燈泡大小的真空管，1960 年代的電腦中個別體積如同鉛筆橡皮擦大小的電晶體。<圖表 1-7 >展示最早的電晶體的一個複製品（圖片最左邊），一支真空管，以及一個處理器整合封裝；處理器的實際電路部分在中央位置，約為 1 公分的正方形，而圖片中的真空管長約 4 英寸（10 公分）。現今，如此大小的處理器內含幾十億個電晶體。

邏輯閘建造於**積體電路**（integrated circuit，IC）上，積體電路常被稱為**晶片**（chip）或**微晶片**（microchip），一個積體電路把一個電子電路的所有元件和電路匯集於單一一片平板上（一片薄薄的矽片），這是用複雜的光學與化學流程製造出來的，產生的電路系統沒有分立電路，也沒有傳統的電線，因此，比起使用分立元件建構的電路系統，積體電路的體積遠遠更小，也更堅實。晶片是量產於直徑約 12 英寸（30 公分）的**圓形晶圓**（wafer）上，晶圓被切割成許多個別晶片後，再個別封裝。一片典型的晶片（<圖表 1-7 >右下方）被嵌入一個有數十支至數百支插針的更大封裝裡，讓它和系統的其他部分連結。<圖表 1-8 >顯示一個積體電路整合封裝，實際的處理器在中央位置，約為 1 公分的正方形。

積體電路是用矽這種原料製造的，所以才會把積體電路事業的最早起飛

圖表 1-7　真空管，最早的電晶體，處理器晶片整合封裝

圖表 1-8　積體電路晶片

地——加州舊金山南方地區——取名為**矽谷**，現在，這名稱被用來泛指該地區的所有高科技業，也激發出許多類似的自封，例如紐約的「矽巷」（Silicon Alley），英國劍橋的「矽沼」（Silicon Fen）。

積體電路是由羅伯・諾伊斯（Robert Noyce）和傑克・基爾比（Jack Kilby）這兩人分別於 1958 年發明出來的，諾伊斯於 1990 年逝世，基爾比則是在 2000 年獲頒諾貝爾物理學獎（當年共有三人獲獎）。積體電路是數位電子的核心要角，但其他技術也被使用在磁碟中的磁儲存，CDs 和 DVDs 的雷射，網路的光纖等等，這些全都於過去五、六十年間在體積、容量、與成本等方面獲得巨大進步。

▎1.3 摩爾定律

後來共同創辦英特爾、並擔任該公司執行長很長一段期間的高登・摩爾（Gordon Moore）在 1965 年發表一篇標題為「在積體電路上擠入更多元件」的短文，他從少數資料點推測，伴隨技術進步，一定體積的一個積體電路上能夠容納的電晶體數量將大約每年增加一倍，後來，他把這速率修改為約每兩年增加一倍，其他人則是把這速率定為每十八個月增加一倍。由於電晶體數量大約代表電腦運算力，因此，這也就意味著電腦運算力每兩年增加一倍，甚至可能是更快的速率。二十年後，將翻倍十次，電晶體數量將增加為 2^{10} 倍，亦即約 1000 倍；四十年後，將增加至一百萬倍或更高。[23]

現在名為**摩爾定律**（Moore's Law）的這個指數型成長，至今已持續了近六十年，因此，現在的積體電路上的電晶體數量已經是 1965 年時的上百萬倍。實際的摩爾定律圖（尤其是處理器晶片的演進圖）顯示，電晶體數量已經從 1970 年代初期的英特爾 8008 處理器晶片上的數千個，增加到現今平價的消費性筆記型電腦處理器晶片上的數十億個電晶體。

最能凸顯電路系統等級的數字是一個積體電路的個別元件的特徵尺寸（feature size），例如一條電路或一個電晶體的一個主動元件的寬度，這數字已經穩定縮小很多了。我設計的第一個積體電路（也是我唯一一設

計過的積體電路）在 1980 年，使用的特徵尺寸是 3.5 微米（micron，micrometer）；到了 2021 年，許多積體電路使用的最小特徵尺寸（minimum feature size）是 7 奈米，亦即一米的十億分之七，下一步將是 5 奈米。「Milli」（毫）是千分之一，或 10^{-3}；「micro」（微）是百萬分之一，或 10^{-6}；「nano」（奈）是十億分之一，或 10^{-9}；奈米（nanometer）簡寫為 nm。這裡提供一個比較：一張紙或人類的一根毛髮的厚度約為 100 微米，或是 1 毫米的十分之一。

若一個積體電路的特徵尺寸縮小 1,000 倍，那麼，一個固定面積上的元件數量就能增加 1,000 的平方倍，亦即增加一百萬倍。就是這倍數使得較老舊技術中的一千個電晶體改進至較新技術中的十億個電晶體。

積體電路的設計與製造是極其複雜精細的事，競爭也非常激烈，製造作業（生產線）也非常昂貴，一座新廠造價要數十億美元，技術與財務上無法跟進的公司，將處於競爭劣勢，無此資源的國家必須仰賴其他國家的技術，這可能構成嚴重的戰略問題。

摩爾定律不是一種自然律，而是半導體產業用來訂定目標的一個方針，到達一個點時，它將失效，過去常有人預測它的極限，但迄今為止，這定律依然成立。不過，我們已經發展到了電晶體中只有很少數量原子的境界，這原子數量已經少到難以控制，也就是說，已經很接近摩爾定律的物理極限。

現在，處理器速度已經沒有成長得那麼快了，已經不再是每隔幾年就加快一倍，這有部分是因為較快速的晶片產生過多的熱，但記憶體的容量仍然持續增加中。另一方面，處理器可以藉由在一晶片上嵌入不只一個處理器的方式來增加電晶體數量，而且，系統往往有多個處理器晶片；換言之，成長發生於處理器核心的數量，而非每一個核心的速度。

拿現今的一台個人電腦和 1981 年問世的原始 IBM 個人電腦相較，差異非常驚人。那台 IBM 個人電腦使用的是時脈頻率（clock rate）4.77MHz 的處理器；現今時脈頻率 2.2GHz 的處理器核心比它快了近 500 倍，而且可能有雙核心或四核心。那台 IBM 個人電腦有 64KB（kilobyte，千位元組）的 RAM；現今的 8 GB 電腦儲存容量是它的 125,000 倍。那台 IBM

個人電腦有至多 750 KB 的軟碟儲存器，沒有硬碟；現今的筆記型電腦的輔助儲存器容量可達它的一百萬倍。那台 IBM 個人電腦有 11 吋螢幕，在黑色背景中只能顯示 24 列、每列 80 個綠色字符；我撰寫本書時，大都使用有 1,600 萬種色彩的 24 吋螢幕。一台 64 KB 記憶體，加上一個 160 KB 軟碟機的原始 IBM 個人電腦，在 1981 年時要價 3,000 美元，約等於現在的 10,000 美元；現今有 2 GHz 處理器、8 GB 的 RAM、以及 256 GB 的 SSD 的一台筆記型電腦，售價約幾百美元。

▋1.4 本章總結

　　電腦硬體——事實上，應該說各種各樣的數位硬體——已經指數型進步了六十年，一切進步起始於積體電路的發明。「指數型」（exponential）這個字常被誤解及誤用，但在此例中，使用這個字是完全正確的；在每一個固定期間，電路持續以一定的百分比變得更小、更便宜或效能更高。最簡單的版本是摩爾定律：每十八個月左右，一定尺寸的一個積體電路上能容納的元件數量增加約一倍。如此巨大的性能成長，是大大改變我們生活的數位革命的核心力量。

　　這種性能與容量的成長，也改變了我們對於「電腦運算及電腦是什麼」的論點。最早的電腦被視為數字運算機，適用於彈道學、武器設計及其他的科學與工程運算，接下來，電腦被用於商業資料處理——計算薪資，生成發票等等，爾後，隨著儲存器變得更便宜，電腦被用來管理資料庫，記錄為計算那些薪資與帳單所需要的資訊。個人電腦問世後，電腦變得夠便宜，人人都買得起一台，於是，電腦開始被用來做個人資料處理，記錄家庭財務，以及文書處理（例如寫信）。過沒多久，電腦開始被用於娛樂：播放音樂 CDs，尤其是用來玩遊戲。網際網路問世後，電腦也變成了通訊器材，提供電子郵件、全球資訊網、及社交媒體。

　　自 1940 年代以來，電腦的基本架構——有哪些組件，它們做什麼事，它們彼此間如何連結——沒有改變。若馮紐曼再世，檢視現今的電腦，我猜

他大概會震驚於現代電腦硬體的性能及應用，但他將對電腦的架構感到非常熟悉。

早年的電腦有著巨大的實體，佔據大空調室，但它們的體積持續與時縮小，現在的筆記型電腦在完成依舊實用的同時，變得愈來愈袖珍。我們的手機裡的電腦同等強大，手機體積也在合理程度內變得更小；我們的其他設備裡的電腦的體積也變得很小，連帶地使許多器材本身的體積變小。在光譜的另一端，我們經常和位於某處的資料中心（回到空調室）裡的「電腦」往來，我們使用那些電腦來購物、搜尋、與朋友交談，但我們根本沒想到它們是電腦，更遑論去擔心它們可能位於何處，它們就是位於雲端的某處。

二十世紀電腦科學的傑出洞察之一是：現今的數位電腦，體積更大、但效能沒那麼強大的最原始個人電腦，現今無處不在的手機，電腦賦能的設備，以及提供雲端運算的伺服器，它們的邏輯或功能屬性全都相同。若不去看速度及儲存容量之類的實用性，它們全都能運算相同的東西。因此，硬體的進步大大改變了我們能夠運算的東西，但在基本的電腦運算方面，硬體進步本身並未帶來任何根本的改變。我們將在第三章對此有更多的探討。

第 2 章

位元，位元組，以及資訊的表述法

「若以 2 為底數，得出的單位或可稱為二進位元（binary digits），或者更簡單地稱為位元（bits），這個字是約翰・圖基（John W. Tukey）提出的。」

——克勞德・夏儂（Claude Shannon），《一個通訊數學理論》
（*A Mathematical Theory of Communication*），1948 年

本章討論有關於電腦如何表述資訊的三個基本概念。

第一，**電腦是數位處理器**（digital processor），它們儲存及處理分批進來的離散值（discrete values，不連續值）——基本上就是數字。反觀類比資訊意味的是平滑變化的數值。

第二，**電腦以位元來表述資訊**。一個位元是二進位元（或譯「二進數位」），亦即一個數值不是 0，就是 1，電腦裡頭的所有東西都是以位元來表述，而不是人們熟悉及使用的十進數（decimal numbers）。

第三，**位元組代表更大的東西**。數字、字母、文字、名稱、聲音、圖片、電影，以及處理它們的程式指令，全都是用位元組來表述。

你可以略過這章中有關於數值的細節討論，但這些概念很重要。

2.1 類比 vs. 數位

我們首先來區別類比與數位。「Analog」（類比）這個字的字源相同

於「analogous」，意指一個東西的數值平滑地隨著另一個東西的變化而變化。我們在真實世界中使用或處理的很多東西是類比性質，例如水龍頭或車子的方向盤，若想讓車子稍微轉向，你就稍微轉動方向盤；你想做出多小的調整，隨你的意。拿這相較於方向燈，你要不就是開啟方向燈，要不就是關閉方向燈，沒有中間地帶。在一個類比裝置中，一個東西（車子轉向多少）平滑且接連地隨著另一個東西（例如，你把方向盤轉動多少）的改變而變動。這其中沒有不連續階段；一個東西的小改變意味著另一個東西的小改變。

數位系統處理的是離散值，因此，只有固定數量的可能值：方向燈要不就是朝某個方向開啟，要不就是關閉。一個東西的小變化要不就是完全不會導致另一個東西的變化，要不就是導致這另一個東西突然從它的一個離散值改變為另一個離散值。

以手錶為例，類比型手錶（亦即指針型手錶）有時針、分針及秒針，秒鐘走一圈是一分鐘，雖然，現在的手錶內部由數位電路控制，時針與分針隨著時間而平滑地行經每一個可能的位置。反觀數位型手錶或手機裡的時鐘，用數字來展示時間，這展示的數字每秒變化，每分鐘出現一個新的分鐘數字，不會展示小數秒。

以車速錶為例，我的車子有一個傳統的類比型車速錶，指針隨著車速平滑地移動，從一個車速切換至另一個車速，指針平滑地移動，沒有中斷。我的車上也有一個數位型車速錶，顯示最接近的時速（英里／每小時，或公里／每小時），車速稍稍加快，錶面上顯示的數字就從 65 變成 66，稍稍放慢車速，顯示的數字就掉回 65，從來不會出現「65.5」這個數字。

再以溫度計為例，那種有一條紅色液體（通常是彩色的酒精）或水銀的溫度計是類比型：這液體柱隨著溫度變化而拉長或縮短，因此，溫度的小變化將使這液體柱的高度產生小變化。一棟建物外閃著「37°」的告示牌，那是數位型溫度計，顯示的是數字，從 36.5 到 37.5 的所有溫度，顯示的數字都是 37。

這可能導致一些奇怪的狀況。多年前，我開車行駛於一條美國的公路上，因為接近加拿大，因此車上電台是加拿大的接收頻道，加拿大使用公制

（metric system），美國則否。我聽到那位試圖幫助每一位聽眾的電台播音員說：「華氏氣溫在過去一小時升高一度，攝氏氣溫不變。」

　　為何要使用數位，而不使用類比呢？畢竟，我們的世界是類比的，而且，手錶及車速錶之類的類比裝置，一眼之下更易解讀啊。然而，現代技術大都是數位型；從許多方面來看，本書講述的情形就是如此，來自外界的資料——聲音、影像、動作、溫度等等，在輸入端被盡快地轉化成數位形式，最後在輸出端轉換回類比形式。為何要從類比轉變成數位呢？原因是：數位資料讓電腦易於處理，不論源自何處，數位資料可以被許多種方式儲存、輸送及處理。我們將在第八章看到，數位資訊可以被壓縮，擠掉累贅或不重要的資訊。數位資訊可以被加密，以保護隱私及安全性；數位資訊可以和其他資料合併；可以被原原本本的複製；可以透過網際網路，傳送至任何地方；可以被無窮盡種類的裝置儲存。這些大都是類比資訊不可行或甚至不可能做到的。

　　數位系統還有一個勝過類比系統的優點：它們遠遠更容易延伸擴充。在碼錶模式下，我的電子錶能夠顯示精細到百分之一秒的時間；想把這性能加到類比型手錶上，將相當困難。另一方面，類比系統有時也有其優點：舊媒體如泥板、石刻、羊皮紙文稿、照相軟片，全都以數位形式可能做不到的方式通過了時間的考驗。

2.2 類比─數位轉換

　　我們如何把類比資訊轉換成數位形式呢？咱們來看一些基本的例子，首先是圖像及音樂，這兩者之間例示了最重要的概念。

2.2.1 影像的數位化

　　把影像轉換成數位形式，或許是最容易想像數位化流程的一個例子。設若我們拍了一張家貓的相片，如＜圖表 2-1 ＞。

　　一台類比相機創造一個影像的方式是把化學塗層的底片的感光區域曝光

圖表2-1　2020年拍攝的一張家貓相片

於來自被拍攝的物體的光線，不同區域接收到不同量的不同顏色，這影響到底片上的染料。拍照後的底片經過複雜的順序化學流程，顯影及曬印於相紙上，各種量的彩色染料產生不同的顏色。

在數位相機中，鏡頭把影像聚焦到位於紅色、綠色及藍色濾鏡後方的一個矩形的細小感光探頭陣列上，每一個感光探頭儲存一個電荷量，這電荷量與這個感光探頭的感光量成比例。這些電荷轉換成數值，相片的數位形式就是這些代表光強度數值的序列。若感光探頭數量更多，電荷量更準確，數位化影像對原始圖像就捕捉得更精確。[24]

感測陣列（sensor array）的每一個元素是三個一組的探頭，測量紅、綠及藍光的量，每一組稱為一個**像素**（pixel）──「picture element」（圖像元素）的簡寫。若一個影像是 4,000×3,000 像素，那就是 120 萬圖像元素，或 120 萬像素（megapixels），以現今的數位相機而言，這是滿低的像素了。一個像素的顏色通常由三個數值代表，這三個數值記錄其內含的紅、綠及藍光強度，因此，120 萬像素的影像總計有 3,600 萬光強值。螢幕把影像顯示在紅、綠、藍光三個一組的許多組構成的陣列上，其亮度由相應

的像素決定；若你用放大鏡去檢視手機、電腦或電視的螢幕，你可以看到獨立的彩色點，有點像＜圖表 2-2 ＞中的圖，若你靠得夠近，你可以在體育館螢幕及數位看板上看到相同的彩色點。

圖表 2-2　紅綠藍編碼像素（紅▬▬　綠▭▭　藍▬▭▬）

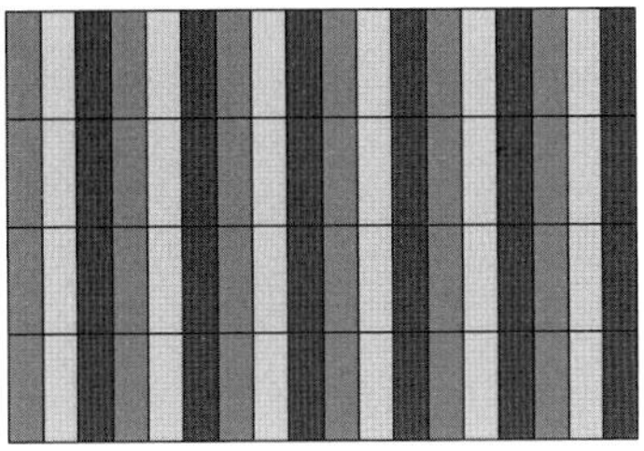

2.2.2 聲音的數位化

　　把類比資訊轉換成數位形式的第二個例子是聲音，尤其是音樂。數位音樂是個好例子，因為這是數位資訊的性能開始具有重要的社會、經濟及法律含義的頭幾個領域之一。不同於黑膠唱片或卡式錄音帶，數位音樂能夠在家用電腦上免費、完美地複製，要複製多少次都行，而且，這些完美的複製可以透過網際網路，無誤地傳送至世界任何地方，同樣是免費的。唱片業視此為嚴重威脅，展開法律與政治行動，試圖遏止數位音樂複製，這戰爭迄今還未結束，法院和政治舞台上仍然不時上演小規模戰鬥，不過，聲破天（Spotify）之類的串流音樂服務的問世已經減輕了這問題，第九章將回頭討論這個。

　　聲音是什麼？一個聲源藉由振動或其他快動作，創造氣壓的波動，我們的耳朵把這氣壓變化轉換成我們的大腦解讀為「聲音」的神經活動。愛迪生在 1870 年代建造出一種他稱之為「留聲機」（phonograph）的裝置，把這種波動轉變成在塗了一層蠟的圓筒上刻出的紋版，這紋版可以被用來再創造出相同的氣壓波動。把聲音轉變成一種紋版的流程被稱為「記錄／錄音」（recording）；把紋版轉變成氣壓波動的流程被稱為「回放／重播」

（playback）。愛迪生的這項發明被快速改進，到了 1940 年代，已經演進成密紋唱片（long-playing record，簡稱 LP，參見＜圖表 2-3 ＞），至今仍然被使用，但主要是那些復古聲音的熱愛者在使用。

　　密紋唱片是有著長螺旋槽的黑膠唱盤，這些螺旋槽記錄聲壓的歷時變化：使用一個傳聲器（麥克風）來度量當一個聲音產生時的聲壓變化，這些度量結果用來製造在螺旋槽上的圖案。播放密紋唱片時，一根細針循著螺旋槽上的凹槽圖案走，針的動作轉化成被放大的起伏電流，用以驅動一個揚聲器或一個耳機／聽筒——這些設備是藉由表面振動來製造聲音。

　　繪出氣壓的與時變化，就很容易想像聲音了，參見＜圖表 2-4 ＞。我們可以用種種方式來表示壓力，例如電子電路中的電壓或電流，或是一個純粹的機械系統如愛迪生的原創留聲機裡的系統，聲壓波的高度代表聲音強度（簡稱音強）或響度，橫軸是時間，每秒的波動數是音高或音頻。

　　若我們間隔固定時間度量聲波曲線的高度——例如麥克風處的氣壓，得出如＜圖表 2-5 ＞中的那些垂直線。

圖表 2-3　密紋唱片

圖表 2-4 聲音波形

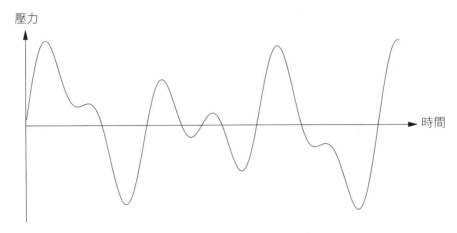

這些度量結果提供趨近此曲線的序列數值；我們度量的愈頻繁、愈準確，這相似度愈精確。這些得出的序列值是波形的一種**數位表現形式**（digital representation），可儲存、複製、操縱、傳送至他處，我們可以重播這聲音，方法是用一個裝置把這些數值轉換成一致的電壓或電流型態，驅動一個揚聲器或耳機／聽筒，讓它呈現原音。從波形轉換成數值，這是類比至數位的轉換，這轉換裝置被稱為類比數位轉換器（analog-to-digital

圖表 2-5 一段聲音波形的樣本

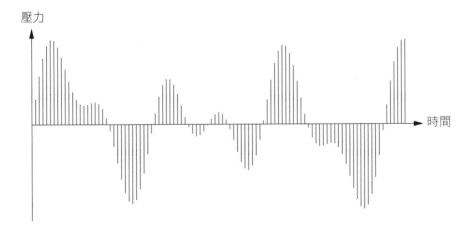

converter，簡稱 A/D converter）；反過來就是數位至類比的轉換，簡稱 D/A。這種轉換絕對不會完美，不論是類比轉換為數位，或數位轉換為類比，過程中都會流失一些東西，多數人不會察覺到這種流失，儘管，音響迷聲稱數位音樂就是不如密紋唱片。

音訊光碟（audio compact disc，audio CD）問世於 1982 年左右，是最早的消費性數位聲音產品例子。不同於密紋唱片上的類比刻槽，CD 在磁碟一面的長螺旋磁軌上記錄**數值**（numbers）。磁軌上每一個點的表面是光滑的或極細小的一個凹點（pit），這些凹點或光滑點被用來編入波的數值（譯註：凹點代表數值 0，光滑點代表數值 1），每一個點是一個位元，位元序列代表二進制編碼（binary encoding）中的數值，我們將在下一節討論這個。當光碟片轉動時，雷射光照到磁軌上，一個光電感測器（photoelectric sensor）偵測磁軌上的光反射量變化，若沒多少光反射，那就是凹點，若光反射量很多，那就是非凹點（譯註：藉由光反射量，若讀出凹點，就判讀數值為 0，若讀出光滑點，數值為 1）。CD 的標準編碼每秒使用 44,100 個樣本〔譯註：每秒取樣 44,100 次，此稱為取樣頻率（sampling rate）〕，一個樣本是兩個振幅值（立體聲的左聲道和右聲道），其度量準確度是 65,536（2^{16}）分之一。磁軌上的凹點細小到只有使用顯微鏡才看得到。DVD 也類似，較小的點和較短波長的雷射讓它們的儲存容量近 5 GB，遠高於一片 CD 的約 700 MB 儲存容量。

音訊 CD 把密紋唱片逼得幾乎無法生存下去，因為 CD 在絕大多數層面優秀得太多了：不會磨損，因為雷射不會和光碟有實際接觸；不太需要擔心塵埃或刮傷；不易毀壞；小巧。密紋唱片時而適度的復甦，而流行音樂 CD 出現了嚴重的衰退，因為從網際網路上下載音樂更容易且更便宜。CD 曾歷經其商業第二春，用作為儲存與散播軟體和資料的媒體，但這被 DVD 取代，而 DVD 又大大地被網際網路儲存與下載取代。對許多讀者而言，音樂 CD 可能就像密紋唱片一般古老，但我感到高興的一點是，我的音樂收藏全都是在 CD 上（雖然，它們也以 MP3 格式儲存於外接式硬碟上），我直接擁有它們，若音樂收藏儲存於雲端的話，那就不是直接擁有它們了。原廠出品的

CD 將比我更長命，但複製的就不一定了，因為光感染劑的化學變化，時間久遠可能失效。

　　由於聲音及影像內含的細節遠超乎人類所能感知，它們可以被**壓縮**，就音樂來說，這是使用 MP3 和進階音訊編碼（Advanced Audio Coding，AAC）之類的壓縮技術，縮小成十分之一，音質不會有可察覺的減損。就圖像來說，最常用的壓縮方法是 JPEG，以定義此標準的組織「Joint Photographic Experts Group」英文首字母命名，此方法也是把一個影像縮小十倍或更多。壓縮例示了數位資訊能夠做到、但類比資訊極難、甚至不可能做到的一種流程，我們將在第八章進一步討論壓縮技術。

2.2.3 電影的數位化

　　電影是什麼？1870 年代，英國攝影師艾德沃德・麥布利吉（Eadweard Muybridge）展示如何以快速連續的方式展出一系列靜態圖像，創造出像在動作中的錯覺。現在，一部電影每秒顯示 24 張畫面〔frame，譯註：或譯影格，此稱為影格率／幀率（frame rate）〕，電視每秒顯示 25 到 30 張畫面，這速度快到足以讓人眼感知這序列為動畫。電玩通常是每秒 60 張畫面，老電影每秒只顯示 12 張畫面，因此，它們有明顯的晃動（flicker），所以，在英文俚語中，「flick」指電影，而 flix 是 flicks 的拼音轉換字，網飛公司的英文名稱 Netflix 就是由此而來的，意指「網路電影」。

　　數位電影把聲音和圖像這兩個成分結合起來及同步化，壓縮法可被用來縮減所需的空間量，因而有各種的電影壓縮及傳輸規格標準，例如 MPEG（以制定此規格標準的組織 Moving Picture Experts Group 命名）。實際上，視訊比音訊更複雜，這有部分是因為它本質上更複雜，但也有部分是因為它主要是基於廣播電視的標準，而廣播電視有很長一段期間是類比訊號。如今，世界多數地區已經漸漸淘汰類比電視了，在美國，電視廣播在 2009 年轉換成數位訊號，其他國家則在此轉換過程的不同階段。

　　電影和電視節目結合圖像與聲音，商業性質的製作成本遠高於音樂的製作成本，但同樣很容易製作完美的數位拷貝和免費傳輸至世界各地，因此，

電影及電視節目的版權佔比高於音樂，娛樂業持續致力於打擊未取得授權的拷貝行為。

2.2.4 文本的數位化

有幾種資訊易於用數位形式來表示，因為除了在表示法方面意見一致外，不需要其他轉換。以普通的文本為例，例如本書中的文字、數字及標點符號，我們可以對每一個字母指定一個代表數字——例如 A 是 1，B 是 2，以依此類推，這就是一個很好的數位表現形式。事實上，文本的數位化就是這麼做的，只不過，在標準的表述法中，A 到 Z 是 65 到 90，a 到 z 是 97 到 122，數字 0 到 9 是 48 到 57，其他字符如標點符號則用別的數值來代表。這種表述法稱為「美國資訊交換標準代碼」（American Standard Code for Information Interchange，ASCII），是 1963 年發佈的標準化。

＜圖表 2-6 ＞是 ASCII 的一部分，我省略了前四列，那四列中包含「tab」、「backspace」，及其他的非打印字符。

不同地區或語言區有不同交換標準代碼，但全球或多或少程度地趨同於名為「統一碼」（Unicode）的單一標準。Unicode 為每種語言的每個字符指定一個代表數值，這可是一個很大的集合，因為人類在創造文字方面有無窮的發明力，卻非常欠缺系統化。Unicode 目前有超過 140,000 個字符的代碼，而且，這數字持續增加中。很多人可能料想到了，亞洲國家的字符

圖表 2-6　ASCII 字符與代表它們的數值

32	space	33	!	34	"	35	#	36	$	37	%	38	&	39	'
40	(	41	)	42	*	43	+	44	,	45	–	46	.	47	/
48	0	49	1	50	2	51	3	52	4	53	5	54	6	55	7
56	8	57	9	58	:	59	;	60	<	61	=	62	>	63	?
64	@	65	A	66	B	67	C	68	D	69	E	70	F	71	G
72	H	73	I	74	J	75	K	76	L	77	M	78	N	79	O
80	P	81	Q	82	R	83	S	84	T	85	U	86	V	87	W
88	X	89	Y	90	Z	91	[	92	\	93	]	94	^	95	_
96	`	97	a	98	b	99	c	100	d	101	e	102	f	103	g
104	h	105	i	106	j	107	k	108	l	109	m	110	n	111	o
112	p	113	q	114	r	115	s	116	t	117	u	118	v	119	w
120	x	121	y	122	z	123	{	124			125	}	126	~	127	del

（例如中文）佔了 Unicode 的一大部分，但絕非僅限於此。Unicode 的網站（unicode.org）有所有字符的表格，很迷人，很值得去看看。

簡而言之，一種數位表現形式能夠表述所有這類的資訊，事實上，凡是可以轉換成數值的任何東西，都能夠表述。由於數位表現形式呈現出來的就只是數字，因此可被電腦處理，如同我們將在第九章看到的，透過通用數位網路──網際網路，任何其他的電腦都能複製它。

2.3 位元，位元組，二進制

　　「這世上只有十種人──那些了解二進數的人，以及那些不了解的人。」

數位系統用數值來表示所有種類的資訊，但可能令人感到驚訝的是，它們內部並不使用人們熟悉的、以 10 為底數的十進制，而是使用二進數，亦即以 2 為底數。

雖然，每個人或多或少懂點算術，根據我的經驗，他們對於一個數字的含義的了解有時並不可靠，至少，在底數 10 和底數 2 之間的類似處方面，他們對前者滿熟悉，但多數人對後者不熟悉。這一節，我將嘗試補救這個問題，但若你感到困惑，請提醒自己：「這就像普通的數字，只不過是 2 進 1，不是 10 進 1。」

2.3.1 位元

表述數位資訊的最基本方法是使用位元。如同本章開頭的引言所述，「bit」（位元）這個字是「binary digit」（二進位元）的縮寫，是統計學家約翰・圖基於 1940 年代中期創造的字。據說，氫彈之父愛德華・泰勒（Edward Teller）偏好「bigit」這個字，幸好這個字沒流行起來。

「binary」這個字意指有兩個值的東西（字首「bi」是「二、雙」的意思），在此例中，就是兩個數值的意思：一個位元係指值為 0 或 1 的一個數

位,別無其他可能性。這有別於十進數位有 0 到 9 這十種可能的值。

用一個位元,我們可以編碼或表述任何涉及從兩個值中挑選一個值的選擇,這種二元選擇很多:開╱關,真╱假,是╱否,高╱低,進╱出,上╱下,左╱右,南╱北,東╱西等等。一個位元就足以辨識兩個值中的哪一個獲選,例如,我們可以指定 0 代表關閉,1 代表開啟,或是反過來,只要所有人都同意什麼值代表什麼狀態,這樣就行了。

<圖表 2-7 >是我的列印機的電源開關,以及許多器材上可以看到的標準開關標誌,它也是一種 Unicode 字符。

圖表 2-7　電源開關及標準的開關標誌

一個位元就足以表述開╱關、真╱假及其他類似的二元選擇,但我們需要一種方法去處理更多的選擇或表述更複雜的事務,為此,我們使用一群位元,對各種可能的 0 與 1 組合賦予其含義,例如,我們可以用兩個位元來代表美國大學的四年——00 代表大一,01 代表大二,10 代表大三,11 代表大四。若再多一個類別,譬如研究所學生,兩個位元就不夠:有五種可能性,但兩個位元只有四種不同的組合。但三個位元就足夠,事實上,三個位元可以代表多達八種不同的東西,因此,我們也可以把教師、職員及博士後研究生納入。三個位元的八種組合是:000、001、010、011、100、101、110、111。

位元的數量和這些位元能代表的項目數之間有個關係,這其中的關係很簡單:若有 N 個位元,不同的位元組合的數量為 2^N,亦即 $2 \times 2 \times \cdots \times 2$(N 次),如<圖表 2-8 >所示。

圖表2-8　2的冪次

位元的數量	值的數量	位元的數量	值的數量
1	2	6	64
2	4	7	128
3	8	8	256
4	16	9	512
5	32	10	1,024

　　這類似於十進數位：若有 N 個十進數位，不同的數位組合（我們稱之為「數字」）的數量為 10^N，如＜圖表2-9＞所示。

圖表2-9　10的冪次

數位的數量	值的數量	數位的數量	值的數量
1	10	6	1,000,000
2	100	7	10,000,000
3	1,000	8	100,000,000
4	10,000	9	1,000,000,000
5	100,000	10	10,000,000,000

2.3.2 2的冪次與10的冪次

　　由於電腦裡的每個東西都是以二進制來處理，因此，大小與容量之類的屬性往往用 2 的冪次來表示。若有 N 個位元，就有 2^N 種可能的值，因此，記住某個 N 以下的 2 的冪次值，例如從 2^1 到 2^{10} 的值，那將會很便利，一旦數字更大時，當然就不值得去記住了。所幸，如＜圖表2-10＞所示，有

一個捷徑提供不錯的近似值：一些 2 的冪次值和 10 的冪次值很接近，而且有容易記住的一個條理。此外，＜圖表 2-10 ＞提供又一個規模的字首：「peta」是千兆或 10^{15}（譯註：petabyte 譯為「拍位元組」），發音像「pet」，不是「pete」，本書最後附上的詞彙表中有完整的數值單位。

圖表 2-10　2 的冪次與 10 的冪次

2^{10} = 1.024　　　　　　　　　　10^3 = 1,000（kilo，千）

2^{20} = 1,048,576　　　　　　　　10^6 = 1,000,000（mega，百萬）

2^{30} = 1,073,741,824　　　　　　10^9 = 1,000,000,000（giga，十億）

2^{40} = 1,099,511,627,776　　　　10^{12} = 1,000,000,000,000（tera，一兆）

2^{50} = 1,125,899,906,842,624　　10^{15} = 1,000,000,000,000,000（peta，千兆）

　　隨著數字增大，近似值就變得愈不近似，但 10^{15} 只比 2^{50} 多了 12.6%，因此，就很廣的範圍來說，還是有用的。你會發現，人們往往模糊 2 的冪次與 10 的冪次之間的區別（有時候，這種模糊是朝著對他們試圖闡述的論點有利的方向），於是，「kilo」或「1K」可能意指 1,000，或可能意指 2^{10}（或 1,024）。這通常是微不足道的差異，因此，在心算涉及位元的大數字時，2 的冪次與 10 的冪次是不錯的方法。

2.3.3 二進數

　　若以普通的位值（place-value）方式來解讀數位的話，一個序列的位元能夠表述一個數值，但使用的是底數 2，不使用底數 10。十個數字（0 到 9）足夠指定標籤（label）給十個項目，若需要超過十個項目，我們就必須使用更多的數字；用兩個十進數位，我們就可以對 100 個項目指定標籤，標籤為 00 到 99。若有超過 100 個項目，就需要三個數字，標籤從 000 到 999。在寫普通數字時，我們不會寫前面的 0，但它們隱含地存在日常生活中，我們下標籤時，也是從 1 開始，不是從 0 開始。

十進數是 10 的冪次的總和的簡寫，例如，1867 等於 $1 \times 10^3 + 8 \times 10^2$ $+ 6 \times 10^1 + 7 \times 10^0$，等於 $1 \times 1000 + 8 \times 100 + 6 \times 10 + 7 \times 1$，等於 1000 + 800 + 60 + 7。讀小學時，你可能稱這些為「個位」、「十位」、「百位」等等，我們對這太熟悉了，以至於很少去思考它。

二進數也一樣，差別在於底數為 2，不是 10，涉及的數字只有 0 和 1。二進數 11101 被解讀為 $1 \times 2^4 + 1 \times 2^3 + 1 \times 2^2 + 0 \times 2^1 + 1 \times 2^0$，用底數 10 來表達，就是 16+8+4+0+1，等於 29。

位元序列可以被解讀為數字，這意味的是，自然就有一個對各項目指派標籤的模式：使這些項目依數值排序。前面提到大一至大四的標籤是 00、01、10、11，十進數的數值就是 0、1、2、3；接下來的排序將是 000、001、010、011、100、101、110、111，十進數的數值就是 0 到 7。

以下有個練習可以確認你是否了解了。我們全都熟悉用我們的手指計數到 10，但是，若你使用二進數，每一根手指及拇指（一個數位！）代表一個二進位元（二進數位），你能用你的手指計數到多高呢？數值範圍是多少？若數到 4 和 132 你發現它的二進制表示一個你似曾相識的手勢，那就代表你了解這概念了。

你大概能看出，把二進數轉換成十進數滿容易：只需把相應位元數值為 1 的 2 的冪次值加起來就行了。把十進數轉換成二進數，比較難，但不會難太多：把十進數連線除以 2，把每次得出的餘數（不是 1，就是 0）寫下來，商數繼續除以 2，這樣一直除到商數為 0。最後，倒序列出這些餘數，就是二進數。

<圖表 2-11 >舉例演示如何把十進數 1867 轉換成二進數，倒序列出餘數，得出 111 0100 1011。為了驗算是否正確，我們可以把位元數值為 1 的 2 的冪次值加起來：$2^{10} + 2^9 + 2^8 + 2^6 + 2^3 + 2^1 + 2^0 = 1024 + 512 + 256 + 64 + 8 + 2 + 1 = 1867$。

這程序的每一步產生剩下數字的最低有效位元（the least significant bit，最右邊的位元），這就像你把一個大數字的秒鐘轉換成日、小時、分鐘及秒鐘：除以 60，得出分鐘數（餘數是秒鐘數）；再把前面得出的結果

圖表2-11　把十進數1867轉換成二進數11101001011

數字	商數	餘數
1867	933	**1**
933	466	**1**
466	233	**0**
233	116	**1**
116	58	**0**
58	29	**0**
29	14	**1**
14	7	**0**
7	3	**1**
3	1	**1**
1	0	**1**

（商數）除以60，得出小時數（餘數是分鐘數）；再把前面得出的結果（商數）除以24，得出日數（餘數是小時數）。差別是，時間的轉換不是使用單一一個底數，它使用了60及24的兩個底數。

　　還有另一種把十進數轉換成二進數的方法：用原始數字減去這數字中的2的冪次值，從這數字內含的最高的2的冪次值開始依序往下減，例如，原始數字為1867，其內含的最高的2的冪次值為2^{10}，每減去一個冪次值，若得出正值，就寫「1」，當減數大於被減數（亦即得出負值）時，就寫「0」。在此例中，$1867 - 2^{10} = 843$（寫一個1），$843 - 2^9 = 331$（寫一個1），$331 - 2^8 = 75$（寫一個1），$75 - 2^7 =$ 負值（寫一個0），$75 - 2^6 = 11$（寫一個1），$11 - 2^5 =$ 負值（寫一個0），$11 - 2^4 =$ 負值（寫一個0），$11 - 2^3 = 3$（寫一個1），$3 - 2^2 =$ 負值（寫一個0），$3 - 2^1 = 1$（寫一個1），$1 - 2^0 = 0$（寫一個1）。最後，把這些1和0順序（注意，不是倒序）寫

出來，就是二進數：11101001011。這個方法或許更直覺，且不如前面那種方法呆板。

二進制算術滿容易的，由於只有兩個數位，加法及乘法表都只有兩列及兩行，如＜圖表 2-12 ＞所示。你不太可能需要自行去做二進制算術，但這些表的簡單性暗示何以二進制算術的電腦電路遠比十進制算術的電路簡單。

圖表 2-12 二進制加法與乘法表

+	0	1		×	0	1
0	0	1		0	0	0
1	1	0，進位加1		1	0	1

2.3.4 位元組

在所有現代電腦中，處理和記憶組織的基本單位是八個位元，八個位元被當成一**個位元組**（byte），這個字是 IBM 的電腦設計師沃納·布奇赫茲（Werner Buchholz）於 1956 年創造的。一個位元組能編碼 256 個不同值（2^8，全都是 0 和 1 的組合），可能是介於 0 和 255 之間的一個整數值，或是 7 位元 ASCII 字符集中的一個字符（省略一個位元），或別的。通常，一個特定位元組是一個表述更大或更複雜的東西的更大群位元組的一部分。兩個位元組合起來提供 16 個位元，足以表述介於 0 和 $2^{16} - 1$（等於 65,535）之間的一個數字，它們也可以表述 Unicode 字符表中的一個字符，例如「東京」這兩個字符當中的「東」或「京」，這兩個字符的每一個是兩個位元組。四個位元組是 32 個位元，可用以表述四個 ASCII 字符，或兩個 Unicode 字符，或介於 0 和 $2^{32} - 1$（約 43 億）之間的一個數字。一群位元組能表述的東西無窮盡，不過，處理器本身定義適中的位元組，例如各種規模的整數群集，並有處理這類群集的專門指令。

若我們想寫出由一或多個位元組表述的數值，可以用十進數形式來

表達它，這對讀者而言比較方便。我們可以用二進數來寫它，以觀察個別位元——當不同的位元編碼不同種類的資訊時，我們需要觀察個別位元。不過，二進數很長，比十進數長三倍，所以另一種名為**十六進制**（hexadecimal）的表述法常被使用。[25] 十六進制使用底數 16，因此有 16 個數位（就像十進制有 10 個數位，二進制有 2 個數位），這些數位是 0，1，⋯⋯，9，A，B，C，D，E，F，一個十六進數位代表 4 個位元，其數值如＜圖表 2-13 ＞所示。

圖表2-13　十六進制數位及它們的二進值

0	0000	1	0001	2	0010	3	0011
4	0100	5	0101	6	0110	7	0111
8	1000	9	1001	A	1010	B	1011
C	1100	D	1101	E	1110	F	1111

　　除非你是程式設計師，否則，你大概只會在少數地方看到十六進制，其中之一是網頁的色彩。如前文所述，電腦中的色彩最普遍的表述法使用每像素三個位元組，一個位元組是紅色的量，一個位元組是綠色的量，一個位元組是藍色的量；此稱為「紅綠藍編碼」（RGB encoding，或譯「三原色編碼」）。這些成分的每一個儲存於一個位元組（8 位元），因此有 256（2^8）種可能的紅色量，每一種紅色量可和 256 種可能的綠色量及 256 種可能的藍色量組合，因此，總計有 256×256×256 種可能的顏色，這聽起來很多。我們可以用 2 的冪次和 10 的冪次來快速估計究竟有多少：這是 $2^8 \times 2^8 \times 2^8$，等於 2^{24}，或 $2^4 \times 2^{20}$，或大約 16×10^6，亦即約 1,600 萬種。[26] 你可能已經看過這數字被用來描述電腦顯示器：「有超過 1,600 萬種顏色！」這估計值比實際值低了約 5%，實際值是 2^{24}，等於 16,777,216。

　　在十六進制中，深紅像素被表述成 FF0000，亦即最大的紅色量（255），沒有綠色，沒有藍色；而許多網頁上的連結顏色亮藍色（非深藍）

則是 0000CC。黃色是紅色加綠色，因此，最亮的黃色是 FFFF00；灰色陰影有同量的紅、綠、藍，因此，中間值的灰色像素是 808080，亦即紅色、綠色及藍色量相同；黑色和白色分別是 000000 及 FFFFFF。

　　Unicode 編碼表也使用十六進制數值來表述字符，例如，「東京」這兩個字是 6771 4EAC。以太網（Ethernet）位址中也可以看到十六進制，我們將在第八章討論這個，以及俗稱「網址」的統一資源定位器（Uniform Resource Locator，URL）的特殊字符，在第十章討論。

　　有時候，你在電腦廣告中看到「64-bit」（64 位元）這個名詞，例如：「Microsoft Windows 10 Home 64-bit」，這是什麼意思呢？電腦內部以區塊（chunk）方式處理資料，每個資料塊大小不一，裡頭包含數字（使用 32 位元及 64 位元寬度比較方便），以及位址——亦即資訊在主記憶體中的位置，32-bit 或 64-bit，指的就是位址這個屬性。三十年前，從 16 位元位址轉變為 32 位元位址，這樣就夠寬而可以存取上達 4GB 的記憶體；現在，通用型電腦從 32 位元改為 64 位元的轉變幾乎已經完成。[27] 我不預測何時將從 64 位元轉變為 128 位元，但 64 位元應該會持續好一段期間。

　　在討論位元及位元組時，必須記住的一個重點是，一群位元的意義取決於它們的脈絡背景，只看它們，無法知道它們的意義。一個位元組可能內含一個位元代表「真或假」，以及七個未使用的位元；或者，一個位元組可能被用來儲存一個小整數，或一個 ASCII 字符（例如 #），或另一種文字系統的某個字符的一部分，或一個佔據兩位元組、四位元組或八位元組的的大數字的一部分，或是一幀照片的一部分，或是一首音樂的一部分，或是對處理器下達的執行指令的一部分，或是許多其他的可能性（這就像十進數位，視脈絡背景而定，三位數的十進數可能代表一個美國郵遞區號，或一條公路的號碼，或棒球的一個平均打擊率，或許多其他事物）。

　　一個程式的指令有時是另一個程式的資料，當你下載一程式或行動應用程式時，它只是資料：被拷貝的位元；但當你跑這程式時，它的位元就被當成指令，由中央處理器處理。

2.4 本章總結

為何使用二進制，不使用十進制？答案是，打造只有兩種狀態（例如開與關）的設備，遠比打造有十種狀態的設備更為容易。許多技術利於這種相對單純性：電流（流動或不流動）、電壓（高或低）、電荷（存在或不存在）、磁力（北或南）、光線（亮或暗）、反射率（閃亮或不敏感）。馮紐曼顯然了解這點，他在 1946 年說：「我們的基本記憶單位自然地調適於二進制，因為我們不會試圖去度量電荷的逐漸變化。」

為何我們應該知道或關心二進數？理由之一是，使用我們不熟悉的底數進行數量推理，或許有助於增進我們對於十進制的數字運作方式的了解。此外，由於位元的數量通常和涉及的空間量、時間量或複雜程度有關，因此有必要了解二進位元。根本理由是，電腦值得我們了解，而電腦使用二進制，因此，我們應該了解二進制。

真實世界中，二進制也出現於和電腦運算無關的領域，或許是因為重量、高度等等的兩倍或一半對人們來說是非常自然的運作方式。舉例而言，高德納（Donald Knuth）所寫的《電腦程式設計藝術》（*The Art of Computer Programming*）第二冊中提到，1300 年代英格蘭的酒容器單位使用十三個二進制數量級別：2 基爾（gill）是 1 超品（chopin），2 超品是 1 品脫（pint），2 品脫是 1 夸脫（quart）……2 桶（barrel）是 1 豬頭桶（hogshead），2 豬頭桶是 1 派普桶（pipe），2 派普桶是 1 樽（tun）。[28] 這些單位中有大約一半至今仍然常用於英制的酒容量度量，但費爾金（firkin）、基爾德金（kilderkin，等於 2 費爾金或半桶）之類迷人的用詞，現在已經很少見了。

第 3 章

探索處理器

「但是，若對機器的命令被簡化成數字碼，若機器能夠分辨數字和命令，那麼，記憶元件就可被用來儲存數字和命令。」

——亞瑟‧柏克斯、赫曼‧高德斯坦及約翰‧馮紐曼，
〈電子計算機的邏輯設計的初步討論〉，1946 年

我在第一章提到，處理器（或中央處理器）是電腦的「大腦」，不過，這名詞本身其實是不合理的。現在，咱們該詳細探索處理器了，因為它是電腦的最重要元件，其特性對比本書的其餘內容最為顯著。

處理器如何運作？它處理什麼，以及如何處理？首先，直觀地說，處理器有一份它能執行的基本運算的指令系統：它能做算術——加減乘除，就像一台計算機；它能從記憶體中擷取資料，進行處理，把結果存回記憶體中，就像許多計算機中的記憶體作業。處理器控制電腦的其他部分：它使用匯流排中的訊號來指揮與協調它透過電力連結的所有輸入與輸出，包括滑鼠、鍵盤、顯示器等等。

最重要的是，它能做決策——儘管是簡單的決策：它能比較數字（例如，這數字是否比那數字大？）或其他種類的資料（例如，這資訊是否與那資訊相同？），它能根據結果，決定接下來要做什麼。這是所有功能中最重要的一個，因為這意味的是，雖然，處理器能做的事情並沒比計算機多多少，但它能夠在無人干預之下自行操作，誠如柏克斯、高德斯坦及馮紐曼所言：「我們希望這機器是個完全自動化的角色，亦即在運算開始後，就不需倚賴人工操作。」

由於處理器能根據它處理的資料，決定接下來要做什麼，它能夠自行運

作整個系統。雖然，它的指令系統不大，也不複雜，但它每秒能執行數十億個運算，因此，它能做複雜精細的運算。

3.1 Toy 電腦

為解釋一台處理器如何運作，我在此描述一台實際上並不存在的機器，這是一台虛構的電腦，它的原理與真實的電腦相同，但簡單得多。由於這只是紙上談兵，因此，我可以按照有助於說明真實電腦運作機制的方式來設計它。我也可以創造一個真實電腦用的程式，讓它去**模擬**我的紙上設計，因此，我可以為這台虛構的機器撰寫程式，看它如何運作。

我把這台虛構的機器稱為「Toy」電腦，因為它不是真的，但又具有真實電腦的特性，它大約相當於 1960 年代末期的迷你電腦，有點相似於柏克斯、高德斯坦及馮紐曼在他們合撰的原始文獻中提出的設計。Toy 有記憶體可儲存指令及資料，它有另一個儲存區，稱為**累加器**（accumulator），有足夠容量可暫存一個數字。累加器就像一台計算機的顯示器，暫存使用者最新輸入的數字，或是最新計算出來的結果。Toy 的指令表上有大約十種執行前述那些基本運算的指令，＜圖表 3-1 ＞列出前六種指令。

每一個記憶體位置儲存一個數字或一個指令，因此可以在記憶體中儲存

圖表3-1　Toy機器的一些指令

GET	從鍵盤上取一個數字，放到累加器，覆寫（overwrite）累加器中的先前內容
PRINT	列印累加器裡的內容（累加器內容不變）
STORE M	把累加器內容的一份拷貝儲存至記憶體位置M（累加器內容不變）
LOAD M	把記憶體位置M的內容載入累加器中（M的內容不變）
ADD M	把記憶體位置M的內容加到累加器裡的內容（M的內容不變）
STOP	停止執行

由指令序列及資料項共同組成的程式。運算時，處理器在第一個記憶體位置啟動，重複以下這個簡單循環：

擷取（fetch）	從記憶體中取得下一個指令
解碼（decode）	理解這指令要做什麼
執行（execute）	執行指令
	回到擷取

3.1.1 第一個 Toy 程式

為了給 Toy 創造程式，我們必須寫出將去執行工作的指令序列，把它們儲存於記憶體，告訴處理器去開始執行它們。舉例而言，設若記憶體中有這些指令，它們以二進數儲存於記憶體中：

```
GET
PRINT
STOP
```

當這指令序列被執行，第一個指令將詢問使用者一個數字，第二個指令將列印出那數字，第三個指令將告訴處理器停止。過程極其乏味，但足以說明一個程式是什麼模樣，若給一台真實的 Toy 機器，甚至可以跑這程式。

所幸，有一些試行的 Toy 電腦，＜圖表 3-2 ＞展示其中之一，我們將在第七章討論到，這是 JavaScript 撰寫的一個模擬系統，可以在任何瀏覽器中運行。

當你點擊「RUN（運轉）」，程式執行「GET」指令時，＜圖表 3-3 ＞中的對話框就會跳出，使用者輸入數字 123。

使用者輸入一個數字，並點擊 OK 後，模擬系統就會開始運轉，並顯示＜圖表 3-4 ＞中的結果。這程式要求使用者輸入一個數字，然後把這數字列

圖表3-2　使用一個現成可跑的程式的Toy機器模擬系統

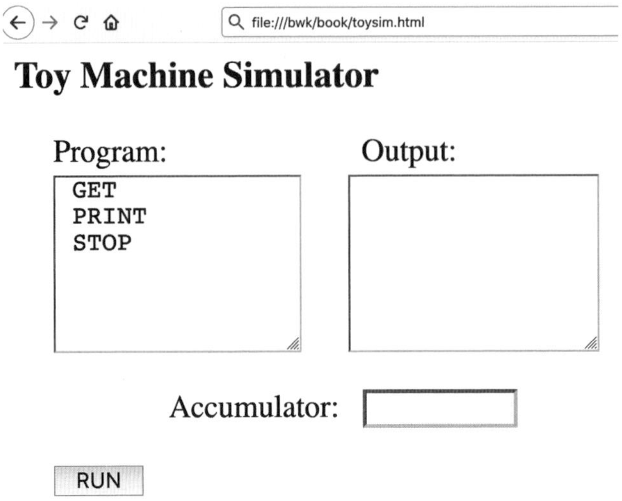

← → C ⌂　　Q file:///bwk/book/toysim.html

Toy Machine Simulator

Program:

```
GET
PRINT
STOP
```

Output:

Accumulator:

RUN

圖表3-3　Toy機器模擬系統輸入對話框

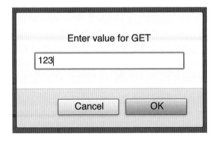

Enter value for GET

123

Cancel　　OK

圖表3-4　運轉一個簡短程式後的Toy機器模擬系統

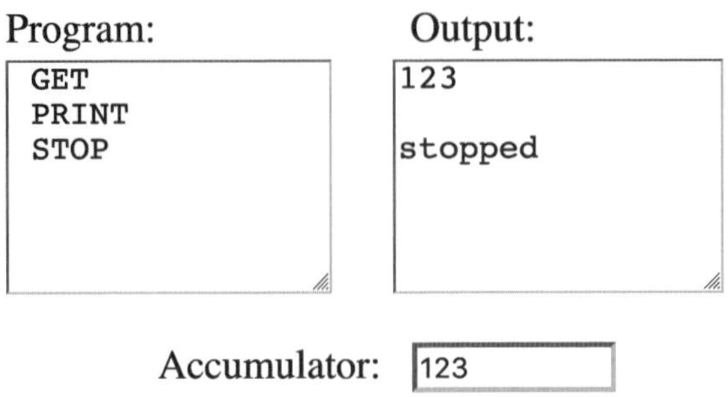

Program:

```
GET
PRINT
STOP
```

Output:

```
123

stopped
```

Accumulator: 123

印出來,再停止執行。

3.1.2 第二個 Toy 程式

下一個程式(＜圖表 3-5 ＞)稍微複雜些,加了一個新概念:把一個值儲存到記憶體中,然後檢索(retrieve)它。程式取得一個數字,放到累加器中,再把這數字儲存於記憶體;取得第二個數字,放到累加器中(覆寫累加器中的第一個數字),把先前已經小心儲存於記憶體中的第一個數字取出,加到累加器中的第二個數字上,把這兩個數字的總和列印出來,然後,停止。

處理器從程式的起頭開始,一次擷取一個指令,依序執行每一個指令,執行完一個指令,再執行下一個指令。每一個指令後面有一個註解(comment),這是幫助程式設計師的解釋材料,註解對程式本身沒有影響。

唯一麻煩一點的是,我們需要在記憶體中騰出一個地方,儲存一個資料值──後面將要讀取的第一個數字。我們不能把第一個數字留在累加器中,因為第二個「GET」指令取得的第二個數字將會覆寫它。由於數字是資料,不是指令,我們必須儲存到記憶體中不會被解讀為一個指令的某處,若我們

圖表 3-5　Toy 機器程式把兩個數字相加起來,並列印總和

GET	取得第一個數字,放到累加器中
STORE FirstNum	把第一個數字儲存到名為「FirstNum」的記憶體位置
GET	取得第二個數字,放到累加器中
ADD FirstNum	從記憶體中取得第一個數字,加到累加器中的第二個數字上
PRINT	列印兩個數字相加的總和
STOP	停止運轉程式
FirstNum:	記憶體中儲存第一個輸入的數字的位置

把它放到程式的末端，在所有指令的後面，處理器就絕對不會把這資料值解讀為一個指令，因為在此之前，已經有「STOP」指令了。

我們也需要一個方法讓程式指令能找到那位置，一個可能的方法是陳述那個資料將在記憶體的第七個位置（在六條指令之後），所以，我們可以寫「STORE 7」（把第一個數字儲存到記憶體的第七個位置）。事實上，程式最終將以這種形式被儲存。但是，若程式被修改，這位置可能會改變，解決方法是給予資料位置一個名稱，我們將在第五章看到，**程式**能夠執行這種行政工作，追蹤記錄資料位於記憶體中的何處，用適當的數值位置取代名稱。「FirstNum」這個名稱的意思是「第一個數字」，名稱可以任意取，但使用一個指出資料或指令的目的或含義的名稱，是一種好的做法。我們在名稱後面加上一個冒號，指明這是一個標籤。按照慣例，程式中的指令使用縮排，而附加於指令或記憶體位置的名稱則不縮排，Toy 模擬系統會照料所有這些細節。

3.1.3 分支指令（branch instructions）

<圖表 3-5 >中的程式可以如何被延伸，把三個數字相加起來呢？再加上另一個指令序列「STORE，GET，ADD」（有兩處可以插入它們），這相當容易，但若要把一千個數字相加起來，那就不容易了，或者，若我們事先不知道要相加多少個數字，這種做法也不容易。

解決方法是，在處理器的指令表中加入一種新的指令，讓它去重複使用指令序列。常被稱為「分支」（branch）或「跳轉」（jump）的「GOTO」指令告訴處理器，它要執行的下一個指令並不是依照指令序列順序的下一個指令，而是去「GOTO」指令中指明的位置的那個指令。

使用「GOTO」指令，我們可以讓處理器回到程式的一個前面部分，重複執行那部分的指令。一個簡單的例子是列印出輸入的每個數字的程式，這是複製或顯示輸入內容的程式所執行的基本工作，可資例示「GOTO」指令做什麼事。<圖表 3-6 >中的程式的第一個指令被標記為「Top」，這個任意取的名稱顯示了它的角色，最後一個指令則是導致處理器回到第一個指

圖表3-6　不停地運轉的複製資料的程式

```
Top：   GET         取一個數字，放到累加器中
        PRINT       列印這數字
        GOTO Top    回到Top，取另一個數字
```

令。

　　這解決了我們的部分問題——讓我們可以重複使用前面的指令，但還有一個重要問題：沒辦法讓這重複執行的指令序列或**迴圈**（loop）停下來，別無止境地執行。為了讓迴圈停下來，我們需要另一種指令——檢查一條件，以決定接下來做什麼，而不是盲目地繼續下去。這種指令稱為「**條件分支**」（conditional branch）或「**條件跳轉**」（conditional jump），所有電腦都提供的一種可能性是，用一個指令來檢查一個值是否為零，若為零，就跳轉至一個指定的指令。我們在 Toy 指令表裡增加一個稱為「**IFZERO**」的指令，若累加器值為零，就分支到一個指定的指令；否則，就繼續執行順序中的下一個指令。

　　我們可以使用「IFZERO」指令來撰寫一個程式，去讀取和列印輸入值，直到輸入中出現一個零值，參見〈圖表 3-7〉。

　　注意到這程式並未列印出指示這程式停止執行的零值，若你想要這程式在停止執行之前，把這零值列印出來，該如何修改這程式呢？這不是個棘手

圖表3-7　持續複製資料、直到輸入值為0時停止的程式

```
Top：   GET          取一個數字，放到累加器中
        IFZERO Bot   若累加器中的值為零，跳轉到指令Bot
        PRINT        累加器中的值非零，列印這數字
        GOTO Top     回到Top，取另一個數字
Bot：   STOP
```

問題，答案顯而意見，但可資例示兩個指令的簡單換位，如何導致程式做了不是使用者意圖要它們做的事。

結合「GOTO」和「IFZERO」這兩個指令，我們可以撰寫重複指令直到指明的條件成立為止的程式，處理器能夠根據前面的運算結果來改變接下來的運算軌跡（你可以想想看，若你有「IFZERO」這個指令，是否一定需要「GOTO」這個指令？是否有方法可以用「IFZERO」及其他指令去模仿「GOTO」這個指令？）。這或許不是很顯然，但我們只需要這些，就能運算可以被任何一台數位電腦運算的任何東西——任何運算都可以分解成使用基本指令的小步驟。指令表中有「IFZERO」這個指令，Toy 處理器基本上就能被編程去做**任何**運算。我之所以說「基本上」，係因為我們在實務中不能忽略處理器速度、記憶體容量、一台電腦中的數字的有限規模等等，後文將不時提到「所有電腦皆同」的這個概念，因為這是一個基本概念。

這裡再舉結合「GOTO」和「IFZERO」這兩個指令的另一個例子，<圖表 3-8 >中的程式執行的工作是把一堆數字相加起來，但當輸入的數字為零時，就停止執行。使用一個指定值來終止序列輸入，這是一種常見的做法，在這個例子中，零是一個很好的終止標記，因為我們是在執行數字相加，

圖表3-8　Toy機器程式執行一連串數字的相加

```
Top:   GET              取一個數字

       IFZERO Bot       若數字為零，跳轉到指令 Bot

       ADD Sum          把累計總和加到最新取得的數字上

       STORE Sum        把結果儲存為新的累計總和

       GOTO Top         回到 Top，取另一個數字

Bot:   LOAD Sum         把累計總和上傳到累加器裡

       PRINT            把累計總和列印出來

Sum:   0                記憶體位置儲存累計總和

                        （當程式開始運轉時，初始化成 0）
```

加入一個零資料值是不必要的。

　　Toy 模擬系統把這程式中的最後一個「指令」解譯為「指定一個名稱給一個記憶體位置，把一個特定數值儲存在這個位置，然後才開始運轉程式」，這其實不是一個指令，而是一個「假指令」（pseudo-instruction），模擬系統在處理程式文本時解譯它，然後才開始運轉程式。

　　我們需要記憶體中的一處儲存累計總和，這記憶體位置應該從零值開始，就如同清空計算機中的記憶體。我們也需要為這記憶體位置取一個名稱，好讓程式的其餘指令能提及與使用它，這名稱可以任意取，但「Sum」是個好選擇，因為它指出了這個記憶體位置的角色。

　　你如何檢查這程式以確定它正確呢？表面上它看起來 OK，簡單測試例子，得出正確答案，但問題很容易被疏忽，因此必須有系統地測試。重點字是「有系統地」，意思是，不能只是用隨機輸入來測試程式。

　　什麼是最簡單的測試例子？若沒有其他數字，只有會導致終止輸入的零值，那麼，總和就應該為零，這是一個好的第一測試例子。第二個測試是輸入單一一個數字，總和應該就是這數字；接下來是測試你已經知道組合為多少的兩個數字，例如 1 和 2，總和應該是 3。做一些類似這樣的測試，你就能相當有信心地確知這程式是正確的。若你很謹慎的話，你可以在把程式載入電腦之前，自己以人工方式，循著指令，一步步地運算，測試整個程式。優秀的程式設計師對他們撰寫的每個程式做這樣的測試與檢查。

3.1.4 記憶體中的表述法

　　截至目前為止，我一直迴避有關於如何在記憶體中表述指令及資料的疑問。究竟這是如何運作的呢？

　　以下是一種可能性。假定每一個指令使用一個記憶體位置去儲存它的數字代碼，若這指令提及記憶體或有一個資料值的話，那麼，它也使用了下一個記憶體位置。亦即，「GET」這個指令佔據了一個記憶體位置，而「IFZERO」及「ADD」之類提及一個記憶體位置的指令則是佔據了兩個記憶單元，其中第二個記憶單元是它們提及的記憶體位置。

其次，也假定任何資料值將使用一個單一的記憶體位置。這些假定是簡化，但與真實電腦的實際情形差不多。最後，假定指令的數值是（按照它們在前文中出現的順序）：GET ＝1，PRINT ＝ 2，STORE ＝ 3，LOAD ＝ 4，ADD ＝ 5，STOP ＝ 6，GOTO ＝ 7，IFZERO ＝ 8。

＜圖表3-8 ＞中的程式把一連串的數字相加起來，當這程式即將開始運轉時，記憶體中的內容將如＜圖表3-9 ＞所示，這圖表中也顯示了實際的記憶體位置、附加於三個位置的標籤，以及相應於記憶體內容的指令及位址。

這個 Toy 模擬系統是用 JavaScript 撰寫的，我們將在第七章談到這種程式語言，但也可以使用任何其他程式語言來撰寫。這模擬系統很容易延

圖表3-9　記憶體中的數字相加程式

位置	記憶體	標籤	指令
1	1	Top:	GET
2	8		IFZERO Bot
3	10		
4	5		ADD Sum
5	14		
6	3		STORE Sum
7	14		
8	7		GOTO Top
9	1		
10	4	Bot:	LOAD Sum
11	14		
12	2		PRINT
13	6		STOP
14	0	Sum:	0 [data, initialized to 0]

伸，例如，縱使你以前從未見過一個電腦程式，也能容易地加入一個乘法指令或一個不同種類的條件分支，這是測試你的了解程度的不錯途徑。本書的網站上可以找到這程式。

3.2 真實的處理器

前文敘述的是一個簡化版的處理器，但與早期的電腦或小型電腦的處理器運作情形相差不多，現今的處理器的真實運作細節遠遠更為複雜。

一台處理器重複運作擷取、解碼及執行的循環。它從記憶體中擷取下一個指令，這通常是儲存在下一個記憶體位置的指令；接著，它解碼指令，亦即搞清楚這指令要做什麼，並做好執行這指令的必要準備；然後，它執行這指令，從記憶體中擷取資訊，做算術或邏輯運算，把運算結果儲存起來（用對此指令而言適當的組合儲存）。然後，它再回到整個循環的擷取部分。在一台真實的處理器裡，〔擷取—解碼—執行〕這個循環有詳細複雜的機制去加速運轉整個流程，但基本上，它就只是一個迴圈，就像前文中展示的重複執行數字相加這項工作的迴圈。

真實的電腦程式指令遠比我們的 Toy 機器還要多，但指令是相同的基本類型。真實的電腦有更多方式去搬運資料，有更多方式去做算術，有更多方式去控制機器的其餘部分。一台普通的處理器有數十種到數百種不同的指令，指令及資料佔據多個記憶體位置，通常是 2 到 8 個位元組。一台處理器通常有 16 或 32 個累加器來暫存多個中間結果，這樣才能達到某種程度的快速記憶體。

和我們的 Toy 機器相比，真實的程式要龐大得多，往往有數百萬條指令，後面探討軟體的章節將回頭討論這類程式是如何撰寫的。

電腦架構（computer architecture）處理有關於處理器的設計，以及處理器和電腦的其他部分的連結，在大學裡，這通常是電腦科學和電機工程這兩個領域的交叉領域。

電腦架構的考量之一是指令集——處理器提供的指令表，應該有大量的

指令，以處理廣泛種類的運算呢，抑或應該有較少量的指令，以便更簡單於建造，且可能因此跑得更快？電腦架構涉及功能、速度、複雜程度、耗電量及可編程性等這些層面的取捨，馮紐曼說：「一般來說，算術單元的內部經濟取決於想要的機器運算速度〔……〕和想要的機器單純或便宜程度這兩者之間的折衷。」

處理器如何和主記憶體及電腦的其他部分連結呢？處理器非常快速，以遠低於 1 奈秒（nanosecond，nano 是十億分之一，或 10^{-9}）的時間執行一個指令。反觀記憶體的速度極慢，從記憶體中擷取資料或一個指令，可能得花 10 至 20 奈秒，當然，以絕對值來看，這是極快了，但從處理器的角度來看，是極慢的速度，若不需要等候資料到來，10 至 20 奈秒間，處理器可能已經執行幾十個指令了。

現代的電腦在處理器和記憶體之間使用小數量名為**快取記憶體**（cache）的高速記憶體來暫存最近使用的指令及資料，存取那些能夠在快取記憶體中找到的資訊，其速度快於等候從主記憶體中擷取。我將在下一節討論快取記憶體及快取（caching，或譯「緩存」）。

設計師還有其他種種的架構方法可以使處理器跑得更快。一台處理器可以被設計成交替地擷取與執行（overlap fetch and execute），這麼一來，各個不同階段有幾條指令在處理中，此稱為指令管線化（pipelining，或譯「流水線」、「管線操作」），其精神相似於車子在組裝線上移動。指令管線化的結果是，雖然，任何一個指令仍然得花相同量的時間來完成，但在此同時，其他的指令也在處理中，因此，整體完成速度較快。另一種選擇是，只要多個指令彼此間不會相互干擾或依賴，就並行處理，以汽車的生產來類比，那就是有平行的組裝線。有時候，甚至可能不依照順序地處理彼此不相互影響的指令。

還有另一種選擇，那就是同時有多台處理器一起作業，這在現今的筆記型電腦和手機中已經很普遍。我現在使用的 2015 年出產的電腦是英特爾處理器，單一積體電路晶片上有雙核心（兩個處理器），發展趨勢明顯朝向單一晶片上有愈來愈多的處理器，每台電腦中有不只一片晶片。隨著積體電路

的特徵尺寸變得更小，就能在一片晶片上擠入更多電晶體，這些通常被用於更多的核心和更多的快取記憶體。個別處理器並未變得更快，但因為有更多核心，因此，有效運算速度仍然提升。

當我們考慮處理器的應用領域時，就會牽涉到設計者要權衡哪些要素。有很長一段期間，處理器的設計主要是針對桌上型電腦，桌上型電腦的電力和實體空間比較充足，這意味的是，設計者可以聚焦於使處理器盡量跑得更快，因為他們知道將有足夠的電力，並且可以多加風扇來散熱。筆記型電腦顯著改變了權衡的要素，因為空間明顯更小，而且，不插電的筆記型電腦的電力來自重且貴的電池。在所有其他條件相同之下，筆記型電腦的處理器通常速度較慢，用電量較少。

手機、平板及其他高度可攜式設備更提高了設計要求，因為它們的體積、重量及電力更受限。就這個層面來說，光是在設計上下工夫是不夠的。雖然，英特爾及其主要競爭者超微半導體（AMD）是桌上型電腦和筆記型電腦處理器的主力供應商，大多數的手機與平板使用名為「ARM」（Advanced RISC Machine）架構的處理器設計，這是專門為使用低電力而設計的架構。ARM 處理器設計是由英國的安謀控股公司（ARM Holdings）授權的。

處理器速度的比較很難，而且，這種比較也不是很有意義，縱使是算術之類的基本運算，也可以用截然不同的運算方法來處理，因此，難以對不同的處理器做直接比較。舉例而言，甲處理器可能需要三個指令來相加兩個數字，得出第三個數字，並儲存這結果（如同前述 Toy 機器），乙處理器可能需要兩個指令來完成這運算，丙處理器可能只需要一個指令來完成這運算。一台處理器也許能夠並行處理幾個指令，或是說同時處理幾個指令，讓它們在不同的階段上執行。處理器可以為了降低耗電量而犧牲執行速度，甚至可以視電力是否來自電池而動態地調整它們的速度。有些處理器有一些快速核心和一些慢速核心，被分派去執行不同的工作，所以，你應該審慎於聲稱一台處理器比另一台處理器「更快」，因為你衡量的哩數可能不同。

3.3 快取

> 「所以，我們被迫去弄清楚建構一個記憶體層級（hierarchy of memories）的可能性，每一個層級的容量大於前一個層級，但存取速度較慢。」
>
> ——亞瑟‧柏克斯、赫曼‧高德斯坦，及約翰‧馮紐曼，
> 〈電子計算機的邏輯設計的初步討論〉，1946 年

在此值得暫時離題一下，說明「快取」這個概念，這概念具有電腦運算領域以外的廣泛可應用性。在處理器中，**快取記憶體**是一個小而快的記憶體，被用於儲存最近使用的資訊，避免再去主記憶體中存取，主記憶體較大，但速度遠遠較慢。一台處理器通常在短時間內多次存取資料與指令群，例如，<圖表 3-9 >的程式中，每一個輸入數字，迴圈裡的五個指令將被執行一次，若這些指令被儲存於一個快取記憶體中，就不需要每次都經過迴圈，從主記憶體中擷取它們，這麼一來，這程式就會跑得更快，因為它不需要等候記憶體去產生指令。同理，把「Sum」儲存於一個資料快取記憶體中，也會加快存取，不過，這個程式中真正的瓶頸是取得資料。

一台普通的處理器有兩個或三個快取記憶體，依序一個比一個的容量大，但速度更慢，通常稱為一級（Level 1，L1）、二級（L2），三級（L3），容量最大的快取記憶體可能能夠儲存幾 MB 的資料（我的筆記型電腦的每一個核心有 256 KB 的 L2 快取記憶體，以及單一一個 4 MB 的 L3 快取記憶體）。使用快取記憶體是因為最近使用過的資訊可能很快就再度被使用，儲存於快取記憶體中，就花更少的時間等候主記憶體的作業。快取流程通常一次載入一組資訊塊（blocks of information），例如，當要求一個位元組時，它載入一塊連續的記憶體位置，這是因為鄰接的資訊可能很快也會被用到，因此，當需要這些鄰接的資訊時，它們可能已經在快取記憶體中了，不需要等候。

大多數時候，使用者不會覺察這種快取，但它改善了效能。不過，快取

是一個無處不在的概念，每當我們現在使用某個東西，且可能很快就會再度用到它，或是可能使用到它鄰近的東西時，快取的概念就派得上用場。處理器中的多個累加器其實就是一種形式的高速快取；對磁碟而言，主記憶體是個快取記憶體；對來自一個網路的資料而言，記憶體及磁碟都是快取記憶體。網路通常有快取記憶體去加快來自遠處的伺服器的資訊流，而伺服器本身也有快取記憶體。

你可能見過在一個網頁瀏覽器上「清除快取」（clearing the cache）這句話，瀏覽器保存一網頁的圖像及其他比較大的資料的副本，因為再造訪這網頁時，使用副本比再度下載它更快。但是，快取記憶體容量有限，所以，瀏覽器會悄悄移除舊項目，以騰出空間給較新的項目，它也讓你可以主動移除快取記憶體中的所有項目。

你有時可以親身觀察到快取的效果，例如，啟動一個大程式如 Word 或 Firefox，計算一下花多少時間從磁碟中完成載入這程式而可以使用它，然後，退出這程式，立刻重新啟動它。通常，第二次啟動時，明顯較快，這是因為那個程式的指令仍然在主記憶體中，對磁碟而言，主記憶體就是一個快取記憶體。當你使用其他程式一段時間後，記憶體中將填入它們的指令及資料，原來那個程式就不再被快取了。

Word 或 Excel 程式中最近被使用過的檔案清單也是一種形式的快取，Word 記得你最近使用過的檔案，並在一個選單中顯示這些檔案的名稱，讓你不需去搜尋以找到它們。伴隨你開啟了更多檔案後，那些已經有段時間未被取用的檔案的名稱就會被你最近開啟過的檔案的名稱取代。

▌3.4 其他種類的電腦

我們很容易以為所有電腦都是筆記型電腦，因為我們最常見的電腦是筆記型電腦，其實，還有別種電腦，大大小小，它們的邏輯運算的核心屬性都相同，它們有相似的架構，只不過在成本、電力、體積、速度等等方面有不同的取捨。

　　手機與平板也是電腦，運轉一套作業系統，提供豐富的運算環境。幾乎所有我們生活中使用的數位設備，都內建了更小的電腦系統，包括相機、電子書閱讀器、健身追蹤記錄器、家電、遊戲機等等。所謂的「物聯網」——連網的恆溫調節器、保全監控攝影機、智慧型電燈、語音辨識系統等等，全都倚賴這類處理器。

　　超級電腦（supercomputer）通常有大量的處理器及大容量的記憶體，那些處理器本身的指令處理特定資料的速度可能遠比那些較傳統的處理器的指令快得多。現在的超級電腦使用的是高速、但基本上尋常的處理器群，而不是使用特殊硬體。「top500.org」網站每六個月公布這世上跑得最快的前五百台電腦的新名單，最高速度的上升之快，令人咋舌，幾年前還在這榜單上名列前茅的一台電腦，現在可能早已掉出榜單了。2020 年 11 月時，跑得最快的電腦是日本富士公司（Fujitsu）建造的，有 760 萬個核心，高峰時，每秒能執行 537×10^{15} 條算術運算。超級電腦的速度是以每秒浮點運算次數（floating point operations，flops）來衡量的，亦即它們每秒能執行的帶有小數部分的數值算術運算。因此，2020 年 11 月時名列「top500.org」榜單首位的那台超級電腦的速度是 537 petaflops（peta 是千兆，10^{15}），排名第五百的超級電腦的速度是 2.4 petaflops。

　　圖形處理器（Graphics Processing Unit，GPU）是一種專門性質的處理器，執行特定的圖形運算的速度遠快於通用型中央處理器。圖形處理器原本是為了遊戲需要的高速圖形而研發的，它們也被用於手機中的語音及訊號處理。圖形處理器也能幫助一般的處理器加快處理特定種類的工作負載，一台圖形處理器能夠並行處理大量簡單的算術運算，因此，若一運算作業的一部分涉及了可以平行處理、且可以交給圖形處理器去執行的運算，那麼，整體運算就能做得更快。在機器學習（machine learning，參見第十二章）領域，一個大資料集的不同部分被獨立地執行相同的運算，此時，圖形處理器特別有幫助。

　　分散式運算（distributed computing）指的是較獨立地運轉的電腦——例如，它們不共用記憶體，它們可能實體上更分散，甚至可能位於世界各

處，這使得溝通可能更加成為一個潛在瓶頸，但能讓人們及電腦遠距合作。大規模的網站服務——搜尋引擎、線上購物、社交網路以及雲端運算等等，都是分散式運算系統，有成千上萬台電腦通力合作，快速地為大量用戶提供結果。

所有這些種類電腦的基本原理相同，它們是基於能夠被編程去執行無限種類的工作的通用型處理器，每一台處理器有一份有限的簡單指令表，這些指令做算術，比較資料值，並根據先前的運算結果，選擇下一個要執行的指令。自 1940 年代末期至今，這通用架構沒改變多少，但實體結構以驚人速度持續演變。

或許令很多人意想不到的是，撇開速度與記憶體需求之類的實務考量不談，所有這些電腦都具有相同的邏輯能力，能運算相同的東西。這結果其實在 1930 年代就已經分別由幾個人證明了，包括英國數學家艾倫‧圖靈（Alan Turing），對非專業人士來說，圖靈使用的方法最容易了解。他描述一台簡單的電腦（比我們的 Toy 還簡單），展示它能夠運算任何可被運算的東西，現在，這種電腦被稱為**圖靈機**（Turing machine）。[29] 接著，圖靈展示如何建造一台能夠模擬任何其他圖靈機的圖靈機，亦即現在所稱的**通用圖靈機**（Universal Turing machine）。撰寫模擬一台通用圖靈機的程式，相當容易，為一台通用圖靈機撰寫程式，讓它模擬真實的電腦，這也是可能做到的（只是沒那麼容易）。所以，所有電腦皆同——它們能運算相同的東西，只不過運算速度不同罷了。

二次大戰期間，圖靈從理論轉向實務：他是發展出專業電腦而破譯德軍通訊系統的主要功臣，我們將在第十三章再回頭扼要回顧此歷史。[30] 有多部電影在藝術授權條款下，以圖靈在二戰期間的研究工作為題材，包括 1996 年上映的《破譯密碼》（*Breaking the Code*），以及 2014 年上映的《模仿遊戲》（*The Imitation Game*）。

圖靈在 1950 年發表一篇文獻〈運算機與智慧〉（Computing Machinery and Intelligence），[31] 提議或許可以用一種測試〔現在被稱為**圖靈測試**（Turing Test）〕來判定一台電腦是否能展現人類智慧。想像一

台電腦和一個人分別透過鍵盤及螢幕，與一位人類詢問者交談，這位詢問者能夠透過這交談，判斷另一端是人類，抑或電腦嗎？圖靈認為，若這詢問者無法可靠地、正確地區別另一端是人抑或電腦，那麼，電腦就是表現出智慧行為。如同我們將在第十二章看到的，現在，電腦在一些領域已經展現了人類水準或超越人類水準的表現，但當然還未能做到全面相同於人類智慧的境界。

「Completely Automated Public Turing test to tell Computers and Humans Apart」（簡稱 CAPTCHA，直譯為「全自動公開化圖靈測試人機辨識」）這個有點拗口的名詞中內含圖靈的名字，俗稱「驗證碼」的CAPTCHA 是扭曲的字母型態，如＜圖表 3-10 ＞所示，被廣泛用於確定一網站的用戶是一個人類，不是一個程式（機器）。CAPTCHA 是一種反向圖靈測試，因為它試圖使用一個事實來辨別人與電腦：人通常比電腦更善於辨識視覺型態。當然啦，CAPTCHA 無法使用於有視覺障礙的人。

圖靈是電腦運算領域最重要的人物之一，為我們對電腦運算的了解做出了重大貢獻。[33] 電腦協會（Association for Computing Machinery，ACM）設立的圖靈獎（Turing Award）就是以他命名，這相當於電腦科學領域的諾貝爾獎，本書後文將提到電腦運算領域的多項重要發明，它們的發明者是圖靈獎得主。[34]

令人難過的悲劇是，圖靈在 1952 年因為同性戀活動被控及定罪，在當時的英國，同性戀行為是違法的，他死於 1954 年，顯然是自殺身亡。

圖表 3-10　一種 CAPTCHA[32]

following　finding

3.5 本章總結

電腦是一種通用型機器，它取用儲存於記憶體中的指令，我們可以在記

憶體中置入不同的指令，改變電腦執行的運算。我們必須藉由脈絡來區別指令與資料；一個人的指令可能是另一個人的資料。

現代的電腦幾乎都是在單一晶片上有多核心，也可能有幾片處理器晶片，其積體電路上有很多的快取記憶體，提高記憶體存取作業的效率。「快取」本身是一種運算上的基本概念，從處理器到網際網路的組織方式，所有層面中都能看到這概念的應用，它總是包括適時使用時間上或空間上最近的，以在大多數時候更快速地存取。

定義一台機器的指令集架構（instruction set architecture）的方式很多，這涉及了速度、耗電、指令本身複雜程度等因素之間的權衡，這些細節對硬體設計者而言很重要，但對多數電腦程式設計者而言，沒那麼重要，對於那些只是在設備中使用它們的人而言，就完全不重要了。

圖靈證明，使用此架構的所有電腦（這包括了你可能看到的任何電腦）都具有相同的運算能力，亦即它們能夠運算相同的東西。當然，它們的效能可能大不相同，但撇開速度和記憶體容量不談，它們的能力全都相同。基本上，最小、最簡單的電腦能夠運算較大的電腦能運算的東西，事實上，任何電腦都可以被編程去模擬任何其他電腦，圖靈實際上就是如此證明了他的論點。

> 「沒有必要設計各種新機器去做各種運算流程，只要針對每種情況做適當的編程，一台數位電腦就能做所有這些運算。」
> ——艾倫·圖靈，〈運算機與智慧〉，
> 《心智》（*Mind*），1950 年

| 第1部 |

總結

　　硬體部分的討論已經結束了，但後文將偶爾回頭談到一些小巧裝置或設備。以下總結你應該從本書第一部內容中汲取的基本概念。

　　一台數位電腦——不論是桌上型電腦、筆記型電腦、手機、平板、電子書閱讀器，或許多其他設備，內含一或多台處理器，以及各種記憶體。處理器很快速地執行簡單指令，它們能根據先前的運算結果及來自外界的輸入，決定接下來做什麼。記憶體中儲存了資料及決定如何處理資料的指令。

　　自 1940 年代以來，電腦的邏輯結構並無多大改變，但電腦的實體構造已經大大改變。摩爾定律已經有效了五十多年，現在已經近乎是個自我應驗的預言，它描繪個別元件體積與價格將呈現指數型減少，意味的是，在一定的空間與價格下，運算力將呈現指數型上升。數十年來，有關於摩爾定律將在未來十年終結的警告一直是技術預測中的一個主題，[35] 很顯然，由於現在已經發展到了電晶體中只有少量原子的境界，目前的積體電路技術正面臨麻煩，不過，人類過去展現的發明力非凡，或許將會出現某種新發明，使我們保持於摩爾定律的軌跡上。

　　數位器材以二進制運作：在基本層次，用二進制（雙態制）來表述資訊，因為這最容易，執行起來也最可靠。任何種類的資訊被表述為位元群，各種數字（整數、分數、科學記號）被表述為 1、2、4 或 8 個位元組，這些是電腦在硬體中自然地處理的資訊量大小。這意味的是，通常情況下，用以表述數字的資訊量大小與精確度有限，若使用適當的軟體，是有可能支援任何大小與精確度，但使用這種軟體的程式跑起來較慢。其他種類的資訊——例如自然語言中的字符，也是用位元組來表述，很適用於英語的編碼

系統 ASCII 使用每個字符一個位元組，適用性較廣的 Unicode 有幾種編碼，能處理所有字元集，但使用的空間較多。UTF-8 是一種針對 Unicode 的可變長度字元編碼，讓不同的編碼系統之間可以交換資訊，以達到相容；它對 ASCII 字元使用一個位元組，其他編碼系統的字元則是使用二或多個位元組。

　　度量之類的類比資訊被轉換成數位形式，處理之後再轉換回來。音樂、圖像、電影及其他類似的資訊，用一些針對特定形式的方法，把它們轉換成數位形式，處理之後再轉換回來，供人們使用；在此轉換過程中，會流失部分資訊，這不僅是意料之中，也可以被壓縮技術利用。

　　閱讀這些有關於硬體的內容，了解它所做的一切都是算術，可能會使你納悶：若處理器只不過就是一台可編程的高速計算機，那硬體如何能了解語言，推薦你可能喜歡的電影，或標記一張相片中某個朋友呢？這是個好疑問，根本的答案是：縱使是複雜的程式，也可以被分解成很小的運算步驟。接下來幾章的軟體內容以及後文，我們將對此有更多討論。

　　還有最後一個應該提及的主題。我們談的這些是數位電腦，所有東西最終都被簡化成位元，個別或成群地把任何種類的資訊表述成數字，位元的解譯得視脈絡而定。任何我們能夠簡化成位元的東西，都可以被一台數位電腦表述及處理，但別忘了，還有很多、很多的東西是我們不知道該如何用位元來編碼、也不知道如何在電腦中處理的，它們當中多數是生活中重要的東西：創造力、真理、美、愛、榮耀和價格。我猜想，未來好長一段期間，這些仍然是電腦無法處理的東西，若有人聲稱知道如何用電腦處理這類東西，你應該抱持懷疑。

軟體

好消息是，電腦是一種通用型機器，能夠執行任何運算。雖然，電腦只使用幾種指令，卻能執行得很快，而且，它大致上能夠控制自己的運算。

壞消息是，除非有人極其詳盡地告訴電腦去做什麼事，它本身不會做任何事。電腦是魔法師的學徒，能夠不倦地、無誤地遵從指令，但你得非常詳細、精確地告訴它去做什麼。

軟體是指揮電腦去做有用之事的指令序列的一個統稱，相對於硬體的「硬」，軟體是「軟」的，因為它是無形的東西，你不容易觸摸得到。硬體是有形的：若一台筆記型電腦掉到你腳邊，你會注意到；軟體則否。

接下來幾章將探討軟體：如何告訴一台電腦去做什麼。第四章討論抽象的軟體，聚焦於演算法，演算法是針對要讓電腦執行的工作的理想化程式。第五章討論編程及程式語言，我們使用程式來表達一系列的運算步驟。第六章說明我們全都使用的重要軟體系統，儘管，我們未必知道我們在使用它們。第七章扼要介紹現今最盛行的兩種編程：JavaScript 及 Python。

切記一點：現代的技術系統愈來愈使用通用型硬體——處理器，記憶體

與連結環境，並且用軟體來創造特定行為。傳統觀念認為，比起硬體，軟體更便宜，更有彈性，更容易改變，尤其是一旦設備出廠後。例如，若一台電腦控制一輛車子中的動力及煞車，那麼，防鎖死煞車系統及電子穩定性控制系統之類的種種功能，就是軟體性能。

火車、船及飛機也愈來愈倚賴軟體。但不幸的是，使用軟體來改變實物的行為，並非總是簡單容易之事。2018 年 10 月及 2019 年 3 月分別有兩架波音 737 MAX 發生空難，導致 346 人喪命後，飛機軟體就成為新聞焦點。

波音公司在 1967 年開始生產 737 系列空機，此後數十年，這系列飛機不斷演進，2017 年投入營運的 737 MAX 機型是重大改版，有更大、更有效率的引擎。

新引擎使得飛機具有顯著不同的飛行特性。針對 737 MAX，波音公司並非在空氣動力層面做出修改，以保持這款飛機的飛行行為近似先前的機型，該公司發展出一套名為「操控特性增益系統」（Maneuvering Characteristics Augmentation System，MCAS）的自動飛行控管軟體系統。MCAS 的用意是讓 737 MAX 像其他 737 機型那樣飛行，因此不需要取得重新認證，也不需要機師接受模擬器訓練，這兩者是昂貴的流程；簡言之，軟體將讓這款新飛機就像舊款的飛機，因而免去這兩個流程。

為了過度簡化一個複雜情況，較重且改變位置的引擎改變了 737 MAX 的飛行特性。在一些情況下，當 MCAS 認為機頭太高時，它會判定飛機即將失速，自動地把機頭壓低。MCAS 的決策是根據單一一個有可能出錯的輸入感測器，儘管，這款飛機實際上有兩個這樣的感測器。當機師試圖把機頭拉高時，MCAS 推翻他們，其結果是，飛機一連串地上衝下俯，最終墜毀。更糟糕的是，波音公司並未揭露 MCAS 的存在，因此，機師並不知道潛在問題，也未受過應付此問題的適當訓練。[36]

發生第二起空難後不久，全球各地航空當局下令停飛 737 MAX，波音公司聲譽嚴重受損，估計該公司損失超過 200 億美元。美國聯邦航空局在 2020 年 11 月底准許 737 MAX 在機師訓練及飛機本身做出修改後可以復飛，但何時能夠重返正常飛行營運，尚不明朗。

　　電腦是重要系統的核心，軟體則控制它們。自駕車或是現代車子提供的輔助系統，全都由軟體控制，舉一個簡單例子，我的速霸陸森林人車款（Subaru Forester）有兩部攝影機攝向前擋風玻璃，若我變換車道時未打方向燈，或是有車或人太靠近我的車時，它會用電腦視覺警告我。它經常出錯，經常發出誤判警告（偽陽性），很惱人，但它救了我幾次。

　　醫學影像系統使用電腦來控制訊號，並生成影像，供醫生判讀，影像膠片也被數位影像取代。空中交通控管系統、助航設施、電力網及電話網之類的基礎設施，也都是使用電腦來控管。電腦控管的投票機則是有嚴重瑕疵，例如，2020 年初，愛荷華州民主黨初選計票中心的電腦系統出紕漏，花了多天才解決。[37] 新冠肺炎疫情期間盛行的網際網路投票概念，其危險性遠比選務官員認知的要高：很難建立一個讓人們安全地投票、同時又能維護投票隱私性的制度。[38]

　　武器與後勤作業的軍事系統完全倚賴電腦，世界金融體系也一樣，網路戰與間諜活動是真真確確的威脅。2010 年的超級工廠蠕蟲（Stuxnet worm，又譯為「震網」）摧毀伊朗的鈾濃縮離心機；2015 年 12 月發生於烏克蘭的大停電是來自俄羅斯的惡意軟體導致的，但俄羅斯政府否認牽涉其中，[39] 兩年後，烏克蘭再度遭遇大規模的網路攻擊，名為「Petya」的勒索軟體攻擊該國大量的公司及其他服務。2017 年，名為「WannaCry」的勒索軟體在世界各地發動攻擊，導致全球損失數十億美元，美國政府後來正式指控倉卒網路攻擊的幕後黑手是北韓。[40] 2020 年 7 月，一個俄羅斯的網路間諜活動組織被幾個國家指控試圖盜取有關於研發中的新冠肺炎疫苗的資訊。[41]

　　由國家支持的、瞄準廣泛目標的犯罪性網路攻擊是相當可能發生的情事，若我們的軟體不可靠、不堅實，我們就有潛在的大麻煩，而且，伴隨我們對電腦的依賴度升高，這種潛在麻煩只會愈來愈糟。任何邏輯或執行上的錯誤或疏失，都可能導致程式的不正確運轉，就算這不發生於平常的使用中，也可能為攻擊者開啟入侵之門。

第 4 章

演算法

費曼演算法（The Feynman Algorithm）：

1. 把問題寫下來。

2. 認真思考。

3. 把解答寫下來。

——物理學家穆瑞・蓋爾曼（Murray Gell-Mann），1992 年 [42]

關於軟體，有個著名的比喻，那就是把它比喻成烹飪食譜。一項料理的食譜列出所需材料、烹飪者必須執行的順序步驟，以及期望的成果；同理，執行一項工作的程式需要它得處理的資料，並且詳細說明如何處理這些資料。不過，食譜其實遠比程式含糊不明，因此，這個比喻並不是很好。舉例而言，一種巧克力蛋糕的食譜說：「放在烤箱中烤 30 分鐘，或是烤到它凝固定型，用你的手輕壓其表面，檢查是否可以了。」[43] 你在檢查時，應該期望什麼呢？Q 軟，堅硬，抑或別的？輕壓是多「輕」？烘烤時間應該至少 30 分鐘，抑或至多 30 分鐘？

報稅表是更好的比喻：報稅表極詳盡地說明該做什麼（例如，「把第 29 行減去第 30 行，若得出的值為零或小於零，填寫 0。把第 31 行乘以 25%……」）。這個比喻仍然不完美，但就運算這個層面而言，報稅表這個比喻遠比食譜更貼切：需要算術，把資料值從一處拷貝至另一處，檢驗條件，後續運算取決於前面運算的結果。

尤其是，報稅這個流程應該完成──不論什麼情況，都應該產生一個結果，那就是應繳稅額。應該不含糊不明──凡是起始資料相同者，都應該得出相同的最終結果。在一個有限時間量後，應該停止。當然，從個人經驗來

看，這些全都是理想化的，因為報稅表上的術語並非總是很清楚，操作說明的含糊不清程度超過稅務機關的認知，報稅人經常不清楚該使用什麼資料值。

　　一個**演算法**（algorithm）是仔細、精確、絕不含糊不明的食譜或報稅表的電腦科學版本，它是保證正確運算出一個結果的序列步驟，每個步驟被表述成有完整明確含義的基本運算，例如「把兩個整數相加」。演算法中沒有任何含義不明的東西，輸入的資料的性質有清楚說明，所有可能情況都涵蓋其中——演算法絕對不會遇上一個它不知道接下來該做什麼的情況。吹毛求疵的電腦科學家通常會再加上一個條件：演算法最終必須停止，用這個標準來看，典型的洗髮操作說明「揉搓起泡沫，沖洗，重複」不是演算法。

　　有效率的演算法的設計、分析與實施是學術性電腦科學的一個核心部分，另外還有非常重要的真實世界的演算法，我不打算在此嚴謹精確地解釋或陳述演算法，但我想闡釋有關於演算法的一個概念：演算法必須夠詳細且精確地載明一序列的運算，使電腦對於這些運算的含義及如何執行它們毫無疑問，縱使它們將由沒有智慧或想像力的實體去執行。我們也將討論演算法效率（algorithmic efficiency）——亦即運算時間如何取決於處理的資料量，我將用一些熟悉且易於了解的基本演算法來解釋這點。

　　你不需要徹底了解本章的所有細節或偶爾出現的公式，但基本概念是重要的。

▌4.1 線性演算法

　　設若我們想知道這房間中最高的人是誰，我們只需環顧一下，做個猜測，但一個演算法必須非常精確詳盡地說明所有步驟，精確到就連一台很笨的電腦都能循著這些步驟去執行。基本方法是逐一詢問每一個人的身高，記錄截至目前為止最高的那個人。所以，我們可能逐一詢問每個人：「約翰，你多高？瑪麗，妳多高？」等等。若約翰是我們第一個詢問的人，那麼，截至目前為止，他是最高的人；若瑪麗更高，她現在就是最高的人，否則，

約翰仍是截至目前為止最高的人。接著，我們詢問第三個人。這流程結束時——詢問完每個人後，我們就知道誰是最高的人，以及他（她）的身高。我們也可以用這方法去找出最有錢的人，或姓氏在字母排序中最前面的人，或生日最接近年底的人。

這其中也涉及複雜情況。我們該如何處理重複的情形，例如，有二或更多人的身高相同時？碰上這種情況，我們必須選擇報告這其中的第一個人，或最後一個人，或隨機選一個，或他們所有人。若我們要找出最大一組中身高相同者，這是明顯較難的問題，因為這意味的是，我們必須記住所有身高相同者的姓名：這必須直到問完名單上的最後一人時，我們才能得知。這個例子涉及**資料結構**（data structures）——如何表述一個運算中所需的資訊，這是許多演算法的一個重要考量，但我們將不會在此對它們多做討論。

若我們想計算平均身高呢？我們可以詢問每個人的身高，在取得這些數值時，把它們加起來（或許可以使用 Toy 程式去加總一連串的數字），最後，把總和除以人數。若一張紙上寫了 N 個身高，我們可以用以下更「演算性」的方式來表達這個例子：

```
set sum to 0
for each height on the list
    add the height to sum
set average to sum / N
```

但若我們要一台電腦去做這工作，就必須更加小心。例如，若這張紙上沒有數字呢？若這工作是由人去執行，不會有何問題，因為我們知道，若紙上沒有任何數字的話，就啥事都不必做。但若由一台電腦做這工作，就必須告訴電腦去檢查這可能性，並且告訴它，若發生沒有數字的情況，它該如何反應。若未告訴電腦去檢查這可能性，當發生沒有數字的情況時，電腦就會去把總和除以 0，這是一個未定義的運算。演算法及電腦必須處理所有可能的情況，若你曾經收到一張上面填寫「0 元 0 角」的支票，或是一張叫你去

支付「應付餘額：零」的帳單，這就是沒有正確地檢查所有情況的失敗例子。

若我們事情不知道有多少筆資料項（這是通常的情形）呢？我們可以在運算總和的同時，計數有多少筆資料：

```
set sum to 0
set N to 0
repeat these two steps for each height:
    add the next height to sum
    add 1 to N
if N is greater than 0
    set average to sum divided by N
otherwise
    report that no heights were given
```

上述指令也處理了被除數為 0 的潛在問題，它清楚地檢查是否有這種尷尬情況。

演算法的一個重要特性是它們的運算效率——它們的運算快或慢，以及它們花多少時間去處理一定數量的資料？就前述例子來說，執行的步驟數或一台電腦花多少時間做這工作，直接與必須處理的資料量成正比，若房間裡的人數多一倍，就得多花一倍的時間去找出最高的人或計算出平均身高，若有十倍的人，就得花十倍的時間。當運算時間直接或線性正比於資料量時，這演算法稱為「**線性時間**演算法」（linear-time algorithm），或簡稱「**線性演算法**」（linear algorithm）。若我們繪出運算時間和資料量的關係圖，那將是一條從左下往右上延伸的直線。我們日常生活中遇到的許多演算法是線性演算法，因為它們對一些資料執行相同的基本運算，愈多資料意味著愈多工作，兩者成正比（譯註：用線性演算法執行排序工作時，若資料量為 N，演算法需要執行的運算次數為 N）。

許多線性演算法呈現相同的基本形式：可能有一些初始化，例如把累計

總和設定為 0，或是把最大身高設定為一個小數值；接著，依序檢查每個資料項，並對它執行一個簡單運算——計數，和前一個值相較，以一個簡單方式交換，或許還加上列印出來；最後，可能需要一個步驟去結束工作，例如運算出平均值，或是把總和或最大身高值列印出來。若每一筆資料的運算花大約等量時間，那麼，總運算時間就正比於資料量。

▌4.2 二分搜尋演算法

　　我們能否做得比線性時間演算法更好呢？設若我們有一張紙上列出的一堆姓名及電話號碼，或是有一疊名片，這些姓名沒有按照特定順序排列，我們想找出麥克・史密斯這個人的電話號碼，那麼，我們必須檢視所有名片，直到找到他的姓名，或是找不到，因為根本就沒有此人的名片。但是，若這些姓名按字母順序排列，我們就能做得更好。

　　想想我們如何在舊式的紙本電話簿上查詢一個名稱，我們從大約中間頁開始，若我們想查詢的那個名稱的字母排序比中間頁列的那些名稱的字母排序還要前面，我們就可以完全忽略電話簿的後半部分，接著查看前半部分的大約中間頁（亦即整個電話簿從最前面算起的約四分之一處）；反之，若我們想查的那個名稱的字母排序比中間頁列的那些名稱的字母排序還要後面，我們就可以完全忽略電話簿的前半部分，接著查看後半部分的大約中間頁（亦即整個電話簿從最前面算起的約四分之三處）。由於電話簿上的名稱是按照字母順序排列，因此，每一步，我們知道接下來該查看哪一半（前半部分，抑或後半部分），這樣一步步下來，最終得出兩種結果之一：找到我們要查詢的那個名稱，或是確知電話簿上沒有這個名稱。

　　這種搜尋演算法稱為「**二分搜尋**演算法」（binary search algorithm），因為每一次的檢查或比較，都會把資料項區分成兩群，其中一群是不必再繼續考慮的資料項，這是一種名為「**分治法**」（divide and conquer）的策略的一個例子。二分搜尋演算法有多快呢？每一步將把剩餘資料項中的另一半排除，因此，步驟數就是我們可以把原資料數量除以 2 的次數，直到只剩下

一個資料項。

設若我們一開始有 1,024 個姓名（註：選擇這個數字是為了計算和解說的方便），第一次比較，可以排除 512 個姓名；第二次比較後，剩下 256 個；接著是 128 個，接著是 64 個，接著是 32 個，接著是 16 個，8 個，4 個，2 個，最終 1 個。總計比較了 10 次，2^{10} 是 1,024，這顯然不是巧合，比較次數是 2 的冪次，得出原始的資料項數量；從 1，到 2，到 4……到 1,024，每次都是乘以 2。

若你還記得在學校時學的對數（不是很多人記得，誰會想到以後用得著呢？），你大概記得，一個數的對數就是你用一個底數（在本例的底數為 2）連乘以得出此數的冪次（10），因此，以 2 為底數的 1,024 的對數為 10，因為 2^{10} 是 1,024。在我們的這個二分搜尋演算法例子中，對數就是你必須把一個數字（1,024）除以 2 多少次，以得出 1；或者說，你必須讓 2 本身連乘多少次，以得出這數字。在本書中，對數都將是以 2 為底數。我們不需要計算到精確或分數，約略估計或整數就夠好了，這是實務上的簡化（譯註：用二分搜尋演算法執行排序工作時，若資料量為 N，演算法需要執行的運算次數為 log N）。

二分搜尋演算法的重點是，需要執行的工作量隨著資料量的增加而慢慢增加。若有 1,000 個按照字母順序排序的姓名，我們必須查詢 10 次，以找出一個特定姓名。若有 2,000 個姓名，我們只需查詢 11 次，因為第一次查詢就把 2,000 個姓名砍掉一半了，剩下 1,000 個，亦即剩下 10 次的查詢。若有 100 萬個姓名，那就是 1,000 乘以 1,000，經過前 10 次搜尋後，我們只剩下 1,000 個姓名，亦即只需要再搜尋 10 次，所以，總計是 20 次。100 萬是 10^6，接近 2^{20}，因此，以 2 為底的 100 萬的對數大約為 20。

由此，你應該能夠看出，在 10 億個姓名的目錄（接近全球的電話簿中的姓名數量）中查詢一個姓名，只需做 30 次比較，因為 10 億大約是 2^{30}。所以說，需要執行的工作量隨著資料量的增加而慢慢增加——多一千倍的資料，只需多執行 10 個步驟。

為了做一個快速驗證，我決定在一本舊的哈佛大學紙本電話目錄中搜尋

我的朋友 Harry Lewis，那本電話簿有 224 頁，裡頭有大約 20,000 個姓名（當然啦，紙本電話簿早就消失了，所以，我現在無法重複此實驗了）。我從第 112 頁開始，發現那頁上頭有「Lawrence」這個姓氏，「Lewis」這個姓排在其後面，亦即電話簿的後半部分，因此，我接下來嘗試第 168 頁（第 112 頁和第 224 頁之間的中間頁），發現這頁上頭有「Rivera」這姓氏，「Lewis」這個姓排在其前面，因此，我接下來嘗試第 140 頁（第 112 頁和第 168 頁之間的中間頁），發現這頁上頭有「Morita」這姓氏。我接著嘗試第 126 頁（第 112 頁和第 140 頁之間的中間頁），發現這頁上頭有「Mark」這姓氏。接著嘗試第 119 頁（Little），接著嘗試第 115 頁（Leitner），接著嘗試第 117 頁（Li），接著來到第 116 頁，這頁有大約 90 個姓名，因此又在這頁做了另外 7 次比較，在十二個其他姓 Lewis 的人當中找到 Harry Lewis。這個實驗總計搜尋了 14 次，大致符合預期，因為 20,000 介於 2^{14}（16,384）和 2^{15}（32,768）之間。

這種二分法出現於真實世界的不少場合，例如許多運動使用的淘汰制比賽。比賽從大量參賽者開始，例如溫布頓網球錦標賽男子單打有 128 名參賽者，每一輪淘汰一半，最後一輪只剩兩人決賽，產生得冠者。128 不是一個巧合的數字，它是 2^7，因此，溫網比賽有七輪。你可以想像一個全球的淘汰制比賽，就算有 70 億名參賽者，也只需要 33 輪比賽，就能產生冠軍。若你還記得第二章中提到的 2 及 10 的冪次，用簡單的心算就能驗證這個。

▌4.3 排序演算法

但是，我們首先如何讓那些姓名變成按照字母順序來排序呢？沒有這預備步驟，我們就無法使用二分搜尋演算法。這就引領出另一個基本的演算問題：**排序**（sorting）──使資料項變得有序，好讓後續的搜尋工作能快速執行。

設若我們想按照字母順序來排序一些名稱，以便之後可以有效率地用二分搜尋演算法來搜尋它們。有一種演算法名為「**選擇排序**」（selection sort），它持續地從尚未排序的名稱中挑選下一個去排序，其使用前文中找出房間裡最高的人的例子所展示的方法。

這裡舉個例子來說明，我們想按照字母順序來排序以下十六個熟悉的名稱：

Intel，Facebook，Zillow，Yahoo，Pinterest，Twitter，Verizon，Bing，Apple，Google，Microsoft，Sony，PayPal，Skype，IBM，eBay

Intel 排第一個，因此，按照字母順序，目前為止，它排序第一。把它和 Facebook 相較，Facebook 在字母順序中比 Intel 更前，因此，它暫時變成排序第一的名稱。Zillow 在字母順序中的排序未超前 Facebook，因此，Facebook 仍然排序第一。繼續和接下來的其他名稱比較，一路比較到了 Bing，它取代了 Facebook 的第一排序第一地位。但緊接著，Bing 的排序第一地位又被 Apple 取代。我們檢視其餘名稱，沒有一個在字母順序中的排序比 Apple 更前，所以，Apple 是這名單中真正的第一排序。我們把 Apple 移到最前位，其他名稱仍然留在原位，這名單現在變成如下：

Apple

———

Intel，Facebook，Zillow，Yahoo，Pinterest，Twitter，Verizon，Bing，Google，Microsoft，Sony，PayPal，Skype，IBM，eBay

接下來，我們重複上述流程，找出排序第二的名稱，從 Intel 開始，它是尚未排序的名稱中的第一個。Intel 被 Facebook 取代了這一回合的第一排序地位，一路比下去，直到 Bing 取代 Facebook，成為這一回合的第一排序。Bing 再繼續和其餘名稱相比。這第二回合的比序完成後，得出以下結果：

Apple，Bing

Intel，Facebook，Zillow，Yahoo，Pinterest，Twitter，Verizon，
Google，Microsoft，Sony，PayPal，Skype，IBM，eBay

再多做 14 回合這種比序步驟，這演算法就完成了此名單的排序。

這總計做了多少工作呢？這種選擇排序演算法重複多回合的依序比較，
每一回合從尚未排序的名稱中找到按照字母順序的下一個排序名稱。名單上
有 16 個名稱，為找出第一排序的名稱，需要檢視 16 個名稱；為找出第二
排序的名稱，需要檢視 15 個名稱；為找出第三排序的名稱，需要檢視 14
個名稱，依此類推。最終，我們必須檢視 16+15+14+……+3+2+1 個名稱，
總計 136，亦即得做 136 次運算。當然啦，一個聰明的演算法可以在中途發
現這些名稱是否已經排序好了，不必再繼續做了，但學習及研究演算法的電
腦科學家總是悲觀地設想最糟情況，亦即沒有捷徑，必須做完所有工作（步
驟）。

名稱比序的回合次數直接與原始資料項數量（N，在此例中，有 16 個
資料項，N 為 16）成正比，但每下一回合在檢視的資料項減少一個，因此，
通例的工作總數是：

$$N + (N - 1) + (N - 2) + (N - 3) + \cdots\cdots + 2 + 1$$

這數列加總起來，等於 $N \times (N + 1)/2$（從頭尾兩端，逐次對對相
加），等於 $N^2/2 + N/2$，忽略被除數 2，工作次數正比於 $N^2 + N$。N 愈大，
N^2 快速變得比 N 更大（例如，若 N 為 1,000，N^2 就是 1,000,000），因
此，其效果是，工作量大約正比於 N^2（或 N 的平方），這成長率稱為**二次
方**（quadratic）。二次方比線性糟糕，事實上，是遠遠更糟，若有兩倍數
量的資料項要排序，將需要花四倍時間；若有十倍數量的資料項要排序，將

需要花一百倍的時間；若有一千倍數量的資料項要排序，將需要花一百萬倍的時間！這可不是好事（譯註：用選擇排序演算法執行排序工作時，若資料量為 N，演算法需要執行的運算次數為 N²）。

　　所幸，有可能把排序工作做得遠遠更快，我們來看另一種聰明的演算法，名為「**快速排序**」（Quicksort），這是英國電腦科學家東尼‧霍爾（Tony Hoare）於 1959 年左右發明的演算法（因為包括快速排序演算法在內的多項貢獻，霍爾在 1980 年獲頒圖靈獎）。這是一種簡練的演算法，也是「分治法」的一個好例子。

　　再次列出未排序的名稱如下：

Intel，Facebook，Zillow，Yahoo，Pinterest，Twitter，Verizon，Bing，Apple，Google，Microsoft，Sony，PayPal，Skype，IBM，eBay

　　以下說明如何用一種簡化版本的快速排序演算法來排序這些名稱：首先檢視這些名稱，把開頭為 A 到 M 的名稱放在一堆，開頭為 N 到 Z 的名稱放在另一堆。這形成了兩堆，每一堆約有半數的名稱，這是假設這些名稱的分配不是非常不均勻，因此，每一回合如此分割時，分割出來的兩堆都分別有大約半數的名稱。在這個例子中，第一回合分割後，每一堆各有八個名稱：

Intel，Facebook，Bing，Apple，Google，Microsoft，IBM，eBay

Zillow，Yahoo，Pinterest，Twitter，Verizon，Sony，PayPal，Skype

　　接著，檢視 A—M 那堆，把 A 到 F 的名稱放在一堆，G 到 M 的名稱放在另一堆；檢視 N—Z 那堆，把 N 到 S 的名稱放在一堆，T 到 Z 的名稱放在另一堆。到此為止，我們已經檢視名稱兩回合，分割出了四堆，每一堆

有大約四分之一的名稱：

> Facebook，Bing，Apple，eBay
> Intel，Google，Microsoft，IBM
> Pinterest，Sony，PayPal，Skype
> Zillow，Yahoo，Twitter，Verizon

下一回合檢視這四堆的每一堆，把 A—F 堆分成 ABC 及 DEF 這兩堆，把 G—M 堆分成 GHIJ 及 KLM 這兩堆，N—S 及 T—Z 也依此分堆。到此為止，我們已經分割出八堆，每一堆有大約兩個名稱：

> Bing，Apple
> Facebook，eBay
> Intel，Google，IBM
> Microsoft
> Pinterest，PayPal
> Sony，Skype
> Twitter，Verizon
> Zillow，Yahoo

當然啦，最終我們必須不只檢視名稱的第一個字母，例如，IBM 和 Intel 這兩個名稱都是 I 開頭，因此必須比較第二個字母，決定 IBM 應該排序於 Intel 前頭；同理，Skype 應該排序於 Sony 前頭。但在多做一、兩回合後，我們將分割出 16 堆，每一堆有一個名稱，這些名稱將是按照字母順序排序。

這總計做了多少工作呢？每一回合，我們檢視 16 個名稱的每一個，若每次分割都完美，第一回合的每一堆將有 8 個名稱，第二回合的每一堆有 4 個名稱，然後是 2 個，最後是 1 個。回合次數是我們把 16 除以 2，一直除

到商數為 1 所需歷經的次數，這等於以 2 為底的 16 的對數，這對數為 4。
因此，16 個名稱，所需的工作量是 16 $\log_2$ 16 = 16 × 4 = 64（譯註：用
快速排序演算法執行排序工作時，若資料量為 N，演算法需要執行的運算次
數為 N log N）。我們對 16 個名稱檢視 4 回合，總計是 64 次運算，比前面
的「選擇排序演算法」的 136 次運算要少得多。這是對 16 個名稱（資料項）
而言，若有更多的名稱，快速排序演算法的優點將更顯著，如＜圖表 4-1 ＞
所示。

圖表 4-1　log N，N，N log N，及 N² 的成長曲線

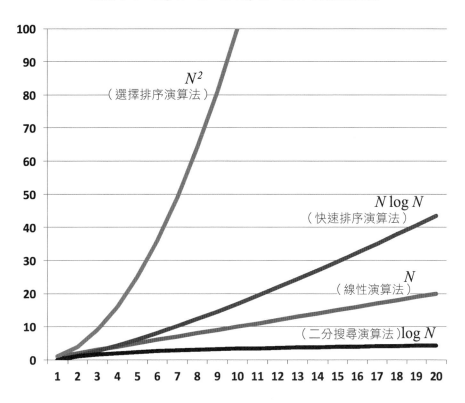

快速排序演算法將持續排序資料，但唯有在每一回合分割出來的各堆的
資料量大致相同之下，這種演算法才有效率。針對實際資料，快速排序演算
法每回合必須推測中間資料值，才能把資料項分割成每一堆的資料量大致相

同;實務上,取樣試驗幾個資料項後,就能夠好地估計出中間資料值。通常,快速排序演算法用大約 N log N 次運算來排序 N 個資料項;亦即工作量與 N × log N 成正比,這比線性演算法糟糕,但不致糟糕太多,而且,當 N 很大時,它遠優於二次方(或 N^2)。

<圖表 4-1 >中的曲線顯示 log N,N,N log N,及 N^2 如何隨著資料量的增加而成長,這裡使用 20 個值來繪出它們,但在繪製 N^2 曲線時,只使用了 10 個值,否則,這條曲線將一飛沖天。

我做了一個實驗,隨機產生 1,000 萬個九位數數字,類似美國的社會安全號碼,然後計算選擇排序演算法(二次方或 N^2)及快速排序演算法分別花多少時間排序各種數量的資料群。<圖表 4-2 >是實驗結果,表中顯示破折號處代表我未執行的運算。

圖表 4-2　比較兩種演算法執行排序運算所花的時間

數字(資料)數量	選擇排序演算法花費的時間(秒)	快速排序演算法花費的時間(秒)
1,000	0.047	-
10,000	4.15	0.025
100,000	771	0.23
1,000,000	-	3.07
10,000,000	-	39.9

對於只跑短時間的程式,很難準確地評量其運算效率,所以,我們對這些評量數字應該大大地抱持保留態度,但是,你仍然可以大致看出,如同預期,快速排序演算法的運算時間隨著資料量增加而呈現 N log N 的成長率。你也可以看出,在有限資料量之下(例如 10,000 筆資料以下),選擇排序演算法的運算效率還行,但遠不如快速排序演算法;在每一種資料量之下,選擇排序演算法的運算效率都遠遜於快速排序演算法。

你可能也注意到了，選擇排序演算法執行 100,000 筆資料所花費的運算時間是執行 10,000 筆資料的運算時間的將近 200 倍，而非預期的 100 倍，這可能是一種「快取效應」（caching effect）──資料（本例中為九位數數字）多時，無法全部暫存於快取記憶體，導致排序速度變慢。這可資例示電腦運算的抽象概念和使用真實的程式來做實際運算時的差異性。

▌4.4 困難問題與複雜度

截至目前為止，我們已經探討了演算「複雜度」或運算時間的光譜上的幾個點，這頻譜上的一端是 log N，這是二分搜尋演算法在資料量為 N 時需要執行的運算次數（亦即工作量），工作量隨著資料量的增加而慢慢增加。最常見的情形是線性演算法，資料量為 N 時需要執行的運算次數為 N，亦即工作量直接正比於資料量。光譜上還有 N log N，這是快速排序演算法需要執行的運算次數，比 N 還多，但當資料量（N）大時，這種演算法仍然極為好用，運算效率佳，因為 log N 成長得很慢。頻譜上還有 N^2，這是選擇排序演算法需要執行的運算次數，隨著資料量的增加，需要執行的運算次數成長得很快，讓人痛苦又不切實際。

當然，還有很多其他的演算複雜度可能性，有些易於了解，例如立方（或 N^3），比二次方更糟，但概念相同，其他則是太晦澀難解，只有專業人士能搞懂。這其中有一個值得我們了解，因為它在真實世界中常發生，很重要，但其演算複雜度特別糟，那就是**指數級**複雜度成長得像 2^N（不同於 N^2）的指數時間演算法（exponential time algorithm）。在指數時間演算法中，工作量隨著資料量的增加，呈現指數型快速成長：增加一筆資料，必須執行的運算次數**倍增**。在光譜上，指數時間演算法的工作量是二分搜尋演算法的工作量（log N）的對立端，在二分搜尋演算法中，資料量增加一倍，只需增加一個運算步驟。

使用指數時間演算法的情況是我們必須逐一嘗試所有可能性的情況，所幸，指數時間演算法還是有用武之地：一些演算法──尤其是密碼術領域的

演算法，就是基於執行一特定運算工作時的指數型困難度而設計的。這類演算法選擇一個夠大的 N，大到除非知道一個秘密捷徑，否則難以直接用運算來解決問題（因為得花太多時間），這就提供了對抗敵人或入侵者的保護機制。我們將在第十三章討論密碼術。

行文至此，你應該能直覺地了解，有些問題容易處理，其他問題則似乎更難應付。我們可以對此做更精確的區分，「容易」處理的問題，其複雜程度（亦即需要的運算時間）是「多項式時間」（polynomial time），亦即它們的運算時間是某種多項式，例如 N^2，雖然，當指數（或冪，exponent）大於 2 時，可能變得更困難（若你忘了什麼是多項式，別擔心，把它想成用一個變數的整數冪來表達，例如 N^2 或 N^3）。電腦科學家把這類複雜度的問題稱為「P」（polynomial time 的縮寫），因為可以在多項式時間內解決它們。

實務中發生的很多問題或實務問題的本質看似需要使用指數演算法來解決，亦即我們不知道是否有多項式時間演算法能解決它們，這類問題被稱為「NP」問題。NP 問題的特性是，我們無法快速找到一個解決方法，但我們能夠快速證明一個提議的解決方法是否正確。NP 是「nondeterministic polynomial time」（非確定多項式時間）的縮寫，意指它們可以在一個多項式時間內，被一種總是能夠在必須做出選擇時做出正確推測的演算法解決。真實生活中，不可能幸運到總是可以做出正確選擇，因此，這只是一個理論上的理想狀態。

許多 NP 問題相當技術性，但有一個 NP 問題很容易解釋，也可以想像它的實務應用。在著名的「旅行銷售員問題」（Traveling Salesman Problem，TSP）中，一名銷售員必須從他（她）居住的城市出發，以任何順序差旅多個其他城市，每個城市只造訪一次（不重複造訪），並以最短的總距離完成所有城市的造訪。[44] 這也是校車或垃圾車效率路線的概念，很多年前，鑽研這概念時，我把它應用於各種工作，例如規劃如何在電路板上鑽孔；派船去墨西哥灣的特定地點取得水樣本。

＜圖表 4-3 ＞顯示隨機產生的 10 個城市 TSP，以及用直覺的「最鄰近

城市」試探法得出的一個解決方案：從某個城市開始，造訪完這城市後，接下來前往最鄰近的那個尚未造訪的城市，依此類推，這種路線的旅行總距離是 12.92。請注意，起始的城市不同，可能得出不同路線，＜圖表 4-3 ＞是其中最短的路線。

圖表 4-3　用最鄰近城市法來解決 10 個城市 TSP（總距離：12.92）

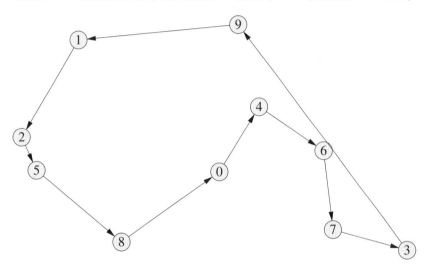

TSP 最早於 1800 年代被提出，是一個被密切研究了多年的主題。雖然，我們現在已經更善於解決更大的情況，但找出最佳解決方案的方法仍然是相當於嘗試所有可能路徑。＜圖表 4-4 ＞是窮舉搜尋（exhaustive search）了 180,000 種路線後找到的最短路線，總距離 11.86，比前述最鄰近城市路線的總距離縮短約 8%。

同理也適用於廣泛的種種問題：我們沒有好方法去有效率地解決它們，只能窮舉搜尋所有可能的解方。對於學習演算法的人來說，這是非常沮喪之事。我們不知道是否這些問題本質上就很困難，抑或是我們太笨了，還未能想出如何應付它們的方法，不過，現今世人明顯傾向認為是這些問題「本質上很困難」。

電腦科學家暨數學家史蒂芬·庫克（Stephen Cook）在 1971 年得出

圖表 4-4　10 個城市 TSP 的最佳解決方案（總距離：11.86）

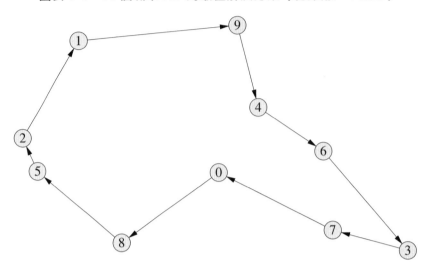

卓越的數學研究結果顯示，這些問題中的許多問題是相同的，意思是，若我們能夠為這其中的任何一個問題找到一個多項式時間演算法（亦即需要的運算時間是某種多項式，例如 N^2），那麼，我們就能為所有這些問題找到多項式時間演算法。庫克因為這項研究結果，在 1982 年獲得圖靈獎。

　　克雷數學研究所（Clay Mathematics Institute）在 2000 年對七個未解的問題提供解答獎金，解答其中任何一個問題的第一人，都可獲得 100 萬美元。這七個問題當中的一個是決定 P 是否等於 NP，亦即困難的問題的複雜程度是否其實相同於容易的問題。[45] 自 1900 年代初期就被提出的「龐加萊猜想」（Poincaré Conjecture）也在這七個問題之列，這問題已由俄羅斯數學家葛里格利・皮瑞爾曼（Grigori Perelman）解答，克雷數學研究所在 2010 年公布將頒發獎金給皮瑞爾曼，但皮瑞爾曼拒絕領取。現在還剩六個問題，你若有興趣，趕緊加油吧，免得被別人捷足先登囉！

　　關於這種複雜度，有幾點是必須記住的。雖然，P ＝ NP 的疑問有其重要性，但這個問題的理論性質大過實務性質。電腦科學家把最複雜的結果稱為「**最糟的情況**」，亦即一些問題的情況將需要最多的時間去運算出答

案，但不是所有情況都那麼難。另外，也有所謂的「**漸近**」（asymptotic）法，只應用於 N 值非常大的時候，真實生活中，N 可能小到不需去管漸近行為。例如，若你只需要對幾十個或幾百個資料項進行排序，選擇排序演算法可能就夠快了，儘管它的運算複雜度是二次方，遠大於快速排序演算法的複雜度 N log N。若你只造訪 10 個城市，檢視所有可能路線是可行的，但若造訪 100 個城市，大概就不可行了，造訪 1,000 個城市，那是絕對不可能檢視所有可能路線的。最後，在多數真實情況下，近似解（approximate solution）可能已經夠好了，不需要尋求一個絕對最佳的解方。

另一方面，一些重要的應用，例如密碼系統，係基於相信一特定問題真的很難，因此，找到一個解方（不論短期內有多麼難以做到）將有重要影響。

4.5 本章總結

電腦科學這個領域多年來致力於琢磨「我們能夠運算得多快」，用資料量（例如 N，log N，N^2，或 N log N）來衡量與表述運算時間，這個概念就是思考此問題所得出的結晶，它不糾結於其他考量，例如一台電腦是否比另一台電腦快，或你是不是比我更優的程式設計師。但這種方法確實能衡量要處理的問題或演算法本身的複雜程度，因此，它確實是進行比較及推論某種運算法是否可行的好方法（一個問題的本質複雜程度，以及解決此問題的一種演算法的複雜程度，這兩者未必相同。舉例而言，排序是一個 N log N 問題，快速排序演算法是一種運算次數為 N log N 的演算法，但選擇排序演算法是一種運算次數為 N^2 的演算法）。

研究演算法及複雜程度是電腦科學的一個重要部分，不論理論或實務面皆然，我們感興趣於電腦能運算什麼及不能運算什麼，如何快速運算而不需使用多於必要的記憶體，或是為了不增加記憶體而犧牲速度。我們尋求全新且更好的運算方法，快速排序演算法就是一個好例子，儘管它是很久以前的例子了。

許多演算法比我們在本章中討論到的基本搜尋與排序演算法更專門且更

複雜，例如，壓縮演算法試圖縮減被文本、音樂（MP3、AAC）、影像及圖像（PNG、JPEG）、電影（MPEG）佔用的記憶體量。檢錯與糾錯演算法也很重要，資料被儲存及傳輸時，可能受到損害，例如透過嘈雜的無線頻道傳輸，或是儲存資料的 CDs 被刮損，在資料中加入控制冗餘（controlled redundancy）的演算法可以檢測、甚至糾正一些種類的錯誤。我們將在第八章討論這些演算法，因為在討論到通訊網路時將涉及它們。[46]

密碼術（傳送秘密訊息、只有意圖的收件人能夠讀取的一門技術）非常倚賴演算法，我們將在第十三章討論密碼術，因為要讓電腦安全地交換私密資訊，往往需要使用這種技術。

Bing 及谷歌之類的搜尋引擎少不了演算法，基本上，搜尋引擎做的事情大都很簡單：收集一些網頁，組織資訊以使其易於搜尋，然後有效率地搜尋它。問題在於規模，當有數十億網頁，且每天有數十億條查詢時，縱使是運算次數為 N log N 的演算法也不夠好，演算法及編程的重頭戲擺在使搜尋引擎運轉得夠快而能跟得上網路及人們的搜尋興趣的成長速度。第十一章對搜尋引擎有更多的討論。

演算法也是語音理解、臉孔及影像辨識、機器翻譯語言等等服務的核心系統，這些全都仰賴有大量資料供探勘以找出關聯特徵，因此，演算法必須是線性或更優，通常也必須可平行化，以便同時在多台處理器上處理不同的部分。第十二章對此有更多的討論。

第 5 章

編程及程式語言

「我突然強烈地意識到，我的餘生將有很大部分的時間得花在尋找我的程式中的錯誤。」

——莫里斯·威爾克斯（Maurice Wilkes），
《一位電腦先驅的回憶》
（*Memories of a Computer Pioneer*），1985 年

上一章探討了演算法，演算法是抽象或理想化的流程敘述，忽略細節與實際性。一個演算法是一份精確且清清楚楚的食譜，它敘述一套固定的基本運算，這些基本運算的含義清楚且明確。演算法清楚說明使用那些運算的一序列步驟，演算法涵蓋所有可能情況，並且保證最終會停止。

反觀**程式**絕對不是抽象的東西，它具體敘述一台真實的電腦為完成一項工作而必須執行的每個步驟。一個演算法和一個程式的區別就像一份建築設計圖和一棟建物的區別；一個是理想化的東西，另一個是真實的東西。

我們可以把程式看成用一種讓電腦能夠直接處理的形式來表述一或多種演算法。程式必須考慮到種種實際問題，包括不充足的記憶體、有限的處理器速度、無效或甚至惡意的輸入資料、有毛病的硬體、中斷的網路連結、（幕後且往往導致其他問題惡化的）人為疏失。若說一個演算法是一份理想化的食譜，那麼，一個程式就是一組詳細的指令（操作說明書），讓一台烹飪機器人在遭受敵軍攻擊的同時，為一支軍隊料理一個月的伙食。

當然啦，比喻畢竟是比喻，總是不夠真實，所以，下文將談談真實的編程，足以幫助你了解編程是什麼，但不足以使你成為一名專業的程式設計師。編程可能滿難的——把程式寫好、寫對，涉及許多細節，小小的疏失可

能導致大錯，但不是不可能做到，也可能非常有趣，而且，在市場上，編程是一種相當搶手的技能。

我們想要或需要電腦去做的事情涉及的編程量太多了，多到這世上沒有足夠的程式設計師去應付這需求量，因此，徵召電腦去處理愈來愈多的編程細節就成為電腦運算領域的永恆課題之一。這引領出有關於程式語言的討論，程式語言讓我們能夠以人類或多或少程度地感到自然的形式去表述執行某件工作所需要的運算步驟。

管理一台電腦的資源，也是滿難的一件事，尤其是在現代硬體的複雜性之下，所以，我們也使用電腦去控制它本身的作業，這就是電腦的作業系統。編程及程式語言是本章的主題，而軟體系統——尤其是作業系統，是下一章的主題。第七章更詳細地討論兩種重要的程式語言：JavaScript 及 Python。

你可以略過本章中的編程例子的語法細節，但值得看看不同的運算表述法的相似點及差異點。

5.1 組合語言

對於最早的真正可編程的電子電腦而言，編程是件辛苦的流程，程式設計必須把指令及資料轉換成二進數，在卡片或紙帶上打孔，使這些數字變成機器可讀，然後把它們載入電腦記憶體裡。縱使是為很小的程式編程，這種編程流程也極其困難——首先，難以一次做對；若發現一個錯誤，或是必須修改或增加指令及資料，很難修改。

從本章開頭引言中莫里斯·威爾克斯所敘述的頓悟，就能看出這困難度。威爾克斯是 EDSAC（Electronic Delay Storage Automatic Calculator，電子延遲儲存自動計算機）的設計人暨建造者，它是世上最早的內儲程式電腦（stored-program computer）之一，於 1949 年正式運行。威爾克斯因其貢獻，在 1967 年獲頒圖靈獎，並於 2000 年受封為爵士。

1950 年代初期，出現用於處理一些簡單的例行行政文書工作的程式，

程式設計師可以使用有含義的文字來撰寫指令（例如寫 ADD，而不是 5），以及明確的記憶體位置名稱（例如寫 Sum，而不是 14）。這個強而有力的概念——用一個程式來操控另一個程式——是軟體的最重要進步的核心。

做這種操控工作的程式被稱為**組譯器**（assembler，或「組合程式」），因為它原先也把由其他程式設計師更早撰寫的任何其他必要部分的程式彙編起來。組譯器／組合程式的語言稱為**組合語言**（assembly language），這個層級的編程稱為**組合語言編程**（assembly language programming），我們在第三章用以說明及編程 Toy 機器的語言就是一種組合語言。組合程式讓程式設計師遠遠更容易修改程式，因為當程式設計師加入或移除指令時，組譯器繼續追蹤記錄每一條指令和每一個資料值將位於記憶體中的什麼位置，不需要程式設計師以人工方式做簿記。

一特定處理器架構使用的組合語言是該架構專門使用的，這組合語言通常和處理器的指令一對一地搭配，它知道那些指令是如何用二進制編程的，資訊是如何存入記憶體的等等。這意味的是，用組合語言為特定一種處理器（例如一台麥金塔電腦或個人電腦中的英特爾處理器）撰寫的程式，將不同於為另一個處理器（例如一支手機中的 ARM 處理器）的相同工作撰寫的組合語言程式。若你想把這其中一台處理器的組合語言程式轉換到另一台處理器，你必須全部重寫。

以下用例子具體說明。在 Toy 電腦中，需要用三條指令把兩個數字相加，把結果儲存於一個記憶體位置：

```
LOAD     X
ADD      Y
STORE    Z
```

在各種目前的處理器中，情形相似。但在一台有不同的指令集的中央處理器中，這運算可能用兩條指令存取記憶體位置，不使用一個累加器：

```
COPY    X, Z
ADD     Y, Z
```

　　想用一個 Toy 程式來運轉第二台電腦，程式設計師必須非常熟悉這兩種處理器，並且小心翼翼地從一個指令集轉換成另一個，這是辛苦的工作。

5.2 高階語言

　　1950 年代末期和 1960 年代初期，讓電腦為程式設計師做更多工作方面又向前邁進了一步，且堪稱為編程史上最重要的一步，那就是**高階程式語言**（high-level programming language）的發展。高階程式語言獨立於任何特定的處理器架構之外，亦即非特定處理器架構專用，它的運算表述方式更接近一般人的表述方式。

　　用高階語言撰寫的程式由一種翻譯程式（translator program）轉換成一特定處理器的組合語言指令，再由組譯器轉換成位元，載入記憶體及執行。這翻譯程式通常稱為**編譯器**（compiler，或編譯程式），這是另一個未能傳達多少洞察或直覺的舊名詞。

　　前述運算——把 X 及 Y 這兩個數字相加，把結果儲存為 Z，若用高階語言來表述，如下：

```
Z = X + Y
```

　　這指令的意思是：「從名為 X 及 Y 的記憶體位置取得值，把它們相加，把結果儲存在名為 Z 的記憶體位置。」運算子（operator）「＝」意指「取代」或「儲存」，不是「等於」的意思。

　　Toy 的編譯器把這轉換成三條指令，別台電腦的編譯器則會把它轉換成兩條指令。兩台電腦個別的組譯器負責把它們的組合語言指令轉換成真實指令的位元型態，並且撥出記憶體位置給 X、Y、Z。幾乎可以確定，這兩台電

腦得出的位元型態將不同。

<圖表 5-1 >繪出此流程,相同的輸入表述歷經兩個不同的編譯器及它們相應的組譯器,產生兩種不同的指令系列。

圖表 5-1　兩個不同的編譯器的編譯流程

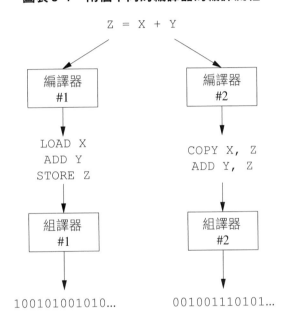

實務上,一個編譯器內部可能被區分成一個「前端」和幾個「後端」,「前端」負責把高階語言撰寫的程式處理成某種中間形式,每一個「後端」把共通的中間形式轉換成其特定架構的組合語言。這種組織比有多個完全獨立的編譯器更簡單。

相對於組合語言,高階語言有許多明顯優點。首先,由於高階語言更接近人們的思考方式,因此更易於使用及學習,你不需要知道任何特定處理器的指令集的任何東西,也能有效地用高階語言來編程。因此,高階語言使得更多人能夠編程,且編程得更快。

其次,使用高階語言的程式獨立於任何處理器架構之外,因此,相同的

程式可以在不同的架構下運行，通常完全不需做任何修改，只需要用一個不同的編譯器去編譯它就行了，如<圖表 5-1 >所示。只需寫一次程式，但可以在不同的電腦上運行，這麼一來，程式開發成本就可以分攤到多種電腦上，甚至分攤到目前還不存在的電腦上。

編譯步驟也供初步偵測某些粗心錯誤──拼錯字，語法錯誤（例如不對稱的括號），運算未定義的量等等，程式設計師必須修正這類錯誤，才能產生可執行的程式。在使用組合語言的程式中，一些這類錯誤難以偵測，因為任何指令序列必須被推定為正當（當然啦，語法正確的程式仍然可能充滿未被編譯器偵測到的錯誤）。總之，高階語言的重要性，再怎麼強調都不為過。

我將在下文用六種最重要的高階程式語言撰寫的相同程式──Fortran、C、C++、Java、JavaScript、Python，讓你看看它們的相似點及差異點。下文中每一種程式語言撰寫的程式執行的工作相同於我們在第三章為 Toy 撰寫的程式所執行的工作：把一連串的整數相加；當讀取的數值為零時，列印出總和，然後停止。這些程式全都有相同結構：指出程式使用的數量；把累計總和初始化成零；讀取數字，把數字加到累計總和上，直到遇上零時，就把總和列印出來。閱讀下文程式時，別擔心語法細節，不了解也沒關係，這些程式主要是讓你看看各種程式語言長什麼模樣。我盡可能把這些例子保持得相似，雖然，就個別程式語言來說，這未必是撰寫此運算的最佳方式。

最早的高階語言聚焦於特定應用領域，，其中一種最早的高階語言是「FORTRAN」，源於「Formula Translation」，現在被寫為「Fortran」。Fortran 是由 IBM 工程師約翰・巴克斯（John Backus）領導的一個團隊開發出來的，非常成功地表述了科學及工程領域的運算，許多科學家及工程師（包括我在內）學習的第一種編程語言就是 Fortran。Fortran 流傳至今，活得很好，自 1958 年以來，它歷經了幾次演進階段，但仍然能看出是相同的程式語言。巴克斯在 1977 年獲頒圖靈獎，部分是表彰他開發 Fortran 的貢獻。

<圖表 5-2 >展示用一個 Fortran 程式去相加一連串的數字。

圖表5-2 把數字相加起來的Fortran程式

```
     integer num,  sum
     sum = 0
10   read(5,*) num
     if (num .eq. 0)  goto 20
     sum = sum + num
     goto 10
20   write(6,*) sum
     stop
     end
```

這是使用 Fortran 77 撰寫的，看起來會有點不同於使用更早的版本或更後面的版本如 Fortran 2018（最新版本）撰寫出來的程式。你可以想像如何把這些演算表述及序列運算編譯成 Toy 的組合語言，「read」及「write」運算顯然對應為「GET」及「PRINT」，第四行指令顯然是一個「IFZERO」檢驗。

1950 年代末期出現的第二種重要高階語言是 COBOL（Common Business Oriented Language），它的開發受到美國海軍軍官暨電腦科學家葛瑞絲・霍普（Grace Hopper）開發高階語言的研究成果的強烈影響。任教於哈佛大學的電腦科學先驅霍華・艾肯（Howard Aiken）分別在 1944 年和 1947 年設計出早期的機械式電腦「馬克一號」（Mark I）及「馬克二號」（Mark II），霍普在「馬克一號」打造出來後的不久加入艾肯的團隊，成為這台電腦的程式設計師。1949 年，霍普進入埃克莫奇里電腦公司（Eckert-Mauchly Computer Corporation），成為該公司研發「通用自動電腦一號」（Universal Automatic Computer I，UNIVAC I）的團隊成員。霍普是最早看出高階語言及編譯器潛力的人之一，她在 UNIVAC I

上開發了一台編譯器,接下來又陸續開發出其他的程式語言,這些後來成為COBOL 的開發基礎。[47] COBOL 是專門針對商業資料處理而設計的程式語言,其特性是更易於表述用於管理存貨、準備發貨單、計算薪資之類的資料結構及電腦運算。COBOL 同樣存活至今,自問世後歷經了很多改變,但仍然能看出其原樣。傳承至今的 COBOL 程式很多,但現今嫻熟 COBOL 的程式設計師不多;2020 年時,紐澤西州政府發現,他們用以處理失業申報作業的老程式無法應付新冠肺炎導致的失業人數激增量,但州政府無法找到有足夠經驗的程式設計師去更新這些 COBOL 程式。

達特茅斯學院(Dartmouth College)的兩位教授約翰・克梅尼(John Kemeny)和湯瑪斯・柯爾茲(Thomas Kurtz)於 1964 年開發出另一種重要的高階語言 BASIC(Beginner's All-purope Symbolic Instruction Code),他們開發這程式語言的原始目的是想用一種容易的語言來教學生如何編程。BASIC 特別簡單,只需要有限的運算資源,因此後來成為可用於最早的個人電腦的第一種高階語言。事實上,微軟公司創辦人比爾・蓋茲(Bill Gates)和保羅・艾倫(Paul Allen)的起步就是在 1975 年為 Altair 微電腦撰寫一個 BASIC 編譯器,這是他們公司的第一個產品。微軟公司開發、於 1991 年推出且活躍至今的 Visual Basic 程式語言,就是源於BASIC。

在電腦昂貴、但慢且資源有限的早年,有人擔心用高階語言撰寫的程式的效率將太低,因為編譯器無法像一位技巧嫻熟的組合語言程式設計師那樣產生簡潔且有效率的組合程式。編譯器的撰寫者很努力地撰寫出如同手寫那般好的程式,這為高階語言奠定了地位。今天,在電腦已經快上幾百萬倍且有充足的記憶體之下,程式設計師鮮少擔心個別指令的效率,當然啦,編譯器和編譯器撰寫者仍然會有這方面的擔心。

Fortran、COBOL 及 BASIC 的成功,部分靠的是聚焦於特定應用領域,刻意地不去追求適用於廣泛、甚至全部領域,亦即不去試圖處理所有可能的編程工作。到了 1970 年代,新開發出來的程式語言是為了「系統編程」(system programming),亦即為了撰寫程式設計師工具如組譯器、編譯

器、文本編輯器（text editor）甚至作業系統。這些程式語言當中，最成功的是由貝爾實驗室的丹尼斯‧里奇（Dennis Ritchie）於 1973 年開發出來的 C 語言，至今仍然是最受歡迎、最被廣為使用的程式語言之一。自 1973 年推出至今，C 語言只改變了一點點，現今的一個 C 語言程式看起來跟三、四十年前的 C 語言程式差不多。＜圖表 5-3 ＞展示用 C 語言撰寫的數字相加程式。

圖表 5-3　把數字相加起來的 C 語言程式

```
#include <stdio.h>
int main() {
    int num, sum;
    sum = 0;
    while (scanf("%d", &num) != EOF && num != 0)
        sum = sum + sum;
    printf("%d", &num);
    return 0;
}
```

1980 年代，出現意圖幫助管理很大的程式的複雜性的程式語言，例如貝爾實驗室的比雅尼‧史特勞斯特普魯（Bjarne Stroustrup）開發出來的 C++。C++ 是從 C 演進而來的，在多數情況下，一個 C 語言程式也是一個有效的 C++ 程式（＜圖表 5-3 ＞的程式就是一個），但反之則不然。＜圖表 5-4 ＞展示用 C++ 撰寫的數字相加程式，這是眾多撰寫方式之一。

我們現今在自己的電腦上使用的主要程式，大都是用 C 或 C++ 撰寫的。我在麥金塔電腦上寫這本書，麥金塔電腦裡頭的多數軟體是用 C、C++ 及 Objective-C（一種 C 語言的方言）撰寫的。（譯註：Objective-C 是一種在 C 語言主體上加入「物件導向」這個性能的程式語言，這是名稱中的「Objective」的由來。）我的初稿是用 Word 軟體撰寫的，Word 軟體就是

圖表5-4　把數字相加起來的C++程式

```cpp
#include <iostream>
using namespace std;
int main() {
    int num, sum;
    sum = 0;
    while (cin >> num && num != 0)
        sum = sum + num;
    cout << sum << endl;
    return 0;
}
```

使用 C 及 C++ 撰寫的；現在，我用 C 及 C++ 程式來編輯、格式化及列印，並在 Unix 及 Linux 作業系統上備份（這兩個作業系統都是 C 程式），使用 Filefox、Chrome 及 Edge 這三種瀏覽器上網（它們全都是 C++ 程式）。

1990 年代，為因應網際網路及全球資訊網的成長，有更多的程式語言問世。電腦持續使用愈來愈快速的處理器和容量愈來愈大的記憶體，編程速度及便利性變得比機器效率更為重要，Java 及 JavaScript 之類的程式語言就是刻意做出這方面的折衷。

Java 是由昇陽電腦公司（Sun Microsystems）的電腦科學家詹姆斯・高斯林（James Gosling）於 1990 年代初期開發出來的，它原本針對的是內建於家電及小巧電子裝置之類器材中的小型系統而開發的程式語言，速度不是那麼重要，但靈活性很重要。後來，Java 轉向新的目標用途——在網頁上跑的程式，但並未流行起來，不過，卻被網頁伺服器廣為使用：當你造訪一個網站如 eBay 時，你的電腦跑的是用 C++ 及 JavaScript 撰寫的程式，但 eBay 可能是使用 Java 來撰寫它送到你的瀏覽器上的網頁。Java 也是撰寫安卓系統行動應用程式時使用的首要程式語言。Java 比 C++ 簡單（但

Java 也漸漸演進得朝向相似於 C++ 的複雜程度），但比 C 語言更複雜。Java 也比 C 語言更安全，因為它去除了一些具有安全性隱憂的性能，並且有內建機制去處理容易出錯的工作如管理記憶體中複雜的資料結構。基於這原因，在編程課程中，Java 也往往是被教導的第一種程式語言。

＜圖表 5-5 ＞展示用 Java 撰寫的數字相加程式，這程式比其他語言撰寫的程式更長一些，這在 Java 程式中很常見，但可以藉由結合幾個運算，縮減兩、三行。

這就要順便提到有關於程式及編程的一個重點了。總是有許多方式去撰寫一個程式，讓電腦去執行一項特定工作，從這點來看，編程就像寫作，寫作時的重要考量如風格及文字運用等等，在撰寫程式時也重要，有助於區別真正優秀的程式設計師和只能稱得上勝任的程式設計師。因為有太多方式可資表述相同的運算，一個程式是拷貝自另一個程式通常顯而易見。我每一個

圖表 5-5　把數字相加起來的 Java 程式

```java
import java.util.*;
class Addup {
   public static void main (String [] args) {
      Scanner keyboard = new Scanner(System.in);
      int num, sum;
      sum = 0;
      num = keyboard.nextInt();
      while (num != 0) {
         sum = sum + num;
         num = keyboard.nextInt();
      }
      System.out.printIn(sum);
   }
}
```

編程課程在開課之初都會強調這點，但不時仍有學生以為只要改變變數名稱或指令的位置，就足以矇混過去，不被看出抄襲。抱歉，這是行不通的。

JavaScript 是源於 C 語言的大家族中的一種程式語言，但有很多的差異，它是由網景公司（Netscape）的布蘭登·艾克（Brendan Eich）於 1995 年開發出來的。除了名稱上有部分相同，JavaScript 和 Java 沒有關係。它的原始設計目的是要用於一款瀏覽器上，以在網頁上達成動態效果；現今近乎所有網頁都包含了一些 JavaScript 程式。我們將在第七章對 JavaScript 有更多的討論，現下，為了與其他程式語言比較，＜圖表 5-6 ＞展示用 JavaScript 撰寫的數字相加程式。

圖表 5-6　把數字相加起來的 JavaScript 程式

```
var num, sum;
sum = 0;
num = prompt("Enter new value, or 0 to end");
while (num != '0') {
    sum = sum + parseInt(num);
    num = prompt("Enter new value, or 0 to end");
}
alert(sum);
```

JavaScript 易於實驗，這種程式語言本身很簡單，你不需要下載一個編譯器，每一款瀏覽器中都內建了一個，你馬上就能看到你的運算結果。我們很快就會在後文中看到，你可以加上幾條指令，把這個例子放到網頁上，供世上任何人使用。

Python 是由任職阿姆斯特丹的荷蘭數學與電腦科學研究中心（Centrum Wiskunde & Informatica，CWI）的吉多·范羅森（Guido van Rossum）於 1990 年開發出來的，它在語法上有些不同於 C、C++、Java 及 JavaScript，最明顯的差異是，它用縮排來指出述句塊的開始與結束，而非

使用大括號（{、}）。

　　Python 在設計之初就聚焦於可靠性，它易於學習，已經成為最被廣為使用的程式語言之一，有大量用它撰寫的軟體，涵蓋近乎任何你能想到的編程工作。若要我只學習或教導一種程式語言的話，我會選擇 Python。我們將在第七章對 Python 有更多討論，＜圖表 5-7 ＞展示用 Python 撰寫的數字相加程式的一種版本。

圖表 5-7　把數字相加起來的 Python 程式

```
sum = 0
num = input()
while num != '0':
    sum = sum + int(num)
    num = input()
print(sum)
```

　　程式語言未來的發展走向如何呢？我認為我們將繼續使用更多的電腦資源來幫助我們把編程變得更容易，我們也將繼續朝向開發對程式設計師而言更安全的程式語言。舉例而言，C 語言是極其高效靈活的工具，但它很容易不慎地犯下編程錯誤，發現時為時已晚，在發現前，錯誤可能已經被利用於惡意目的。較新的程式語言比較容易防止犯錯，或至少能偵測出一些錯誤，但有時候，為此得付出運行得較慢及使用更多記憶體的代價。多數時候，這是正確的取捨，但緊湊、快速的程式仍然對很多應用領域——例如車子、飛機、太空船、武器等等——非常重要，因此仍然會使用 C 語言這類高效率的程式語言。

　　雖然，所有程式語言具有形式上的等價性——它們可被用於模擬，或被一台圖靈機模擬，但對編程工作而言，它們絕對不是同等地好。撰寫一個 JavaScript 程式去控管一複雜網頁，跟撰寫一個 C++ 程式去執行一個 JavaScript 編譯器，這兩者之間可是差得十萬八千里，要找到一個非常擅長

這兩件工作的專家級程式設計師，那可不容易。經驗豐富的專業程式設計師可能稱得上熟練十幾種程式語言，但他們不會對所有這些程式語言都具有相同水準的技能。

多年來，已經開發出數千種程式語言，但被廣為使用的，不到一百種。為何會有這麼多種程式語言呢？如同我在前文中暗示的，每一種程式語言代表在效率、表述力、安全性及複雜程度這類考量之間的取捨，許多程式語言的開發顯然是因應前面開發出來的語言的缺點，利用後見之明及更強大的運算力，也往往強烈受到設計師個人喜好的影響。此外，新的應用領域也促使聚焦於新領域的新程式語言誕生。

不論如何，程式語言是電腦科學領域的一個重要且迷人的部分。美國語言學家班傑明・霍夫（Benjamin Whorf）說：「語言形塑我們的思考模式，也影響我們能思考什麼」，語言學家仍然在辯論這句話對自然語言而言是否正確，但對於我們為了告訴電腦去做什麼而發明的人工語言來說，這句話似乎滿正確的。

▍5.3 軟體開發

真實世界裡的編程往往是大規模的工作，使用的策略相似於撰寫一本書或進行大計畫時採行的策略：弄清楚要做什麼，首先把一個大計畫書分解成愈來愈小的部分，然後做個別部分，同時也確保它們能結合起來。在編程領域，區分出來的各個部分的規模通常是一個人能夠用某種程式語言撰寫出精確運算步驟，確保不同的程式設計師撰寫出來的各個部分能夠結合起來運行，這相當艱巨，若沒有把這部分做對，將是錯誤的一個大源頭。舉例而言，美國太空總署（NASA）的火星氣候探測者號（Mars Climate Orbiter）在1999年進入軌道時失去聯絡，任務以失敗告終，問題出在飛行系統軟體使用公制單位來計算推進器的推進力，但地面人員輸入的航線修正資料使用的是英制單位，這導致探測器號進入錯誤的軌道，太接近地表，大氣壓力導致探測器瓦解。[48]

前文列舉的使用不同語言撰寫的數字相加程式，大都少於十行，編程入門課程中撰寫的小程式將有幾十行到幾百行。我撰寫的第一個「真實」程式（所謂「真實」，指的是這程式被相當數量的其他人使用）使用 Fortran，大約是一千行程式碼，那是不怎麼花腦筋的文書處理器，用於格式化及列印我的論文，我畢業後，這程式被一個學生服務社接管，繼續使用了五年。啊，真令人懷念的美好往日！

今天，做一件有用的工作的一個更大程式，可能有數千行至數萬行。我的專案課程的學生以小組方式作業，經常以八到十週的時間交出兩、三千行程式碼，這八到十週的時間，他們得設計他們的系統，學一、兩種新的程式語言，上其他課程，從事課外活動。他們的產品通常是一個容易存取某個大學資料庫的網路服務，或是一款增進社交生活的手機應用程式。

一個編譯器或一個網頁瀏覽器的程式可能有數十萬行至一百萬行程式碼，但是，大系統有數百萬行、甚至數千萬行程式碼，有數百或數千人同時處理它們，而且是長達數十年的工作。公司通常戒慎於揭露它們的程式有多大，但偶爾會浮現可靠的資訊，例如，根據 2015 年的一場谷歌研討會上揭露的資訊，該公司總計有約二十億行程式碼；[49] 到了現在，這數目可能至少翻倍了。

如此規模的軟體，需要程式設計師、測試員及資料員團隊，有時程、截止日、層層管理，及無數的會議，以維持一切運轉。我的一位同事曾聲稱，他參與工作的一個大系統的每一行程式碼都有一場為其召開的會議，由於該系統有幾百萬行程式碼，他大概誇大其辭了，但經驗豐富的程式設計師可能會說：「就算是誇大了，也沒有誇大得很多。」

5.3.1函式庫，應用程式介面，開發套件

若你今天要建造一棟房子，你不會從砍樹以製造木料、挖黏土以製造磚塊做起，你去購買已經預製的門、窗、衛生設備、暖氣爐、熱水器等等。建造房屋仍然是件大工程，但還能應付得來，因為你可以使用別人做好的東西，以及倚賴一個基礎建設，事實上，你可以倚賴一整個產業來幫助你。

編程工作也一樣，鮮少有任何大程式是完全從零做起而創造出來的，有很多現成的、他人撰寫的元件可供直接使用。舉例而言，你正在為視窗或麥金塔電腦撰寫一個程式，你可以取用預製的選單、按鈕、圖形運算、網路連結、資料庫存取等等的程式。編程工作中有很大一部分是了解這類元件，以你自己的方式去把它們結合起來。當然，這些元件本身的建造也是倚賴了其他更簡單、更基礎的元件，而且往往是幾層的元件。在這之下，一切都是在作業系統上運行，作業系統程式管理硬體，控管發生的每件事，我們將在下一章討論作業系統。

在最簡單的層級，程式語言提供一個**函式**（function）機制，讓程式設計師能夠撰寫程式去執行一個有用的運算，再以一種形式包裝這程式，讓其他程式設計師可以在他們的程式中使用而無需知道它是如何運行的。舉例而言，前文以 C 語言撰寫的程式中包含了以下幾行：

```
while (scanf("%d", &num) != EOF && num != 0)
    sum = sum + sum;
printf("%d", &num);
```

這程式「呼叫」（call，就是「使用」的意思）兩個 C 語言的函式：scanf，從一個輸入源（input source）讀取資料，相似於 Toy 程式中的「GET」；以及 printf，把結果列印出來，相似於 Toy 程式中的「PRINT」。一個函式有一個名稱以及它執行工作時需要的一組輸入資料值，函式執行一個運算，可能把運算得出的一個結果送回使用它的那個程式。這裡講述的語法及其他細節是針對 C 語言，換成另一種程式語言，將有所不同，但概念是通用的。函式讓程式設計師可以使用種種已經被分別建造出來的元件來撰寫程式，所有程式設計師在需要時都可以使用這些元件。

一個相關的函式集合通常被稱為一個「函式庫」（library），例如，C語言有一個標準的函式庫去讀取儲存於磁碟及其他地方的資料，或把資料寫入磁碟及其他地方，scanf 及 printf 就是這函式庫中的函式。

　　程式設計師如何知道一個函式庫提供哪些服務，以及他們該如何使用這些服務呢？這就要談到應用程式介面（Application Programming Interface，API）了。應用程式介面敘述一個函式庫提供的服務——這個函式庫裡有哪些函式，這些函式做什麼事，如何在程式中使用這些函式，它們請求什麼輸入資料，它們產生什麼值。應用程式介面可能也敘述資料結構——來來回回傳送的資料的組織方式，以及種種其他東西，所有這些結合起來，定義一個程式設計師在請求函式庫提供的服務時必須做什麼，以及這些函式將運算什麼。這些說明必須詳細且精確，因為程式最終將被一台愚笨的電腦解譯，而不是被一個隨和通融的人類解讀。

　　一個應用程式介面不僅包含有關於語法規定的聲明，也包含支援文件以幫助程式設計師有效使用系統。現在的大型系統往往涉及一個軟體開發套件（Software Development Kit，SDK），讓程式設計師能使用愈來愈複雜的軟體函式庫。舉例而言，蘋果公司為撰寫 iPhone 及 iPad 程式的開發者提供一個環境與支援工具；谷歌為安卓手機提供一個類似的 SDK；微軟為使用各種程式語言來為各種器材撰寫視窗程式的設計師提供各種開發環境。SDKs 本身是大軟體系統，例如，安卓的開發環境 Android Studio 是 1.6 GB，而 Xcode——蘋果為開發商提供的 SDK——遠遠更大。

5.3.2 蟲子／程式錯誤／漏洞

　　不幸的是，沒有任何一個大程式能在第一次就成功，順利運行；生活太複雜，程式反映了這複雜性。編程需要完美地注意細節，很少人能做到這個，因此，任何規模的程式都將有錯誤，亦即它們將做錯事，或是在一些情況下產生錯誤答案。那些錯誤被稱為「bugs」，坊間普遍流傳這名稱來自前文提到的葛瑞絲・霍普。1947 年，霍普及其同事正在運行的機械式電腦「馬克二號」故障，同事們追查原因，發現機器裡頭有一隻蟲子（死掉的飛蛾），霍普說，他們正在為機器「除蟲／除錯」（debugging）。那隻蟲子被保留下來，變成了一種不朽的東西，現在，在位於華盛頓哥倫比亞特區、由史密松尼學會（Smithsonian Institute）管理的美國國家歷史博物館（National

Museum of American History）可以看到牠，參見＜圖表5-8＞的相片。[50]

圖表5-8 「馬克二號」中發現的蟲子

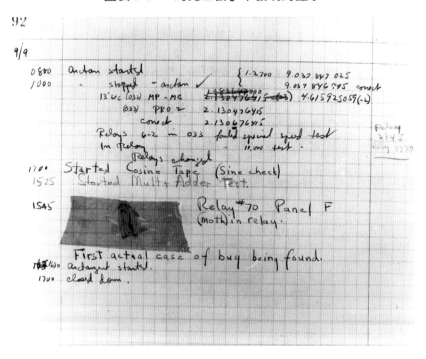

不過，「bug」一詞的使用並不是由霍普創造的，它可以回溯至1889年。根據《牛津英語詞典》（第二版）：

> **bug**。一台機器、計畫或諸如此類東西中的瑕疵或錯誤。源於美國。

《帕默爾報》（*Pall Mall Gazette*）在1889年3月11日的一篇報導中有如下敘述：「我被告知，愛迪生先生過去兩晚熬夜，在他的留聲機中找『一個蟲子』——意思是解決一個困難，意指有某個想像的蟲子藏在裡面，導致所有問題。」

在程式領域，蟲子（程式錯誤，漏洞）出現的形式太多了，得花好大一本書來說明它們（確實存在這樣的書籍）。在無數可能性中包括這些：忘記處理可能發生的一種情況；寫了錯誤的邏輯或運算測試去評估某種情況；使用錯誤的公式；存取的記憶體不在撥給程式（或程式的一部分）的範圍；對特定種類的資料使用錯誤的運算；未能驗證使用者輸入。

＜圖表 5-9 ＞是我設計的一個例子，這是一對 JavaScript 函式，把攝氏溫度轉換成華氏溫度，以及把華氏溫度轉換成攝氏溫度（運算子 * 及 / 分別執行乘法和除法）。其中一個函式有個錯誤，你能看出來嗎？我稍後再回來。

圖表 5-9　在攝氏與華氏之間轉換的函式

```
function ctof(c) {
    return 9/5 * c + 32;
}
function ftoc(f) {
    return 5/9 * f — 32;
}
```

在真實世界的編程工作中，測試是很重要的一個部分，軟體公司做的測試往往比程式還多，測試員比程式設計師還多，為的是在軟體送到使用者手中之前盡可能檢查出更多的錯誤。這相當困難，但至少能做到不常遭遇蟲子的境界。

如何測試＜圖表 5-9 ＞中的溫度轉換函式呢？你當然會想用已知答案的簡單例子來進行測試，例如，攝氏溫度 0 及 100，轉換成華氏溫度值分別是 32 及 212。測試結果，這個函式沒問題。

但從華氏轉換成攝氏，就有問題了：這個函式運算的結果是，32°F 轉換成 –14.2°C，212°F 轉換成 85.8°C，兩者皆錯。問題出在把華氏溫度值減去 32 時，必須括弧起來，然後才乘以 5/9；正確的運算表述應該是：

```
return 5/9 * (f — 32);
```

這些是容易測試的函式，你可以想像當程式有一百萬行，且錯誤不是那麼明顯時，測試與除錯得費多少工夫。

順便一提，這兩個函式互為反函式（就像 2^n 和 log n），這使得一些測試頗容易。若你把任何值代入這兩個函式的每一個，應該得出原數字，只不過，可能有一點點的差異，因為電腦不會完全精確地表述非整數。

軟體中的漏洞可能導致系統容易受到攻擊，通常是讓攻擊者用他們撰寫的惡意程式覆寫記憶體。可利用的漏洞有個活躍市場：白帽駭客（white hat）修復漏洞，黑帽駭客（black hat）利用漏洞，還有中間的灰色地帶，國安局之類的政府機構在這裡堆積了日後可被使用或修復的漏洞。[51]

脆弱性的普遍存在正是重要程式經常更新的原因，例如瀏覽器，它們是許多駭客注意的焦點。撰寫堅實的程式是件可能的事，壞傢伙總是在等候及盯著漏洞，因此，一般使用者必須在軟體做出安全性漏洞補靪時，盡快更新。

真實世界的軟體面臨的另一個複雜性是環境瞬息萬變，必須調整程式。新的硬體發展出來，它需要可能得在系統中做出改變的新軟體。新的法律及其他規定可能導致需要改變程式的細節，例如 TurboTax 的程式必須因應許多司法轄區經常改變的稅法。電腦工具、程式語言及實體設備與器材常會變得過時而必須替換，資料格式也會變得過時，例如，現今版本的 Word 無法讀取 1990 年代初期的 Word 檔案。隨著人的退休、離世或公司縮編時被解雇，人員的專長也會消失，這種情形也發生於大學，有些系統是學生創造的，那些學生畢業後，大學可能連帶也失去在這些系統上的專長。

跟上持續的變化，是軟體維修中的一個重頭環節，但這是必須做的環節，否則，程式將發生「位元腐朽」（bit rot），過一陣子，就再也不能運行或無法更新，因為它們無法被重新編譯，或是某個函式庫已經改變太多了。在此同時，在修復漏洞或增加新性能的工作過程中也可能創造了新的程

式錯誤，或改變使用者依賴的行為。

5.4 智慧財產

智慧財產指的是個人的創造行動（例如發明）所產生的種種無形財產，或著作——例如書籍、音樂、畫作、相片。軟體也是一種重要的智慧財產，它是無形的，但很有價值，開發及維修一個大程式，需要持續的辛苦努力。在此同時，軟體可被零成本地、無限數量地拷貝，並發送至世界各地，它可以隨時被修改，它是無形的。

軟體的所有權衍生出棘手的法律問題，我認為，軟體比硬體更容易衍生法律問題，當然，這可能是我身為一個程式設計師的個人偏見。相較於硬體，軟體是一個較新的領域，1950 年左右之前，並沒有軟體，過去四十多年間，軟體才變成一個重要的獨立經濟部門，因此，這個領域的法律、商業實務以及社會規範的演進時間較少。這一節，我將探討一些問題，為你提供足夠的技術背景，使你至少能夠了解來自多個觀點的情況。我是從美國法律的角度來寫這些內容，其他國家有類似的制度，但在許多層面上有所差異。

有幾種法律機制保護軟體的智慧財產，它們的成功程度不一。這些機制包括商業機密、商標、著作權、專利、授權。

5.4.1 商業機密

商業機密是最明顯的智慧財產，被所有權人保密，或是只在具有法律約束力的合約（例如保密協議）之下才揭露。這既簡單，也往往有成效，但若機密被洩漏，無法提供什麼救濟。商業機密的典型例子是可口可樂的配方，理論上，若機密已經變成公開知識，任何人都能製造一樣的產品，但他們不能稱之為「Coca-Cola」或「Coke」，因為這些是商標，另一種形式的智慧財產。在軟體領域，重要系統如 PowerPoint 或 Photoshop 的程式是商業機密。

5.4.2 商標

商標是用以區別一公司提供的產品或服務的一個詞或詞組，一個名稱，一個標誌，甚至一種獨特顏色，例如，廣告中「Coca-Cola」這些字的獨特字體，經典的可口可樂瓶身形狀，這兩者都是商標。麥當勞的金拱門也是商標，用以區別麥當勞與其他速食公司。

電腦領域有無數的商標，例如麥金塔筆記型電腦上發亮的缺口蘋果圖案是蘋果公司的一個商標，微軟的作業系統、電腦和遊戲機上的四種顏色方塊標誌，也是該公司的一個商標。

5.4.3 著作權／版權

著作權保護創意的表述（expression）。一般人很熟悉文學、藝術、音樂及電影等領域的著作權，它保護創意作品不被他人抄襲——至少，理論上是如此，並且賦予創作者在一定期間內利用其作品的權利。在美國，這期間曾經是 28 年，可再展期一次，但現在，這期間已經改為作者終身外加 70 年。在許多其他國家，這期間是終身外加 50 年。美國聯邦最高法院在 2003 年裁定，作者死後外加的那 70 年是一個「有限」期。[52] 嚴格來說，這正確，但實際上，這跟「永久」差不多。美國的著作權持有人在全球大力推動遵從美國法律的著作權年限延長。

數位資料的著作權執法相當困難，數位資料可以被零成本地電子複製出任何數量，並且在整個線上世界傳送。企圖用加密及其他形式的數位版權管理（Digital Rights Management，DRM）來保護有版權的資料的努力全都失敗，加密通常被證實可以破解，就算不能破解，數位資料也可以在播放時被重錄〔這是因為存在「類比漏洞」（analog hole）〕，例如在戲院中偷偷摸摸地錄影。個人、甚至是大型組織很難有效地對侵害著作權行為訴諸法律行動，第九章將探討這個主題。

著作權也適用於程式。若我撰寫一個程式，我就擁有它的著作權，如同我撰寫了一本小說後取得的著作權，無人可以不經我的准許，使用我取得著

作權的程式。這聽起來相當簡單，但魔鬼總是藏在細節中。若你研究我的程式的行為，然後撰寫你自己的版本，多少的相似度可以算是未侵害我的著作權呢？若你改變了格式和程式中的所有變數的名稱，那仍然是侵害了我的著作權；但若你做出更微妙、不是明顯可察的改變，那就只能用冗長昂貴的訴訟程序來解決問題了。若你研究我的程式的行為，透徹了解其行為，然後撰寫全新的實作（implementation），那可能不算是侵害我的著作權。事實上，在名為**無塵室開發**（cleanroom development，cleanroom 一詞借用自積體電路製造業）的技法中，程式設計師無法取得或不知道他們試圖仿效的程式是誰的財產，他們撰寫行為相同於原程式、但顯而易見不是抄襲的新程式。那麼，法律疑點就變成必須證明那無塵室是真的無塵，沒有人因為接觸那原程式而被「污染」。

5.4.4 專利

專利對發明提供法律保護，這不同於著作權，著作權只保護表述——程式是如何撰寫的，不保護程式中可能內含的任何原始概念。硬體專利很多，例如軋棉機、電話機、電晶體、雷射，當然還有無數針對它們的流程、設備及改進。

軟體——演算法及程式——原本是不能申請專利的，因為它被認為是「數學」，因此不在專利法涵蓋的範圍。身為有一些數學背景的程式設計師，我不認為演算法是數學，但演算法可能涉及數學（想想快速排序演算法，換作在今天，它很可能可以申請專利）。另一個觀點是，許多專利軟體的程式其實顯而易知（obvious），只不過是用電腦去做一些簡單或大家很熟悉的流程，因此不該獲得專利，因為它們缺乏原創性。我比較認同這觀點，不過，我不是專家，更不是律師。

軟體專利的一個例子是亞馬遜的「一鍵購買」（1-click）專利。1999年9月，美國專利 5,960,411 授予亞馬遜公司的四位發明人，其中包括該公司創辦人傑夫‧貝佐斯（Jeff Bezos）。此專利涵蓋：「透過網際網路下單購買一品項的方法與系統」；此創新讓一個註冊的顧客能夠用一個滑鼠點擊

下一筆訂單（參見＜圖表 5-10 ＞）。[53] 順便一提，「1-Click」是一個註冊的亞馬遜商標，顯示為 1-Click®。

圖表 5-10　亞馬遜 1-Click®

「1-click」專利引發近二十年的爭議及法律糾葛，或可公允地說，多數程式設計師認為其概念是顯而易知的，但專利法規定，申請專利的一項發明必須是，在發明當時，「該發明對其所屬技術領域中具有普通技能之人而言非顯而易知（unobvious）」。亞馬遜在 1997 年提出此專利申請，當時是網路商務的早年。美國專利局駁回一些對此專利重審的申請，其他則仍在上訴中。其間，其他公司取得此專利授權，包括蘋果公司為其 iTunes 線上商店取得授權，亞馬遜取得禁制令以對抗那些未經該公司許可而使用 1-click 概念的公司。在其他國家，情況當然有所不同，例如，亞馬遜向歐盟申請此專利，因為被判定不具「非顯而易知性」而失敗。所幸，這一切紛爭現在都平息了，因為專利時效為 20 年，現在，這專利已經過期了。

太容易取得軟體專利的負面作用是出現所謂的「專利蟑螂／專利流氓」（patent troll）——比較不那麼貶損的名稱是「非專利實施實體」（non-practicing entity）。[54] 專利蟑螂取得專利權後，不使用專利的發明，而是聲稱其他公司侵害其專利權，對它們發起侵權訴訟，且往往刻意選在判決向來傾向有利於起訴人（亦即專利蟑螂）的地方提出訴訟。專利侵權官司的直接成本高，若被告輸了官司，成本可能很高，尤其是小公司，更容易屈服，向專利蟑螂支付一筆錢以取得授權，儘管，專利蟑螂的權利主張可能薄弱，侵權情形可能也不明顯。

法律氛圍正在漸漸改變（雖然改變緩慢），這類專利活動可能變得不那

麼猖獗，但仍然是個大問題。

5.4.5 授權

授權是撰寫使用一項產品的法律合約。每一個電腦使用者都熟悉在安裝一軟體的新版本的流程中有個步驟：終端使用者授權合約（End User License Agreement，EULA）——一個對話框顯示密密麻麻的小字，這是一份法律文件，你必須同意這些條款，才能繼續下一步。多數人直接到對話框最下方點擊「同意」，於是，基本上、可能實際上就此受到此合約條款的法律約束。

若你閱讀那些條款，不難發現它們是單方面的免責聲明，供應商否認所有保證與責任，事實上，甚至不承諾這軟體將做任何事。以下是我的麥金塔作業系統 macOS Mojave 的 EULA 的一小部分：[55]

B. YOU EXPRESSLY ACKNOWLEDGE AND AGREE THAT, TO THE EXTENT PERMITTED BY APPLICABLE LAW, USE OF THE APPLE SOFTWARE AND ANY SERVICES PERFORMED BY OR ACCESSED THROUGH THE APPLE SOFTWARE IS AT YOUR SOLE RISK AND THAT THE ENTIRE RISK AS TO SATISFACTORY QUALITY, PERFORMANCE, ACCURACY AND EFFORT IS WITH YOU.

C. TO THE MAXIMUM EXTENT PERMITTED BY APPLICABLE LAW, THE APPLE SOFTWARE AND SERVICES ARE PROVIDED "AS IS" AND "AS AVAILABLE", WITH ALL FAULTS AND WITHOUT WARRANTY OF ANY KIND, AND APPLE AND APPLE'S LICENSORS (COLLECTIVELY REFERRED TO AS "APPLE" FOR THE PURPOSES OF SECTIONS 7 AND 8) HEREBY DISCLAIM ALL WARRANTIES AND CONDITIONS WITH RESPECT TO THE APPLE SOFTWARE AND SERVICES, EITHER EXPRESS, IMPLIED OR STATUTORY, INCLUDING, BUT NOT LIMITED TO, THE IMPLIED WARRANTIES AND/OR CONDITIONS OF MERCHANTABILITY, SATISFACTORY QUALITY, FITNESS FOR A PARTICULAR PURPOSE, ACCURACY, QUIET ENJOYMENT, AND NONINFRINGEMENT OF THIRD PARTY RIGHTS.

D. APPLE DOES NOT WARRANT AGAINST INTERFERENCE WITH YOUR ENJOYMENT OF THE APPLE SOFTWARE AND SERVICES, THAT THE FUNCTIONS CONTAINED IN, OR SERVICES PERFORMED OR PROVIDED BY, THE APPLE SOFTWARE WILL MEET YOUR REQUIREMENTS, THAT THE OPERATION OF THE APPLE SOFTWARE OR SERVICES WILL BE UNINTERRUPTED OR ERROR-FREE, THAT ANY SERVICES WILL CONTINUE TO BE MADE AVAILABLE, THAT THE APPLE SOFTWARE OR SERVICES WILL BE COMPATIBLE OR WORK WITH ANY THIRD PARTY SOFTWARE, APPLICATIONS OR THIRD PARTY SERVICES, OR THAT DEFECTS IN THE APPLE SOFTWARE OR SERVICES WILL BE CORRECTED. INSTALLATION OF THIS APPLE SOFTWARE MAY AFFECT THE AVAILABILITY AND USABILITY OF THIRD PARTY SOFTWARE, APPLICATIONS OR THIRD PARTY SERVICES, AS WELL AS APPLE PRODUCTS AND SERVICES.

大多數的 EULA 中聲明，若這軟體對你造成損害，你不能控告此軟體

供應商。EULA 中說明此軟體可被用於什麼情況，你同意你不會試圖對此軟體進行反向工程或拆解它。你不得把這軟體送至一些特定國家，不得用此軟體來發展核武（這是真的）。[56] 我的律師朋友說，這類授權合約通常是有效且可執行的，只要其中條款不是太不合理的話。這就引人疑問，什麼是「合理」或「不合理」。

另一條條款可能會令你有點驚訝，尤其是若你在實體店或線上購買軟體的話：「這軟體是授權的，不是出售的。」就大多數的購買而言，法律上的「第一次銷售原則」（first sale doctrine）說，一旦你買了某個東西，你就擁有它。若你買了一本印刷書，它就是你的，你可以把它送給或轉賣給他人，當然，你不可以影印並散布影印本，這是侵害作者的著作權。但是，數位產品的供應商幾乎都是以授權方式「銷售」，這讓供應商保留了所有權，限制你能對「你的」這個複製本做的事。

一個好例子出現於 2009 年 7 月。亞馬遜向「銷售」大量在其 Kindle 電子書閱讀器上閱讀的書籍，但事實上，這些書是被授權的，不是被出售的。後來，亞馬遜意識到，它在散布一些它未獲准散布的書籍，於是，該公司在所有 Kindle 上撤除這些書。其中被「召回」的書籍之一是喬治·歐威爾的反烏托邦小說《1984》的一個版本，我相信，歐威爾應該會喜歡這個 Kindle 故事。

應用程式介面（APIs）也衍生出一些有趣的法律問題，大都與著作權有關。設若我是一個可編程遊戲系統（類似於 Xbox 或 PlayStation）的製造商，我希望人們購買我製造的遊戲機，若有很多針對這款遊戲機開發的遊戲軟體，就可能有更多人購買。我不可能自行撰寫所有的遊戲軟體，因此，我小心翼翼地定義一個合適的 API，讓程式設計師能為我的這款遊戲機撰寫遊戲軟體。我可能也提供一個軟體開發套件（SDK），類似於微軟公司為 Xbox 提供的 XDK，以幫助遊戲軟體開發者。幸運的話，我將能銷售一堆遊戲機，賺大錢，退休，過快樂的生活。

一個應用程式介面其實是服務使用者和服務供應商之間的一個合約，它定義這介面的兩邊發生什麼事——沒有有關於它如何實作（implementation）的細節，只說明每一個函式在一程式中被使用時是做什麼事。這意味的是，某人（例如一個競爭者）也可以扮演供應商，建造一款遊戲機，提供與我的 API 相同的 API。若他們使用「無塵室開發技法」，就能確保他們不能以任何方式抄襲我的實作。若他們把這做得很好——一切都運行得相同於我的遊戲機，若這競爭者的遊戲機在某些方面更好，譬如價格較低，外觀設計得更好，那我可能就沒生意了，這對想致富的人而言是壞消息。

我有什麼法律權利呢？我不能為我的 API 申請專利，因為它不是一個原創概念；它也不是一個商業機密，因為我必須向人們展示它，讓他們能使用。但是，若定義一個 API 是一種創作行動，我或許能透過著作權來保護它，讓其他人必須經過我的授權，才能使用它；同理也適用於 SDK。這樣能夠獲得充分保護嗎？這個法律疑問，以及種種類似的法律疑問，還未獲得確實的解答。

APIs 的著作權地位並不是一個假設性的疑問，2010 年 1 月，甲骨文（Oracle）買下 Java 程式語言的開發者昇陽電腦公司，並在 2010 年 8 月控告谷歌，聲稱谷歌在使用 Java 程式的安卓手機上非法使用 Java API。

這是一個複雜的訴訟案，簡化地說，一個地方法院裁決 APIs 不可以申請著作權；甲骨文上訴，判決逆轉；谷歌申請聯邦最高法院審理此案，但法院在 2015 年 6 月駁回這申請。下一回合，甲骨文要求超過 90 億美元的損害賠償，但陪審團裁決，谷歌的使用 APIs 是「合理使用」（fair use），不構成違反著作權法。[57] 我認為，在這個案例中，多數程式設計師會站在谷歌這一邊，但這官司還未塵埃落定〔免責聲明：我兩度在電子前哨基金會（Electronic Frontier Foundation）提出的支持谷歌立場的法院之友意見書上連署〕。在經過更多回合的法律程序後，聯邦最高法院決定在 2020 年 10 月再度審理此案（譯註：最高法院已於 2021 年 4 月裁定谷歌勝訴，其使用 Java API 符合「合理使用」原則）。

▎5.5 標準／規格

一個**標準／規格**精確且詳細地說明某個人造物是如何建造的或應該如何運作。一些標準（例如 Word 的「.doc」及「.docx」檔案格式）是**實質標準**（de facto standards，或譯「業界標準」）——它們不是官方標準，但所有人都使用它們。「標準／規格」這個詞通常保留給官方說明，通常是由一個政府機構或一個公會／協會之類的準中立方發展與維持的，定義如何建造或運作一個東西。「標準／規格」的定義必須足夠周全且精確，讓各個實體能互動或提供獨立的實作。

我們一直都受益於硬體規格，只不過，我們可能沒注意到有多少的硬體規格。若我購買一台新的電視機，我能夠把它插入我家的電源插座，這得感謝插頭大小與形狀的規格，以及它們供應的電壓標準（當然，在其他國家可能就行不通了，去歐洲度假時，我必須攜帶幾種轉接頭，把我的北美規格電源供應器插入英國及法國的不同規格插座上）。電視機本身將接收訊號，呈現畫面，因為有為廣播和有線電視訂定的標準，我可以透過規格的傳輸線及連接器，例如 HDMI、USB、S-video 等等，把其他器材插入電視機上。但每台電視機必須有自己的遙控器，因為那些遙控器不是標準化的，所謂的「萬用」遙控器，只有一些情況適用。

有時候，甚至有相互競爭的標準，這似乎具有反效果，誠如電腦學家安迪・坦能鮑姆（Andy Tanenbaum）所言：「多標準的好處是，你有太多東西可以選擇了。」歷史中這樣的例子包括錄音帶的 Betamax vs. VHS，高畫質影像磁碟的 HD-DVD vs. 藍光（Blu-ray），在這兩例中，其中一個標準最終勝出，但在其他例子中，可能有多標準並存，例如在美國，直到 2020 年左右，有兩種不相容的手機技術。

軟體領域也有很多標準，包括字元集如 ASCII 及 Unicode，程式語言如 C 和 C++，加密演算法和壓縮演算法，在網路上交換資訊的各種協定。

對於互操作性（interoperability）和一個開放競爭的環境來說，標準很重要。標準使我們可以獨立地創造東西，之後，這些東西可以合作，此為互

操作性。標準開啟了一個讓多個供應商競爭的空間，反觀專有系統往往把大家都鎖住，專有系統的擁有人自然是偏好把大家鎖住。但標準也有壞處，一個標準若比較差，或是已經過時了，但大家仍然被迫使用它，那麼，這個標準就阻礙了進步。不過，相較於標準的益處，這些不是太大缺點。

5.6 開放源碼軟體

程式設計師撰寫的程式，不論是用組合語言或高階語言（更可能是後者）撰寫的，稱為**原始碼**（source code）；把它編譯成一種適合讓處理器執行的形式，此稱為**目的碼**（object code）。跟我前文做的幾種區分一樣，這種區分看似賣弄，其實很重要。原始碼是程式設計師可讀懂的程式（雖然有時可能得費些力），因此，原始碼可以被研究與改寫，可以看到它內含的任何創新或概念。反觀目的碼則是已經歷經了太多轉變，通常不可能去復原已經相隔甚遠的東西（例如原始碼），或是從中萃取出任何能被用於產生變化版本的形式，或甚至去了解它是如何運行的。基於這點，大多數商業軟體只以目的碼形式去散布，原始碼是寶貴的機密，被鎖藏起來（這可能是隱喻，也可能是真的被鎖藏起來）。

開放源碼（open source）指的是把原始碼開放，供研究與改進。

早年，多數軟體是由公司開發的，外界無法獲得原始碼，那是它的開發者的一種商業機密。任職麻省理工學院的程式設計師理查·史托曼（Richard Stallman）沮喪於他無法修補或增強他使用的程式，因為它們的原始碼是專有財產，他無法取得。史托曼在 1983 年發起一項他稱之為 GNU（「GNU's Not Unix」，gnu.org）的專案，為重要軟體系統——例如一套作業系統，或程式語言的編譯器——創造自由且開放的版本。他也成立一個名為「自由軟體基金會」（Free Software Foundation）的非營利組織，以支援開放源碼。史托曼的目的是產生永久「自由」的軟體，這「自由」的意思是非專有，不受到嚴格所有權的阻礙，這目的的達成是提供一個名為「通用公眾授權條款」（General Public License，GPL）的著作權授權機制來散布各種實作。

GPL 的序言寫道：

> 「多數軟體及其他實務工作的授權，其目的是取走你分享與修改作品的自由。相反地，GNU 通用公眾授權條款旨在保障你分享與修改一程式的所有版本的自由——確保它一直是所有使用者的自由軟體。」

GPL 明訂，獲授權的軟體可以自由使用，但若把它散布給任何他人，這散布必須以相同的「自由供任何使用」授權原則，提供原始碼。GPL 夠強大，已有違反其條款的公司被法院判決強制停止它們使用程式，或是強制它們散布它們基於被授權的程式而撰寫的軟體的原始碼。

獲得公司、組織及個人支持的 GNU 專案已經產生了大量的程式開發工具及應用程式，全都遵從 GPL。其他的開放源碼程式及文件也有類似的授權，例如創用 CC（Creative Commons），維基百科上的許多相片及圖像是使用此授權取得的。Firefox 和 Chrome 瀏覽器是開放源碼，Apache 和 NGINX 這兩種最普及的網頁伺服器也是，手機的安卓作業系統也是。

程式語言及支援工具現在幾乎都是開放源碼，事實上，一種新的程式語言若是完全專有性質，將很難立足。過去十年，谷歌開發並釋出 Go，蘋果開發並釋出 Swift，謀智（Mozilla）開發並釋出 Rust，微軟也釋出它專有多年的 C# 及 F#。

Linux 作業系統堪稱最為人所知的開放源碼專案，它被個人及大企業如谷歌廣為使用，谷歌的整個基礎設備都使用 Linux 作業系統。你可以在「kernel.org」免費下載 Linux 作業系統的原始碼，你可以把它用於你自己的目的，你可以任意做出修改，但若你要以任何形式散布它，例如一個內含作業系統的新工具，你必須在相同的 GPL 之下開放你的原始碼。我有兩輛車，來自不同製造商，都是使用 Linux 作業系統，螢幕選單系統內有一個 GPL 聲明與一個鏈結，透過那鏈結，我可以從網際網路上下載程式（不是從車子上下載！），這 Linux 程式有將近 1 GB。[58]

　　開放源碼太令人好奇了，把軟體送出去，要如何賺錢呢？為何會有程式設計師自願地貢獻於開放源碼專案呢？志工撰寫的開放源碼軟體會優於協調合作的專業人士大團隊撰寫的專有軟體嗎？開放源碼是可得性，會不會對國家安全構成威脅呢？

　　這些疑問持續引起經濟學家和社會學家的興趣與探索，但一些答案漸漸變得更清晰。舉例而言，紅帽公司（Red Hat）創立於 1993 年，於 1999 年於紐約證交所公開上市，IBM 在 2019 年以 $340 億美元收購它。紅帽銷售你可以在網際網路上免費取得的 Linux 原始碼，但它靠著提供支援、訓練、品質保證、整合及其他服務來賺錢。許多開放源碼程式設計師是公司的正式員工，這些公司使用開放源碼，並對它做出貢獻，IBM、臉書及谷歌是著名的例子，但絕非獨特的例子；微軟現在是開放源碼軟體專案的最大貢獻者之一。這些公司受益於能夠幫助引導程式的演進，以及有其他人修補漏洞及做出改進。

　　並非所有開放源碼都是最佳品種，一些軟體的開放源碼版本可能落後於它們仿造的商業系統版本。但就核心程式設計師工具與系統來說，開放源碼無可匹敵。

▌5.7 本章總結

　　我們用程式語言來告訴我們的電腦去做什麼事。這概念或許說得太過牽強，但自然語言和我們發明以更容易撰寫程式的人造語言這兩者之間有相似之處，其中一個明顯的相似點是，程式語言有數千種，雖然，經常被用到的程式語言可能不超過一百種，現今大多數程式使用的語言約二十幾種。至於哪種程式語言最好，程式設計師各持己見，且往往很強烈，但之所以有那麼多種程式語言的原因之一是，沒有一種語言對所有編程工作而言是理想的，總是覺得可以有一種合適的新語言能使編程工作更加容易、更有效率。程式語言的演進也利用了穩定增加的硬體資源，不是很久以前，程式設計師得努力把程式擠入可用的記憶體中，現在，這已經不是那麼大的問題了，而且，

程式語言也提供自動管理記憶體的使用機制，因此，程式設計師不必太擔心這個。

軟體的智慧財產權問題相當棘手，尤其是專利方面，專利蟑螂是一股非常負面的力量。著作權的問題似乎較容易，但這方面仍然有重大未解的法律問題，例如 APIs 的地位。法律往往不會（大概也無法）對新技術做出快速反應，而且，就算反應到來，通常也各國有別。

第 6 章

軟體系統

> 「程式設計師就像詩人，他們的工作差不多就是純思想的東西，他們在
> 空中建造城堡，憑空建造，完全靠想像力。鮮少媒體的創造是如此彈性的，
> 太容易去拆除與重建，因此能夠實現宏偉的概念結構。」

> ——弗瑞德·布魯克斯（Frederick P. Brooks），
> 《人月神話：軟體專案管理之道》
> （*The Mythical Man-Month*），1975 年

　　這一章將討論兩大類軟體：作業系統及應用程式。**作業系統**（operating
system）是一台電腦的支柱，它管理一台電腦的硬體，並使它可能運行其他
名為「**應用程式**」（applications）的程式。

　　當你在家裡、學校或辦公室使用一台電腦時，你有廣泛種類的程式可以
使用，包括瀏覽器、文書處理、音樂及電影播放器、報稅軟體（唉！）、病
毒掃描、很多遊戲，以及世俗工作如搜尋檔案或檢視資料夾等等的工具。在
你手機上的情形也相似，但細節不同。

　　這類程式的術語是「**應用程式**」，大概是衍生自「這程式是應用電腦去
做某件工作」，這是相對能自給自足且專注於做單一一件工作的程式的標準
用詞。它曾經是電腦程式設計師專用的術語，但隨著蘋果公司的 App Store
（銷售在 iPhone 跑的應用程式）的大成功，縮寫形式的「app」已經變成
人人使用的詞彙。

　　當你購買一台新電腦或手機時，裡頭已經安裝了一些這類程式，然後，
隨著你自行購買或下載，安裝在此電腦或手機上的這類程式將更多。這類應
用程式對我們這些使用者而言很重要，從幾個技術性角度來看，它們具有有

趣的特性。我們將簡短討論一些應用程式，然後聚焦於特定一種：瀏覽器。瀏覽器是大家熟悉的一個代表性例子，但它仍然含有一些許多人可能不知道的驚奇，包括一個令人意想不到的、與作業系統的相似點。

　　但我們首先來看看讓我們能夠使用應用程式的一種幕後程式：作業系統。請記得，近乎每一種電腦——不論是筆記型電腦、手機、平板、媒體播放器、智慧型手錶、相機或其他小巧裝置，都有某種作業系統去管理硬體。

▍6.1 作業系統

　　1950 年代初期，並無應用程式和作業系統的區別，當時的電腦太有限了，它們一次只能跑一種程式，這正在跑的程式接管整個電腦。事實上，當時的程式設計師必須預約一個時段（若你是低階的學生，你最好預約深夜時段），跑他們撰寫的一個程式。隨著電腦變得更進步，讓非專業的人跑程式實在太缺乏效率了，因此，這工作就交給專業的操作員，他們把程式輸入電腦裡，再把結果分發出去。作業系統起初是幫助把操作員做的那些工作自動化。

　　作業系統漸漸變得更精巧，與它們控管的硬體的演進相配，而且，隨著硬體變得更強大且複雜，投入更多資源去控管作業系統就變得合理了。最早被廣為使用的作業系統出現於 1950 年代末期及 1960 年代初期，通常是由製造硬體的公司供應，它們用組合語言撰寫，讓作業系統和硬體緊緊地綁在一起。IBM 和迪吉多（Digital Equipment）及通用資料（Data General）之類較小的公司為它們的硬體提供自己的作業系統，本章開頭引言的作者弗瑞德・布魯克斯當時掌管 IBM 的 Systm/360 系列電腦及 OS/360 的開發工作，OS/360 是 IBM 在 1965 年至 1978 年間的旗艦作業系統。布魯克斯在 1999 年獲頒圖靈獎，以表彰他在電腦架構、作業系統及軟體工程等方面做出的貢獻。

　　作業系統也是大學及產業實驗室的研究目標，麻省理工學院是個先驅，在 1961 年開發出一種名為 CTSS（Compatible Time-Sharing System）

的作業系統，在當時特別先進，而且，不同於產業競爭者，這套作業系統很好用。Unix 作業系統是由肯尼斯・湯普遜（Kenneth Thompson）和丹尼斯・里奇於 1969 年起在貝爾實驗室開發，他們原本在從事由貝爾實驗室、麻省理工學院及奇異公司共同合作的 Multics 作業系統（更精細、但沒那麼成功的 CTSS 後續作業系統）開發計畫，但此計畫進展過於緩慢，貝爾實驗室退出此計畫後，里奇和湯普遜共同開發出 Unix 系統。[59] 現在，除了微軟的作業系統，絕大多數作業系統要不就是貝爾實驗室的 Unix 系統的後裔，或是與 Unix 相容、但獨立開發出來的 Linux 作業系統的後裔。里奇和湯普遜因為開發出 Unix 系統，共同於 1983 年獲頒圖靈獎。

　　一台現代電腦其實是一頭複雜的怪物，它有許多部件──處理器、記憶體、輔助儲存器、顯示器、網路介面等等，如＜圖表 1-2 ＞所示。為了有效使用這些元件，它必須同時運轉多種程式，其中有些程式在等候某件事情發生（例如下載一網頁），有些程式在要求一個立即回應（例如當你在玩遊戲時，追蹤鼠標移動或更新顯示），有些程式在干預其他程式（例如啟動一個新程式，這需要已經過度擁擠的記憶體給予空間）。多程式同時運轉，真是一團混亂。

　　為管理這複雜的同時多工作業，唯一的方法是使用一個程式來管理程式，這是讓電腦幫助自己運轉的另一個例子，這種程式名為「作業系統」。就住家或工作場所的電腦而言，歷經種種演進階段的微軟視窗是最常見的作業系統；在日常生活中，大約 80% 至 90% 的桌上型電腦和筆記型電腦使用的是視窗作業系統。蘋果電腦使用 macOS 作業系統，許多幕後電腦使用 Linux 作業系統（一些前台電腦也是）。手機也使用作業系統，原本是專門的系統，但如今通常是較小版本的 Unix 或 Linux，例如，iPhone 及 iPad 使用的 iOS 作業系統衍生自 macOS，但其本質是一種 Unix 變化版本，而安卓手機使用的是 Linux 系統，我的電視機、替您錄（TiVo）、亞馬遜的 Kindle、谷歌 Nest，也使用 Linux 系統。我甚至可以登入我的安卓手機，在上頭跑基本的 Unix 指令。

　　一套作業系統控管及分配資源給一台電腦。首先，它管理處理器，安排

及協調目前正在使用的程式。作業系統把處理器的注意力在各種於任何時刻活躍中的程式之間切換，這些程式包括應用程式及背景流程（例如防毒軟體）；它暫停那些正在等候狀態（例如使用者點擊了一個對話框後）的程式；它防止個別程式過度取用資源——若一個程式需求太多的處理器時間，作業系統減緩它的速度，好讓其他工作也能獲得合理的處理器時間。

　　一套典型的作業系統將有數百個程式在同時作業，有些程式是使用者開啟的，但多數程式是非專業使用者看不到的系統工作。像 macOS 上的活動監視器（Activity Monitor），視窗上的工作管理員（Task Manager），或你手機上的相似程式，你可以看到這些程式在做什麼。＜圖表 6-1＞顯示我正在 Mac 上打字時，macOS 上正在跑的 300 個程序中的一部分，這些大都彼此相互獨立，因此和一個多核心架構很般配。

　　其次，作業系統管理主記憶體。它把程式載入記憶體，好讓它們能夠開始執行指令。若沒有足夠的記憶體可裝下同時發生的每件事，作業系統就暫

圖表6-1　macOS上的活動監視器展示處理器的活動

Process Name	% CPU	Real Mem	Rcvd Bytes	Sent Bytes	CPU Time	Threads
WindowServer	18.8	72.2 MB	0 bytes	0 bytes	1:34:44.28	10
Activity Monitor	10.6	192.0 MB	0 bytes	0 bytes	3:39:50.44	5
hidd	6.8	6.0 MB	0 bytes	0 bytes	9:28.23	6
kernel_task	5.0	2.53 GB	4.7 MB	951 KB	4:58:20.23	225
AppleUserHIDDrivers	3.1	2.2 MB	0 bytes	0 bytes	21.84	3
Dock	2.2	15.8 MB	0 bytes	0 bytes	34.92	5
Microsoft Edge Helper (R...	1.9	99.1 MB	0 bytes	0 bytes	13:29.42	24
Firefox	1.6	1.04 GB	25 KB	10 KB	36:40.77	68
FirefoxCP WebExtensions	1.5	381.4 MB	0 bytes	0 bytes	18:37.99	37
launchservicesd	1.3	5.4 MB	0 bytes	0 bytes	4:26.46	7
sysmond	1.2	4.9 MB	0 bytes	0 bytes	3:22:03.58	3
Microsoft Edge	1.2	89.5 MB	5 KB	3 KB	15:57.75	76
corespotlightd	0.6	10.6 MB	0 bytes	0 bytes	37.78	5
tccd	0.4	6.1 MB	0 bytes	0 bytes	14.34	3
launchd	0.4	14.2 MB	0 bytes	0 bytes	1:22:21.27	4
loginwindow	0.3	27.3 MB	0 bytes	0 bytes	2:16.00	5

System:	3.34%	CPU LOAD	Threads:	1,955
User:	5.28%		Processes:	414
Idle:	91.38%			

時把它們從磁碟中拷貝出來，等到有記憶體空間時，再把它們移回去。作業系統確保個別程式不互相干預，即一個程式無法取用分配給另一個程式或分配給作業系統本身的記憶體。這有部分是為了保持條理，但也是一種安全性措施：你可不想讓一個頑皮或瘋狂的程式在它不應該出現的地方惹事生非〔「藍白當機畫面」（blue screen of death）曾經是視窗上常見的情形，有時是導因於作業系統未能提供適當保護〕。

需要有優良的設計，才能有效使用主記憶體。方法之一是，在需要時，只把一程式的部分帶入記憶體中，當不使用時，把它從記憶體中拷貝出來，移回磁碟中，這流程稱為「**置換**」（swapping）。程式被編寫得彷彿可以使用整部電腦的空間，彷彿有無限的主記憶體，而軟體和硬體的結合也提供了這種不符實際的觀念，使編程看起來明顯更容易。於是，作業系統就得支持這種錯覺，把程式的區塊進進出出地置換，並靠硬體幫忙把程式的記憶體位址轉譯成真實記憶體中的真實位址，這種機制稱為「**虛擬記憶體**」（virtual memory）。如同「虛擬」（virtual）這個詞的多數用法，它指的是提供現實的錯覺，但不是真的東西。

<圖表 6-2 >顯示我的電腦正在如何使用記憶體。程序依照它們使用的記憶體量排序，在此例中，瀏覽器程序佔用大部分的記憶體，這很尋常——瀏覽器使用大量記憶體。通常，你的電腦有愈多的記憶體，它就感覺愈快，因為它花在記憶體和輔助儲存器之間置換的時間較少。若你想要你的電腦跑得更快，最具成本效益的方法可能是設法有更多的主記憶體，不過，能夠增加的主記憶體量通常有上限，一些電腦無法做這樣的升級。

第三，作業系統管理儲存於輔助儲存器裡的資訊。作業系統中一個名為「**檔案系統**」（file system）的重要元件提供資料夾與檔案的層級結構，我們使用一台電腦時，會看到這層級結構。本章後文將再回頭討論檔案系統，因為它們具有相當有趣的特性，值得更多篇幅的討論。

最後，作業系統管理及協調與電腦連接的器材的活動。一個程式可以假設它有多個不重疊的視窗供它使用，作業系統管理顯示器上的多個視窗，確保正確的資訊呈現於正確的視窗上，當視窗被移動、縮放、隱藏及再現時，

圖表6-2　macOS上的活動監視器展示記憶體的使用情形

Process Name	Memory	Real Me... ⌄	Private Mem	Shared Mem	VM Compressed
kernel_task	144.2 MB	2.53 GB	0 bytes	0 bytes	0 bytes
Firefox	1.16 GB	1.04 GB	903.7 MB	318.4 MB	123.5 MB
FirefoxCP WebExtensions	372.2 MB	398.2 MB	208.6 MB	207.9 MB	101.1 MB
Activity Monitor	161.2 MB	237.3 MB	96.5 MB	34.3 MB	13.1 MB
Microsoft Edge Helper (Renderer)	183.7 MB	169.8 MB	37.7 MB	187.8 MB	89.1 MB
CrashPlanService	621.9 MB	108.5 MB	123.9 MB	4.0 MB	519.5 MB
Preview	88.3 MB	106.4 MB	44.2 MB	62.3 MB	30.7 MB
FirefoxCP Web Content	140.4 MB	106.4 MB	13.1 MB	286.4 MB	45.7 MB
Microsoft Edge Helper (Renderer)	78.5 MB	99.1 MB	23.8 MB	189.2 MB	33.9 MB
Terminal	112.8 MB	97.8 MB	32.0 MB	99.9 MB	25.1 MB
Microsoft Edge	159.9 MB	89.5 MB	56.5 MB	221.7 MB	87.2 MB
softwareupdated	49.4 MB	83.2 MB	35.3 MB	11.2 MB	11.0 MB
WindowServer	540.2 MB	73.0 MB	31.7 MB	138.5 MB	73.0 MB
Safari	38.7 MB	69.1 MB	33.5 MB	25.3 MB	0 bytes
FirefoxCP Web Content	23.9 MB	56.4 MB	22.0 MB	205.6 MB	0 bytes
syspolicyd	51.0 MB	40.3 MB	30.9 MB	4.3 MB	20.0 MB

MEMORY PRESSURE		
Physical Memory:	16.00 GB	
Memory Used:	7.82 GB	App Memory: 3.85 GB
Cached Files:	6.77 GB	Wired Memory: 2.81 GB
Swap Used:	725.8 MB	Compressed: 1.15 GB

確保它正確地復原。作業系統把來自鍵盤及滑鼠的輸入導向正在期待這些輸入的程式，它處理前往及來自網路連結（不論是有線或無線連結）的通訊，把資料傳送至列印機，從掃描器取得資料。

　　請注意，我說作業系統是一個程式。作業系統只不過是另一個程式，就像上一章敘述的那些程式，以同樣的語言撰寫，通常是 C 或 C++。早年的作業系統小，因為記憶體更小，工作更簡單；最早期的作業系統一次只跑一個程式，因此只需要做有限的置換。早年的電腦沒有很多的記憶體分配給作業系統──只有不到 100 千位元組（KB），那些作業系統不需要處理許多外接設備，外接設備的種類不像現今那麼多。現在的作業系統很大──有數百萬行程式碼，也很複雜──因為它們要做種種複雜的工作。

　　這裡提供一些數字。第六版的 Unix 作業系統（現今許多作業系統的祖先）是 1975 年推出的，有 9,000 行 C 語言及組合語言撰寫的程式碼，由兩個人撰寫的。現在的 Linux 有超過 1,000 萬行程式碼，由成千上萬的人歷

經數十年撰寫與修改出來的。據推估，Windows 10 可能有大約 5,000 萬行程式碼，不過，沒有官方發布的數字。反正，我們也不能直接比較這些數字，因為現代的電腦遠遠更複雜，處理遠遠更複雜的環境和遠遠更多的器材，此外，設計師對於什麼應該被包含於作業系統的看法也有所不同。

由於作業系統只不過是一個程式，基本上，你可以自己撰寫一個。事實上，Linux 起源於芬蘭的大學生林納斯・托瓦茲（Linus Torvalds）在 1991 年決定從無到有地撰寫一個他的版本的作業系統，他把一個初稿（只有不到 10,000 行程式碼）張貼於網際網路上，邀請其他人試用及協助。此後，Linux 就成為軟體業的一股重要力量，許多大公司和無數較小的公司及個人使用它。如前章所述，Linux 是開放源碼的程式，因此，任何人都能使用它，並對它做出貢獻。[60] 現在，有數千人繼續貢獻於 Linux，並且有全職的核心開發人員，托瓦茲仍然握有整體掌控權，是技術性決策的最終裁決者。

你可以在你的硬體上跑一個不同於原先安裝或指定的作業系統，例如在原先使用視窗作業系統的電腦上跑 Linux 作業系統。你可以在磁碟上儲存幾種作業系統，在每次開啟電腦時，決定要使用哪一種作業系統，這種「多重開機／多重啟動」（multiple boot）功能，蘋果的啟動切換軟體（Boot Camp）就提供這種功能，可以在安裝了 macOS 的麥金塔電腦上跑視窗作業系統。

你甚至可以在一種作業系統的控制下跑另一種作業系統，此稱為「**虛擬作業系統**」（virtual operating system）。VMware、VirtualBox 及 Xen（開放源碼系統）之類的虛擬作業系統程式使我們可以在一個主機作業系統（host operating system）——例如 macOS——上跑另一種客戶作業系統（guest operating system），例如視窗或 Linux。主機作業系統截獲客戶作業系統提出需要作業系統優先權的要求（例如檔案系統或網路存取），主機作業系統執行運算後，交還給客戶作業系統。當主機系統和客戶系統都是為相同的硬體而編譯的作業系統時，客戶作業系統在大部分時候都是以硬體的全速運轉，感覺近乎就像它在裸機上運轉那般敏捷。

<圖表 6-3 >以簡圖展示一個虛擬作業系統如何在主機作業系統上運作，對主機作業系統來說，客戶作業系統就是一個普通的應用程式。

圖表6-3　虛擬作業系統的組織

<圖表 6-4 >是我的 Mac 跑 VirtualBox 的螢幕擷圖，VirtualBox 跑兩個客戶作業系統：左邊的 Linux，以及右邊的 Windows 10。

圖表6-4　macOS跑Windows 10和Linux這兩種虛擬機

雲端運算（cloud computing，我們將在第十一章討論）就是倚賴虛擬機器（virtual machine）。雲端服務供應商有大量的實體電腦，有大量的儲存容量及頻寬，用以向其客戶提供運算力。每個客戶使用一些數量的虛擬

機以支援較少數的實體機器；多核心處理器很自然地適合這種運作。

亞馬遜網路服務公司（Amazon Web Services，AWS）是最大的雲端運算服務供應商，其次是微軟蔚藍（Microsoft Azure）及谷歌雲端平台（Google Cloud Platforms）；AWS 特別成功，亞馬遜的營業利潤有過半數是這個事業貢獻的。這些供應商的任何客戶可以視自己的負荷量變化，增加或減少使用的運算量，供應商有充足資源讓個別客戶隨時擴增或縮減運算規模。包括網飛之類的大公司在內，許多公司發現，使用雲端運算比自己擁有及運轉伺服器更具成本效益，這是因為雲端服務供應商具有規模經濟效益，使用雲端服務的客戶能夠隨著負荷量的變化而做出調節，它們本身需要雇用的員工數量也較少。

虛擬作業系統引發一些有趣的所有權疑問。若一公司在實體電腦上跑大量的視窗作業系統，它需要向微軟購買多少視窗作業系統的授權呢？若忽略法律問題，只需購買一個授權，但微軟的視窗授權限制你可以在不為更多拷貝付費之下合法運轉虛擬作業系統形式的總數量。

在此必須提到「虛擬」一詞的另一個使用。模擬一電腦（不論是真實的電腦，抑或假的電腦如 Toy）的一個程式，也常被稱為一台**虛擬機**，亦即，唯有當有一個軟體（一個程式）把電腦當成硬體般地模擬其行為，電腦才能存在及運轉。

這種虛擬機很普遍，瀏覽器有一台虛擬機去直譯（interpret）Java-Script 程式，可能還有另一台虛擬機去直譯 Java 程式。安卓手機裡頭也有一台 Java 虛擬機。之所以使用虛擬機是因為，比起建造及運送實體設備，使用虛擬機可以更容易且更彈性地編寫及發布程式。

▎6.2 作業系統如何運作

當電腦的電源開啟時，處理器便開始執行一些儲存於一個永久記憶體中的指令，那些指令從一個小的快閃記憶體中讀取指令，這快閃記憶體內含足夠的程式碼去一個磁碟、或一個 USB 記憶體、或一個網路連結中的一個已

知地點讀取更多指令，而這個指令又去讀取更多指令，直到最終載入足夠的指令去做有用的工作。這種啟動程序原本名為「啟動程式／引導指令」（bootstrapping），取名自「拔靴帶」，現在則使用簡單的名稱「booting」（開機）。細節各有不同，但基本概念相同：一些指令就足以找到更多指令，更多的指令又去找到更多的指令。

這啟動程序中的一部分可能涉及檢查硬體，以確定有哪些器材和電腦連接，例如，是否有一台列印機或一台掃描器和這台電腦連接。啟動程序也檢查記憶體及其他元件，以確認它們正確運轉。開機程序可能涉及載入連接設備的軟體元件〔亦即驅動程式（drivers）〕，以讓作業系統可以使用這些連接設備。這一切需要花時間，所以，我們常焦急地等候電腦開始做有用之事，現代的電腦雖遠比以往的電腦快速得多，它們仍然得花一、兩分鐘開機。

一旦作業系統開始運轉，它就進入一個相當簡單的循環，依序控管每個準備開始運轉或需要注意的應用程式。若我在一個文書處理器中打字輸入文本，檢查我的電子郵件，任意瀏覽網站，在背景中播放音樂，作業系統會指揮處理器去一一注意這些程序的每一個，必要時，在它們之間切換重心。每一個程式獲得一段短時間，當程式要求一個系統服務或它分配到的時間用完時，這段時間就結束。

當音樂結束、有郵件進來、一個網頁呈現，或使用者按下一個按鍵時，系統對這類事件做出反應；對於每個事件，系統做出必要的反應——通常是向必須負責照料此事件的應用程式傳達有事件發生了。若我決定重新安排我的螢幕上的視窗，作業系統會告訴顯示器去何處放置視窗，並告訴每個應用程式，它的視窗的什麼部分現在呈現於螢幕上，好讓應用程式能重畫它們。若我以「退出檔案」或點擊視窗右上角的「×」，退出一應用程式，作業系統會通知此應用程式它即將停止運轉，好讓它有機會去有秩序地整理它的事務，例如詢問使用者：「你想儲存此檔案嗎？」接著，作業系統索回這程式使用的資源，並通知現在還呈現於螢幕上的其他應用程式，它們必須重畫。

6.2.1 系統呼叫

一套作業系統在硬體及其他軟體之間提供一個介面，它使硬體提供的服務水準看起來高於實際水準，好讓編程工作更容易。在這領域的術語中，作業系統提供一個建造應用程式的**平台**。這是抽象化的另一個例子：作業系統提供一個介面或表面，把實作的不規則性及不切要的細節隱藏起來。

作業系統定義一套它向應用程式提供的運算或服務，例如，把資料儲存於一個檔案或從一個檔案中叫出資料，建立網路連結，取得鍵盤上輸入的東西，報告鼠標的移動及按鍵點擊，繪圖於顯示器上等等。

作業系統以標準化或同意的形式提供這些服務，應用程式請求這些服務的方式是執行一個特殊指令，把控制權轉移至作業系統中的一個特定位置，作業系統做應用程式請求的事，然後把控制權與結果交還給應用程式。這些系統進入點稱為「**系統呼叫**」（system calls），它們的詳細說明定義作業系統是什麼，現代的作業系統通常有幾百個系統呼叫。

6.2.2 設備驅動程式

一個**設備驅動程式**是作業系統與一種硬體設備（例如一台列印機或一個滑鼠）之間的橋梁程式，驅動程式詳盡地知道如何使一特定設備履行其職責——如何存取來自一個滑鼠或觸控板的動作及按鍵資訊，如何使一磁碟在一積體電路或旋轉的磁面上讀寫資訊，如何使印表機列印於紙上，或如何使一片無線晶片收發無線電訊號。

驅動程式使系統的其餘部分和特定設備的特異性隔絕開來：某種設備（例如鍵盤）具有作業系統關切的基本特性與操作，驅動程式介面讓作業系統以一種統一的方式存取設備，以便易於切換設備。

以印表機為例，作業系統想要做出標準要求：以適用任何一台列印機的一種統一方式，在頁面的這個位置列印此文，繪出這圖像，移到下一頁，敘述你的能力，報告你的狀態等等。但是，各式各樣印表機的能力不同，例如它們是否支援彩色列印、雙面列印、多種紙張規格等等，如何列印於紙張

上的機械運作也不同。一台印表機的驅動程式負責把作業系統的要求轉換成使這台印表機完成任務所需的指令，例如，若這是一台黑白列印機，就必須把彩色轉換成灰階。實際上，作業系統是對一個抽象或理想化的設備做出一般要求，此設備的驅動程式其硬體執行這些要求。若你的電腦連接多台印表機，你就能看出這機制：列印工作的對話框為不同的印表機提供不同的選項。

通用型作業系統將有許多驅動程式，例如，微軟視窗作業系統出貨時已安裝了消費者可能使用的大量各種設備的驅動程式，每一種設備的製造商有一個網站，可供下載新的及更新的驅動程式。

開機程序的一部分是把目前可用的設備的驅動程式載入運行系統中，設備愈多，需要花費的這部分載入時間愈多。新設備突然出現，也很尋常；當一個外接磁碟被插入一個 USB 槽時，作業系統認出這新設備，判定這是一個磁碟，便載入一個 USB 磁碟驅動程式，供後續溝通。通常不需要找一個新的驅動程式，因為機制都是標準化的，作業系統已經有了必要的代碼，而且，設備本身的處理器中已埋有驅動設備的特殊程式。

＜圖表 6-5 ＞繪出作業系統、系統呼叫、驅動程式以及應用程式之間的關係，安卓或 iOS 之類的手機系統的這關係圖也相似。

▍6.3 其他作業系統

電子零組件持續變得愈來愈便宜，體積愈來愈小，使得可以在一器材中納入更多硬體，其結果是，許多器材有更強的處理能力與記憶體。把一台數位相機稱為「一台加了鏡頭的電腦」，與事實並不會相差太遠，伴隨處理能力與記憶體的增強，相機的能力不斷增加，我這台不貴的傻瓜相機能錄下高畫質影像，使用 Wi-Fi 上傳相片及影像至電腦或手機上。手機本身也是好例子，當然啦，手機和相機已經合為一體，現今隨便一支手機的百萬像素遠高於我的第一台數位相機，雖然，鏡頭品質是另一回事。

總的來說，其結果是，器材具有愈來愈多第一章談到的主流通用型電腦的元件，它們有一個強大的處理器，大容量的記憶體，以及一些周邊裝置，

圖表6-5　作業系統、系統呼叫，及設備驅動程式介面

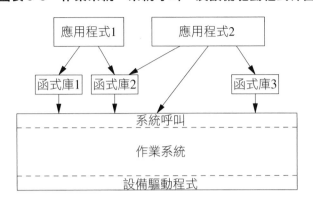

例如相機上的鏡頭及顯示器。它們可能有高端的使用者介面，通常能透過網路連結和其他系統交談——手機使用電話網路及 Wi-Fi，遊戲機使用紅外線及藍牙，許多器材使用 USB 來進行偶爾的隨意網路連結。「物聯網」也是以此為基礎：恆溫器、電燈、保全系統等等，由內建的電腦控制，連結至網際網路。

　　伴隨這種趨勢的持續，使用一種商品化的作業系統，不再自行撰寫作業系統，已經變得更合理了。除非是不尋常的環境，否則，使用精簡版本的 Linux 作業系統更為容易，也更便宜，這種作業系統堅實、可改寫、輕便且免費，不需要開發自家專門的作業系統或花大錢取得一種商業性質作業系統的授權。不過，這麼做的一個缺點是，可能必須在 GPL 之類的授權條款下，釋出一些程式碼，這可能引發如何保護器材內的智慧財產的問題，但Kindle、替您錄，及許多其他例子顯示，這並不是不能克服的問題。

6.4 檔案系統

　　檔案系統是作業系統的一部分，它使得磁碟、CDs 及 DVDs 之類的實體儲存媒體和其他可攜式記憶裝置看起來像資料夾與檔案層級結構形式。檔案系統是邏輯組織與實作有所區別的一個好例子：檔案系統組織及儲存資訊

於許多不同種類的設備上，但作業系統為這些設備全部呈現相同的介面。檔案系統儲存資訊的方式可能有實務及法律的含義，因此，學習檔案系統的另一個理由是要了解何以「移除一個檔案」並不意味著此檔案的內容就此永久消除了。

多數讀者應該使用過視窗作業系統的檔案瀏覽器（File Explorer）或macOS的訪達（Finder），它們顯示從上到下的層級（例如，C: drive on Windows）。一個**資料夾**（folder）中含有其他資料夾及檔案的名稱，檢視一個資料夾將顯示更多的資料夾及檔案（Unix系統向來使用「**目錄**」（directory）這個詞，而非「資料夾」）。資料夾提供組織結構，檔案則是含有實際的文件內容、相片、音樂、試算表、網頁等等，你的電腦持有的所有資訊儲存於檔案系統，翻找一下，就能找到你要的資訊，這不僅包含你的資料，還有可執行形式的程式如Word和Chrome、函式庫、組態資訊（configuration information）、器材驅動程式、以及構成作業系統本身的檔案。檔案系統裡的資訊量多到驚人，我很驚訝地發現，我那普通的MacBook中有超過900,000個檔案，我的一位朋友說，他的一台視窗電腦中有超過800,000個檔案。＜圖表6-6＞顯示我的電腦上的檔案系統五個層級的一部分，由上層層而下，最終抵達我的家庭目錄中的相片。

儘管取了Finder和File Explorer這兩個名稱，它們最好用的情況是當你已經知道你的檔案在何處：你可以在檔案系統的層級中從上而下地查

圖表6-6　檔案系統層級

找。但若你不知道一個檔案位於何處，你可能需要使用一個搜尋工具，例如macOS 的「Spotlight」。

檔案系統管理所有資訊，方便應用程式及作業系統的其餘部分讀取和寫入。它協調存取作業，確保有效率地執行，不會彼此干擾；它記錄資料的實際位置，確保各項資料區分開來，以免你的部分電子郵件莫名其妙地跑到你的試算表或納稅申報表中。在支援多個使用者的檔案系統中，它實行資訊隱私與安全，不能讓一個使用者在無權限下存取另一個使用者的檔案，它也可能對每個使用者能用的空間量實施配額制。

在最低層級，可以透過系統呼叫請求檔案系統服務，通常是由軟體函式庫增補，以使一般的運算易於編程。

6.4.1 輔助儲存器檔案系統

檔案系統是如何讓廣泛的各種實體系統以統一的邏輯形式——資料夾與檔案層級結構形式——呈現的一個好例子，它是如何運作的呢？

一個 500 GB 的磁碟有 5,000 億位元組，但磁碟本身的軟體可能以 5 億個**區塊**（chunks 或 blocks）形式呈現，每個區塊有 1,000 位元組（在真實的電腦裡，這些大小將是 2 的冪次，我在此使用十進數，以便更容易看出關係）。一個 2,500 位元組的檔案，例如一封小郵件訊息，將以三個這樣的區塊儲存——兩個區塊太小，三個區塊足夠。

檔案系統不會把兩個不同檔案的位元組儲存於同一個區塊裡，因此，前述那個檔案使用的三個區塊中有一個區塊未完全填滿，最後一個區塊還餘有 500 位元組，形成浪費。不過，以簡化簿記作業的效能來看，這浪費不算太大代價，何況輔助儲存器如此便宜。

這個檔案的資料夾描述項（folder entry）將包含其名稱、其大小（2,500 位元組）、此檔案創造或修改的日期與時間，以及有關於它的其他各種事實（權限、類型等等，視作業系統而定）。透過 File Explorer 或 Finder 程式，就能看到這些資訊。

此檔案的資料夾描述項也包含有關於此檔案儲存於磁碟的何處的資

訊——5 億個區塊中的哪些區塊含有其位元組。有許多不同方式可以管理這位址資訊：資料夾描述項可以含有一份區塊編號清單；或者，它可以指出本身含有一份區塊編號清單的一個區塊；或者，它可以含有第一個區塊的編號，再由這區塊提供第二個區塊的編號，依此類推。

　　＜圖表 6-7＞顯示指出區塊清單的那些區塊的組織情形，一個傳統的硬碟看起來可能就是這模樣。儲存一個檔案的多個區塊未必在硬碟上彼此比鄰，事實上，它們通常不會比鄰，尤其是就大檔案而言，一個有百萬位元組的檔案將佔據 1,000 個區塊，這些區塊必然是某種程度地分散。資料夾及區塊清單本身儲存於相同的磁碟上，唯＜圖表 6-7＞沒有顯示這個。

圖表 6-7　一個硬碟上的檔案系統組織

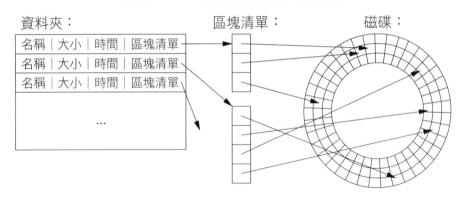

　　固態硬碟（SSD）的實作將非常不同，但基本概念相同。如前文所述，現今的多數電腦使用固態硬碟，雖然它們每個位元組較貴，但體積較小，且可靠性更高，重量更輕，耗電量較低。從 File Explorer 或 Finder 程式的角度來看，沒有什麼差別，但一個使用固態硬碟的設備將有一個不同的驅動程式，而且，設備本身必須有複雜的程式去記住資訊在器材上的位址。這是因為使用固態硬碟的設備受限於硬碟每個區塊可被抹寫的次數，硬碟的軟體追蹤記錄每一個區塊被用了多少次，並且把資料移動以確保每個區塊的使用量大致相同，這程序被稱為「**磨損均衡**」（wear leveling）。

一個資料夾本身就是一個檔案，內含有關於其他資料夾與檔案位於何處的資訊。由於有關於檔案內容與組織的資訊必須完全正確且一貫，檔案系統把管理及維護資料夾內容的權限保留給自己，使用者及應用程式只能藉由對檔案系統做出請求，間接地改變資料夾內容。

從某個角度來看，資料夾**就是**檔案，它們的儲存方式沒什麼區別，只不過，檔案系統全權負責管理資料夾內容，應用程式不能直接修改改變它們。但除此之外，資料夾只不過存在區塊裡，全由相同的機制管理。

當一個程式想存取一個既有檔案時，檔案系統必須從檔案系統層級結構的根源開始搜尋此檔案，尋找相應的資料夾中檔案路徑名稱的每一個成分。例如，若這檔案是一台麥金塔電腦（Mac）上的 /Users/bwk/book/book.txt，檔案系統將從檔案系統的根源搜尋 Users，接著在這資料夾中搜尋 bwk，繼而在這資料夾中搜尋 book，接著在其中搜尋 book.txt。在微軟視窗電腦上，這檔案路徑名稱可能是 C:\My Documents\book\book.txt，其搜尋程序相似。

這是一種有效率的策略，因為路徑的每個成分把搜尋範圍縮小至這個資料夾中的檔案與資料夾，過濾掉不相干的部分。於是，多個檔案的路徑可能有相同成分的相同名稱，唯一的要求是，整個路徑名稱是獨一無二的。實際上，程式及作業系統追蹤記錄目前正在使用中的資料夾，因此，搜尋不需要每次都從根源開始，此外，系統也快取經常使用的資料夾，以加快作業。

當一個程式想創造一個新檔案時，它向檔案系統做出一個請求，在適當的資料夾中建立一個新條目，包括名稱、日期等等，以及一個為零的檔案大小（因為還沒有區塊分配給這個全新的檔案）。當程式在稍後於這個新檔案中寫入資料時（例如附加一封郵件訊息的文本），檔案系統找到足夠的目前未使用的情況（或稱空閒區塊）去容納請求的資訊，把資料拷貝到區塊裡，把它們插入資料夾的區塊清單中，然後返回應用程式。

由此可以看出，檔案系統維持一份所有磁碟上目前未使用的區塊（亦即不是某個檔案佔用的區塊）的清單，當需要一個新區塊的請求到來時，就能從空閒區塊清單中選取區塊以滿足請求。檔案系統區塊中也有這份空閒區塊

清單，但只有作業系統能取得此清單，應用程式不能。

6.4.2 移除檔案

當一個檔案被移除時，發生的情形正好相反：這個檔案的區塊回到空閒區塊清單上，資料夾中的這個檔案的資料夾條目（folder entry）可能被清除，因此，看起來已經沒有這個檔案了。其實不然，這其中有一些有趣的含義。

在視窗電腦或 macOS 上移除一個檔案時，它進入「資源回收桶」（Recycle Bin）或「垃圾桶」（Trash），資源回收桶或垃圾桶看起來不過是另一個資料夾，只是屬性有些不同罷了。事實上，這就是資源回收桶的用途，當一個檔案被移除時，它的資料夾條目及整個名稱從目前的資料夾移到名為「資源回收桶」或「垃圾桶」的資料夾，原本的資料夾條目被清除，因此，檔案的區塊及內容完全未改變！從資源回收桶中把這個檔案還原時，整個程序就倒反，這個條目回到用來的資料夾中。

「清理資源回收桶」比較像我們原來描述的情形，資源回收桶或垃圾桶中的資料夾條目被清除，檔案使用的區塊真的被加回空閒區塊清單上。不論是你主動去清理資源回收桶，或是檔案系統知道它的空閒空間低了而默默地清理資源回收桶，都是相同的這個過程。

設若你主動去清理，點擊「清理資源回收桶」或「清理垃圾桶」，這將清除資源回收桶這個資料夾中的條目，讓區塊回到空閒區塊清單上，但它們的內容還未被刪除——原始檔案的中每個區塊的所有位元組仍然原地不動。直到檔案系統把空閒區塊清單上的這區塊分派給一個新檔案後，它上面的原內容才會被新內容覆寫。

這種延遲意味的是，你以為已經被移除的資訊，其實還存在，知道如何找到它的人將可以取得它。任何直接去讀取磁碟上實體區塊（亦即不經過檔案系統層級結構）的程式，可以看到區塊上的舊內容，微軟公司在 2020 年中推出視窗檔案修復（Windows File Recovery）工具，這項免費工具就是為各種檔案系統及媒體做這種復原。[61]

　　這有潛在的益處，若你的磁碟出了問題，就算檔案系統一團糟，仍然有可能修復資訊。但是，不能保證你移除的資料真的已經消失了，若你真的想移除資訊（可能是因為這資訊是隱私，或你在計畫什麼邪惡行動），那就糟糕了，一個 IT 技術優異的敵人或執法機構能夠還原此資訊。若你在計畫邪惡行動，或你只是個偏執狂，你必須使用一種能把回到空閒區塊清單上的區塊中的內容清除的程式。

　　實際上，你可能必須知道更保險的做法，因為就算區塊上的舊資訊被新資訊覆寫了，一個擁有大量資源的、非常專業的敵人可能也追查得到舊資訊。軍事級的檔案抹除程式以 1 及 0 的隨機型態覆寫區塊多次，更好的做法是把硬碟放置於靠近一個強大的磁鐵，讓它消磁。當然，最好的辦法就是摧毀其實體，這是確保徹底消除內容的唯一途徑。

　　不過，就連這也可能不夠——若你的資料被時時自動備份（我工作時就這麼做），或你的檔案被儲存於一個網路檔案系統或「雲端」的某處，而非儲存於你自己的磁碟上的話（若你賣掉或送走一台舊電腦或一支舊手機，你得確定它裡頭的任何資料是無法被復原的）。

　　資料夾條目本身的情形也相似，當你移除一個檔案時，檔案系統將標記這個資料夾條目不再指向一個有效檔案，其做法是在這資料夾中置入一個位元，意指「這條目未被使用」。這麼一來，在這檔案條目本身被重新使用之前，就有可能把該檔案的原始資訊復原，包括還未被重新分派給新檔案的那些區塊上的原內容。1980 年代的微軟 MS-DOS 系統的檔案修復工具（非免費）的核心就是使用這個機制，把檔案名稱的第一個字符設定為一個特殊值，以此標記空閒而可被重新使用的條目，這麼一來，如果用戶要很快復原被移除檔案，做起來就很容易。

　　檔案內容創作者做了刪除檔案後，以為已經清除了這些內容，但實際上，它們可能還續存滿長的時間，這個事實對於發現及檔案保存之類的法律程序有重要含義。舉例而言，陳年電子郵件的出現而造成難堪或被控告的情事很常見。若記錄只存在於紙本上，至少有機會謹慎地碎掉這些紙本，摧毀所有影本，但數位記錄增生，可以輕易地拷貝到可攜式設備上，可以被藏在

許多地方。上網搜尋「emails reveal」或「leaked emails」之類的關鍵字，看看得出的結果，你應該就會很審慎於你在電子郵件中說些什麼，事實上，你應該會審慎於你在電腦中記錄的任何資訊。[62]

6.4.3 其他檔案系統

前文討論輔助儲存器上的檔案系統，因為那是許多資訊儲存的地方，是我們最常在我們自己的電腦上看到的情形。但是，檔案系統的抽象概念也應用於其他媒體。

CD-ROMs 和 DVDs 上的資訊存取看起來就像一個使用資料夾與檔案層級式結構的檔案系統，現在，到處可見 USB 及 SD 卡（參見＜圖表6-8＞）上的快閃記憶體檔案系統。把一個隨身碟插入視窗電腦時，這隨身碟就像這電腦的另一個硬碟，我們可以用 File Explorer 去查找它裡頭的檔案，讀寫那些檔案的方式完全就像它們是儲存於這電腦的硬碟裡，唯一的差別是，這隨身碟的容量可能較小，存取速度可能稍慢一點。

若把這隨身碟插入一台 Mac，它也會以一個資料夾的形式呈現，可以用 Finder 查找，可以把其中的檔案來來回回移動。這隨身碟也可以插入 Unix 或 Linux 作業系統的電腦，隨身碟裡的檔案也會出現於這些電腦的檔案系統中。軟體使得這實體設備（此例中的隨身碟）在各種作業系統中看起來像一個檔案系統，有相同的資料夾與檔案層級結構抽象概念，其內部組織可能是一個微軟的 FAT 檔案系統（這是被廣為使用的**業界**標準），但我們無法確知，也不需要知道〔FAT 是「File Allocation Table」（檔案配置表）的

圖表6-8　SD卡快閃記憶體

縮寫，不是對實作品質的一個評論〕。抽象概念是一個理想，硬體介面與軟體結構的標準化使它得以實現。

我的第一台數位相機把相片儲存於一個內部檔案系統，我必須把相機連接到一台電腦上，使用專有軟體去檢索它們。後來，每台相機有一張可攜式SD記憶卡，就像＜圖表 6-8 ＞顯示的那種 SD 卡，我可以從相機上取下這SD卡，插入電腦中，把 SD 卡儲存的相片上傳至電腦，這比以前要快得多，還有另一個意料之外的好處——我不需再忍受相機製造商那極不靈巧且特立獨行的軟體。一個熟悉且統一的標準軟體介面取代了笨拙且特立獨行的軟體及硬體，我猜想，那個製造商也樂得不再需要提供專門的檔案轉移軟體。

值得在此一提相同概念的另一個版本：網路檔案系統（network file system），這在學校和商界很普遍。軟體使我們能夠在其他電腦上存取檔案系統，就像在我們自己的電腦上做此事一樣，也是使用 File Explorer、Finder 或其他程式來存取資訊。遠端電腦上的檔案系統可能是同類型（例如，都是視窗電腦），也可能是另一種類型（例如 macOS 或 Linux 系統的電腦），但跟快閃記憶體器材一樣，軟體把差異性隱藏起來，呈現一個統一的介面，使它在我們自己的電腦上看起來就像一個普通的檔案系統。

網路檔案系統常被用於備份或主要的檔案儲存，檔案的多個較舊的拷貝可被複製到另一個地點的存檔媒體上，這可以對潛在的災難起到保護作用，例如當遭到勒索軟體攻擊時，或是火災摧毀了重要記錄的唯一副本時。一些磁碟系統也仰賴一種名為「獨立磁碟冗餘陣列」〔Redundant Array of Independent Disks，RAID，簡稱「磁碟陣列」（Disk Array）〕的方法，用糾錯演算法，把資料寫在多個磁碟上，縱使其中一個磁碟出了問題，也能復原資訊。當然，這類系統也增加了資訊的所有足跡被抹除的難度。

我們將在第十一章進一步討論的雲端運算系統有一些相同的特性，但雲端運算系統通常不以檔案系統介面來呈現其內容。

6.5 應用程式

「應用程式」（Application）這個名詞是一種統稱，表示使用作業系統作為一個平台來執行一些工作的所有種類的程式或軟體系統。一個應用程式可能很小，也可能很大；可能專注於做一件特定的工作，也可能處理廣泛的工作；可能被販售，也可能是免費的；可能是高度專有的軟體，或免費提供的開放源碼軟體，或是不受限制。

應用程式有各種不同規模，從只做一件事的小型自足程式，到能夠做許多作業的大程式，例如 Word 或 Photoshop。

名為「date」的 Unix 程式就是一種簡單的應用程式，它列印目前的日期與時間：

```
$ date
Fri Nov 27 16:50:00 EST 2020
```

在包括 macOS 在內的類 Unix 系統上，這個 date 程式以相同方式行為，在視窗系統中，其行為也相似。這個 date 程式的實作很小，因為它使用一個以內部格式提供目前日期與時間的系統呼叫（time），以及把日期格式化（ctime）以及把文字列印出來（printf）的函式庫。以下是用 C 語言的完整實作，你可以看出它有多短：

```c
#include <stdio.h>
#include <time.h>
int main() {
    time_t t = time(0);
    printf("%s", ctime(&t));
    return 0;
}
```

Unix 系統有一個名為「ls」的程式，在目錄中列出檔案及資料夾，它就像 Windows File Explorer 及 macOS Finder 之類程式的純文字陽春版。其他程式則是複製檔案、移動檔案、為檔案重新命名等等（在 File Explorer 及 Finder 中有圖形版的這類運算），這些程式也是使用系統呼叫去存取資料夾中的基本資訊，並仰賴函式庫去讀、寫、格式化及顯示資訊。

像 Word 這樣的應用程式就遠比瀏覽檔案系統的程式大很多。它顯然得包含某種相同類型的檔案系統程式，使用者才能開啟檔案，閱讀檔案中的內容，把文件儲存於檔案系統裡。它包含精密的演算法，例如隨著文本的變化，持續更新顯示內容。它支援一個複雜的使用者介面，用以顯示資訊，提供調整字體大小、字型、版面編排等等，這可能是此程式的一個主要部分。Word 和其他具有可觀商業價值的大程式歷經持續的演進，增添新性能，我不知道 Word 的原始碼有多大，但若說它有 1,000 萬行 C 語言、C++ 及其他程式語言，我完全不會感到驚訝，尤其是若你把視窗、Mac、手機及瀏覽器的各種 Word 版包含在內的話。

瀏覽器是某些面向更加複雜的大型、免費、有時是開放源碼的應用程式的一個好例子，你一定使用過 Firefox、Safari、Edge 或 Chrome 當中的至少一種，許多人經常使用幾種瀏覽器。有關於網路及瀏覽器如何取得資訊，第十章將有更多討論，現下，我想聚焦於大而複雜的程式的概念。

自外來看，一個瀏覽器向網頁伺服器發出請求，從網頁伺服器檢索資訊，把這些資訊顯示於螢幕上。複雜性何在？

首先，瀏覽器必須處理**非同步**（asynchronous）事件，亦即在無法預測的時間發生、且不以特定順序發生的事件。舉例而言，因為你點擊了一個鏈結，瀏覽器便向網頁伺服器發出檢索一個網頁的請求，但它不能只是就此等候伺服器的回應，必須保持敏捷的回應力，因為你可能在點擊了那個鏈結後，又把螢幕上目前顯示的這網頁向下捲動，或者，你可能又點擊了返回鍵，或點擊另一個鏈結，於是，瀏覽器得馬上中止它前面提出的那個請求──甚至可能是在伺服器已經送出那個網頁的途中，把它中止。若你改變視窗的形狀，或許還隨著資料的到來，持續來來回回地改變視窗的現狀，瀏

覽器必須回應你的這些動作,更新顯示的畫面。若一網頁的內容包含聲音或影片,瀏覽器也必須管理這些。為非同步系統編程,本來就是難事,更何況,瀏覽器必須處理大量的非同步事件。

　　瀏覽器必須支援許多種類的內容,從靜態的文本,到想要改變頁面內容的互動式程式。這其中有一些可以委任給助手程式(helper programs)——PDF 及影片之類的標準格式都是採取這種做法,但瀏覽器必須提供啟動這類助手程式的機制,向它們發出資料與請求,接收來自它們的資料與請求,並且把這些資料與請求整合起來,顯示於螢幕。

　　瀏覽器管理多個標籤及(或)多個視窗,它們每一個可能執行上述運算中的某個(某些),瀏覽器保存每一個運算的歷史記錄,以及其他的資料如書籤、我的最愛等等。它從本機檔案系統中存取上傳內容、下載內容,及快取影像。

　　瀏覽器提供一個平台,以供幾個層面的延伸擴充:QuickTime 之類的外掛程式(plug-ins),一個 JavaScript 的虛擬機,Adblock Plus 及 Ghostery 之類的擴充套件(add-ons)。檯面下,它必須在多種作業系統的多個版本上運作,包括行動器材的作業系統。

　　有如此複雜的程式,瀏覽器很容易因為它本身的實作或它賦能的種種程式中的漏洞,以及使用者的無知、疏忽及不明智行為而遭到攻擊,多數使用者(本書讀者自然不在此列)幾乎完全不了解怎麼回事或可能存在什麼風險。瀏覽器是一件不簡單的事。

　　回顧這一節內容,你是否想到了什麼?一個瀏覽器相似於一套作業系統,它管理資源,它控管與協調同時發生的活動,它從多個用途存取資訊,它提供一個讓應用程式運行的平台。

　　多年來,似乎看起來應該有可能把瀏覽器當成作業系統來使用,因而獨立於控管硬體的作業系統之外。一、二十年前,這是個不錯的概念,但實務上的障礙太多。如今,這已是個可行的選擇,現在,人們已經可以只經由一個瀏覽器介面取得無數的服務——電子郵件、行事曆、音樂、影片及社交網路是明顯的例子,這種發展趨勢將持續。谷歌推出一種名為「Chrome

OS」的作業系統，主要仰賴網路型服務，Chromebook 是搭載 Chrome OS 的電腦，它只有有限的本機儲存空間，大部分資訊儲存於網路上，而且，它只跑瀏覽器型應用程式，例如谷歌文件（Google Docs）。第十一章討論雲端運算時，我們將重返這個主題。

▌6.6 軟體分層

跟電腦運算領域中的許多其他東西一樣，軟體也是分層結構（就像地質層的結構），以區分不同的關注點。分層結構（layering）是幫助程式設計師應付及管理複雜性的重要概念之一，每一層做不同的事，並提供一個讓上面那層能用以存取服務的抽象概念。

最底層是硬體（雖然討論的是軟體分層，但幫助說明，這裡把硬體視為最底層），它大致上是不變的，但匯流排讓我們在系統運轉中也能夠增加或移除器材。

往上一層是作業系統，常被稱為「**核心**」（kernel），顯示其核心功能。作業系統是介於硬體和應用程式之間的層級，不論是什麼硬體，作業系統能夠把硬體的特定屬性隱藏起來，向應用程式提供一個看起來與此硬體的許多屬性細節無關的介面或外表。若這介面設計得很好，同一個作業系統介面可以讓不同供應商供應的不同種類處理器使用。

Unix 和 Linux 作業系統介面就是例子——Unix 和 Linux 在各種處理器上運行，在每一種處理器上提供相同的作業系統服務。其實，作業系統已經變成了一種商品化的東西——基本的硬體已無關緊要，只是價格與性能不同罷了，不論什麼硬體，軟體都能在其上頭運轉（例如，我經常交替使用 Unix 和 Liunx，因為就多數用途來說，兩者的差別無關緊要）。把一個程式移到一個新的處理器上，只需要小心地用一個合適的編譯器去編譯這程式就行了。當然啦，一個程式愈是和一特定硬體的屬性緊密關聯，就愈難把此程式轉換至別種硬體上作業，但許多程式都非常能夠做到這種轉換。

這裡舉一個大規模的例子：2005 年至 2006 年間，蘋果公司用不到

一年的時間就把它的軟體從 IBM PowerPC 處理器轉換成英特爾處理器。2020 年年中,蘋果公司宣布要再做相同的事,讓它的所有手機、平板及電腦從英特爾處理器轉換成 ARM 處理器。這個例子再一次展示軟體可以如何大致上獨立於特定的處理器架構之外。

但微軟視窗的這種傾向程度就比較低,自 1978 年的英特爾 8086,乃至其後歷經的許多演進階段,多年來,視窗一直相當緊密地和英特爾處理器架構關聯(英特爾的處理器系列常被稱為「x86」,因為多年來,英特爾處理器的名稱都是以「86」這數字為結尾,例如 80286、80386、80486)。這種關聯性緊密到使得使用英特爾處理器的視窗電腦有時被稱為「Wintel」。不過,現在也有視窗電腦使用 ARM 處理器。[63]

作業系統再往上一層是一群函式庫,提供通用的服務,讓個別程式設計師不需再重新創造它們,程式設計師可以透過應用程式介面(APIs)來取用這些服務。一些函式庫提供低階的子程式,處理基本功能(運算數學函式,例如平方根或對數,或是日期與時間的運算,例如前文中的 date 指令);其他函式庫遠遠更複雜(密碼術、圖形、壓縮等等)。圖形使用者介面(Graphical User Interface)的元件——對話框、選單、按鍵、勾選框、捲軸、含標籤窗格等等——涉及大量程式碼,一旦它們被收集到一個函式庫裡,任何人都能使用它們,這也幫助確保有統一的外觀與感覺。這也是多數視窗應用程式(或至少它們的基礎圖形元件)看起來如此相似的原因,麥金塔應用程式也一樣,而且更甚。若多數軟體開發商都得重新設計與重新實作,工作量就太多了,而且,沒道理去形成不同的視覺外觀,令使用者困惑,所以才會提供可讓程式設計師取用的函式庫。

有時候,核心(作業系統)、函式庫及應用程式的區分並不像我所敘述的那麼截然分明,因為創造與連結軟體元件的方法很多。舉例而言,核心(作業系統)可能提供較少的服務,仰賴它上一層的函式庫去做大部分的工作。或者,核心可能做更多工作,較少倚賴函式庫。作業系統和應用程式之間的分界也不是那麼分明。

那麼,區分線是什麼?一個有用、但非完美的準則是:凡是為了確保一

種應用程式不干擾另一種應用程式而必須做的事，都屬於作業系統的分內事。記憶體的管理——當程式要運行時，決定把它們放在隨機存取記憶體（RAM）的何處，這是作業系統的工作之一。同理，檔案系統——在輔助儲存器的何處儲存這資訊，也是一項核心功能。控管器材——不應該同時讓兩種應用程式去運行列印機，也不能讓兩種應用程式在未經協調之下去寫入於顯示器上，這也是作業系統的工作。在核心，控管處理器是作業系統的功能，因為這是確保所有其他屬性的必要工作。

　　瀏覽器就不屬於作業系統的一部分，因為電腦可以跑任何一種瀏覽器，或是同時跑多種瀏覽器而不會妨礙共享資源或控管。有人可能會覺得這聽起來像是純技術性的東西，其實不然，它有重要的法律牽連。始於 1998 年、終於 2011 年的「美國司法部 vs. 微軟反托拉斯訴訟案」，有部分爭議涉及微軟的 IE 瀏覽器究竟是作業系統的一部分，抑或只是一個應用程式。若如同微軟公司所主張的，IE 瀏覽器是作業系統的一部分，那麼，就不能合理地把它從作業系統中移除，微軟有權要求必須在其視窗作業系統中使用 IE 瀏覽器。但若瀏覽器只是一種應用程式，微軟若強制要求他人在其作業系統中使用 IE 瀏覽器，那就是違法行為。當然，此訴訟案要複雜得多，但有關於在何處劃分此分界的爭議十分重要。順便一提，法院最終判決瀏覽器是一個應用程式，不是作業系統的一部分；套用法官湯瑪斯・傑克遜（Thomas Jackson）的話：「網頁瀏覽器與作業系統是兩個區分的產品。」[64]

▎6.7 本章總結

　　應用程式執行並完成工作，而作業系統扮演協調者暨交通警察的角色，確保應用程式有效率且公平地分享資源——處理器時間、記憶體、輔助儲存器、網路連結、其他器材等等，並且應用程式彼此間互不干擾。基本上，現今的所有電腦都有一套作業系統，發展趨勢正朝向使用 Linux 之類的通用型作業系統，而非使用專門型作業系統，因為除非有不尋常的情況，否則，使用既有程式比撰寫新程式更為容易且更便宜。

　　本章的很多內容是從個人消費者的應用程式來討論，但許多大型的軟體系統是其多數使用者看不到的，這些包括運轉電話網路、電力網、運輸服務之類基礎設施，以及金融與銀行系統的程式。飛機與空中交通控管、車輛、醫療器材、武器等等，全都由大型軟體系統來運轉。事實上，我們現今使用的任何重要技術中，難以想到有哪一個不含有一個重要的軟體元件。

　　軟體系統大且複雜，往往也有許多漏洞，經常的異動使這一切變得更糟。我們難以正確估計任何一個大軟體系統有多少行程式，但我們仰賴的重要軟體系統通常起碼有幾百萬行程式，因此難免有可被利用的重大漏洞。伴隨我們的軟體系統變得愈加複雜，這種情況可能變得更糟，而非更好。

第 7 章

學習如何編程

「別只是玩你的手機，要學會編程它！」

——美國總統歐巴馬（Barack Obama），2013 年 12 月 [65]

　　我在開設的課程中教少量的編程，因為我認為，一個見多識廣的人應該對編程有所了解，只不過，有時候，縱使是簡單的程式，要讓其正確地運行，也可能極其困難。為了教這編程課而和電腦纏鬥，真是累人，但在初次看到一個程式正確執行工作時，能帶給人美妙的成就感。有足夠的編程經驗的另外一個好處是，當有人說編程很容易時，或是有人說一個程式裡沒有錯誤時，你會審慎看待這些說詞。若你曾經奮鬥了一天也難以讓十行的程式運轉，當某人聲稱他（她）能準時交出一百萬行的程式且完全沒有錯誤時，你或許就能合理地懷疑他（她）在吹噓。另一方面，有時候——例如雇用一個顧問時，知道也不是所有編程工作都那麼難，這也滿有用處。

　　程式語言的種類不計其數，你首先該學哪一種？若你想聽從歐巴馬總統的規勸，為你的手機編程，安卓手機需要 Java，iPhone 需要 Swift，新手都能學這兩種程式語言，但是日常使用的話就不適合，況且，手機的編程涉及很多細節。麻省理工學院開發的視覺型編程系統 Scratch 特別適合孩童，但它不適合更大或更複雜的程式。

　　本章探討兩種程式語言：JavaScript 及 Python。這兩種程式語言被業餘及專業程式設計師廣為使用，新手易於學習，也能用於撰寫較大的程式，可應用性也廣。

　　JavaScript 存在每一種瀏覽器內，因此，你不需要下載任何軟體到你自己的電腦上，若你撰寫了一個程式，你可以在自己的網頁來向親友展示它。

這種程式語言本身相當簡單，就算沒什麼經驗，也容易上手，而且，它的彈性很大。幾乎每個網頁都包含一些 JavaScript 程式，在一個瀏覽器內檢視網頁原始碼，就能看到這程式，只不過，你得閱讀一些選單，才能找到正確項，瀏覽器往往把它搞得較難以找到它們，其實應該不必這麼難的。許多網頁效果是用 JavaScript 做到的，包括谷歌文件（Google Docs）及其他類似的軟體程式，而推特、臉書、亞馬遜等等網路服務提供的應用程式介面（APIs），也使用 JavaScript 程式語言。

　　JavaScript 也有缺點。這種程式語言的某些部分使用起來不便，還有一些出乎意料的行為。瀏覽器介面的標準化不盡理想，因此，程式在不同的瀏覽器上的運行方式未必相同。不過，就我們在此討論的層級來說，這不是個問題，甚至對專業程式設計師而言，這方面的問題也一直持續改進中。

　　JavaScript 程式通常被用來作為一個網頁的一部分程式，但非瀏覽器的用途也漸漸增加。當你以一個瀏覽器作為主機來撰寫 JavaScript 程式時，你必須學少量的超文本標記語言（Hypertext Markup Language，HTML），這是用以敘述一個網頁的版面配置（內容及格式等等）的語言（第十章將稍稍討論到這個）。儘管有這些小缺點，學點 JavaScript 仍然是很值得的。

　　本章探討的另一種程式語言是 Python，它非常適用於廣泛潛在應用領域的日常編程，過去幾年，Python 已經成為編程入門課程及資料科學與機器學習專門課程中傳授的一種標準程式語言。雖然，你將通常在自己的電腦上跑 Python 程式，但現在已有網站讓你能使用 Python 程式來建立一個網路服務，因此不需要下載任何東西到你的電腦上，也不需要學習如何使用一個命令行介面（command-line interface）。若要我開課教想學習第一種程式語言的人如何編程，我會使用 Python。

　　使用本章教材，做些嘗試，你可以學會如何編程——至少學會基礎水準的編程，這是有必要掌握的一項技能。你在本章學到的知識可以運用於其他程式語言，使你更容易學習它們。若你想更深入，或看看有關於這兩種程式語言的其他技能，你可以上網搜尋 JavaScript 或 Python 教學，你將會發現一長串提供幫助的網站，包括程式學院（Codecademy）、可汗學院（Khan

Academy）、網頁開發教學平台 W3Schools，教導純新手如何編程。

話雖如此，你仍然可以略過本章，或忽略本章中的程式語法細節，不會影響你繼續閱讀本書後文。

7.1 程式語言的概念

所有程式語言具有一些共通的基本概念，因為這些基本概念都是用來表述一個運算的序列步驟的符號。因此，每一種程式語言提供如何讀取輸入資料、做演算、在運算過程中去儲存與檢索中間值、根據先前運算結果來決定下一步、在過程中展示結果，以及在結束運算時儲存結果的方法。

程式語言有**語法**（syntax），亦即定義什麼文法正確、什麼文法不正確的規則。程式語言對文法很挑剔：你必須說得正確，不然就會引起抱怨。程式語言也有**語義**（semantics），亦即周延定義你用此程式語言說的所有元素的含義。

理論上，一個特定程式是否語法正確，若是，其含義是什麼，這些都應該很明確，毫不含糊不明。可惜，這個理想並非總能達到。程式語言通常是用文字來定義的，跟任何使用自然語言來表述的文件一樣，定義可能有不明確之處，因此可以有不同的解讀。此外，實作者可能犯錯，程式語言也與時俱進。在不同的瀏覽器上，JavaScript 的實作有所不同，甚至在同款瀏覽器的不同版本上也多多少少有所差異。同樣地，Python 有兩個版本，大致相容，但仍然有足夠的差異性而引人惱怒，所幸，版本 2 已經漸漸被版本 3 取代，此問題將不復存在。

多數程式語言有三個層面，第一個層面是語言本身：告訴電腦去做演算、檢查條件，及重複運算的述句。第二個層面是別人已經寫好的程式的函式庫，你可以在你的程式中使用它們，這些是已經寫好的程式碼，你不需要自己寫，典型的例子包括數學函式、行事曆運算、搜尋與操作文本的函式。第三個層面是進入程式運行的環境的管道，在一個瀏覽器上運行的 JavaScript 程式可以取得來自一使用者的輸入，對事件（例如使用者按下按鍵或在一表

單中輸入）做出反應，以及讓瀏覽器得以展示不同的內容或前往不同的網頁。一個 Python 程式可以在它運行的電腦上存取檔案系統，這是在一瀏覽器上運行的 JavaScript 程式不被允許做的事。

7.2 JavaScript 程式的第一個例子

我先談 JavaScript 的編程，再談 Python。在 JavaScript 這個部分討論的概念將使你更容易閱讀 Python 那幾節的內容，但你也可以倒反順序，先閱讀 Python 的部分。通常，學了一種程式語言之後，再學別的程式語言時就會更容易，因為你已經了解概念，只需再學新的語法。

這裡教的第一個 JavaScript 程式很小：在載入一網頁時，彈出一個對話框說「Hello, world」。這是使用 HTML 的完整網頁──第十章探討全球資訊網時，將會談到這個，現下，我們聚焦介於 <script> 和 </script> 這兩行之間、用粗體字凸顯的那一行 JavaScript 程式碼。

```
<html>
    <body>
        <script>
            alert("Hello, world");
        </script>
    </body>
</html>
```

若你把這七行程式放進一個名為「hello.html」的檔案裡，把這檔案載入你的瀏覽器，你將看到像<圖表 7-1 >中的那些結果之一。

<圖表 7-1 >中有四種結果的圖像，這些是 macOS 上的四種瀏覽器──Firefox、Chrome、Edge、Safari──分別得出的結果，你可以看到，相同的程式在不同的瀏覽器上可能有不同的行為。注意到在 Safari 瀏覽器上

顯示了「Close」，但不是以按鍵形式展示；Edge 和 Chrome 展示的結果近乎一模一樣，因為 Edge 是建立於 Chrome 的實作上。

圖表 7-1　macOS 上的 Firefox、Chrome、Edge 及 Safari 這四種瀏覽器顯示的結果

「alert」這個函式是 JavaScript 與瀏覽器互動的函式庫中的函式，它彈出一個對話框，框中顯示兩個引號中的文字，並等候使用者去按 OK 或 Close。順便一提，當你撰寫自己的 JavaScript 程式時，你必須使用標準雙引號「"」，不能使用一般文本中看到的「時髦引號」（smart quotes）──「"、"」，這是語法規則的一個簡單例子。別使用 Word 之類的文書處理軟體去創造一個 HTML 檔案；使用 Notepad 或 TextEdit 之類

的文本編輯器（text editor），並且把檔案儲存為純文字（plain text，亦即純 ASCII，別把資訊格式化），縱使當你使用的檔案名稱尾有「.html」時也一樣。

一旦你的這個簡單程式例子正確運行後，你就可以把它延伸去做更有趣的運算。後文的程式中，我將不再寫 HTML 的部分，只寫 JavaScript 程式的部分，亦即介於 <script> 和 </script> 這兩行之間的程式碼。

7.3 JavaScript 程式的第二個例子

第二個 JavaScript 程式詢問使用者的名字，然後顯示一個個人化問候：

```
var username;
username = prompt("What's your name?");
alert("Hello, " + username);
```

這程式有幾個新構成物及它們相應的概念。首先，「var」這個字引入或**宣告**（declare）一個**變數**（variable）；在程式設計中，變數指的是當程式運行時，程式可以在主記憶體中儲存一個值的位址，之所以稱之為變數，係因為這個值可能因為程式運算結果而改變。「宣告一個變數」相當於我們在前文的 Toy 組合語言中「對一個記憶體位址給予一個名稱」的高階語言。可以這樣比喻：宣告就是指出「出場人物表」（dramatis personae）——戲劇中主要角色表列，在此例中，我把變數取名為「username」，這描述了它在此程式中的角色。

其次，這程式使用 JavaScript 函式庫中一個名為「prompt」的函式，相似於「alert」，但彈出一個對話框，要求使用者輸入資料。不論使用者輸入什麼文字，程式把它當成讓「prompt」函式運算的值，這個值被以下這行程式指令指派給「username」這個變數：

```
username = prompt("What's your name?");
```

這行程式指令中的等號「＝」，意指「執行右邊的運算，把結果儲存於左邊那個名稱的變數」，就像前文 Toy 的例子中，把累加器中的值儲存於 Toy 的記憶體。如此解譯等號，是語義的一個例子。這運算被稱為「**指派／指定**」（assignment），等號「＝」並非意指「相等」，而是指「複製一個值」。多數程式語言使用等號來表示「指派」，儘管這可能導致和數學式中的等號產生混淆。

最後，alert 述句中使用了一個加號「＋」：

```
alert("Hello, " + username);
```

這加號把 Hello 這個字（以及一個逗號和一個空格）和使用者提供的名字結合起來。這也可能造成混淆，因為這裡的加號「＋」並非指數字相加，而是指把兩串字符串接（concatenation，並置、並列）。

當你運行這程式時，prompt 函式顯示一個對話框，讓你（使用者）可以輸入東西，如＜圖表 7-2 ＞所示（這是在 Firefox 瀏覽器跑此程式後得出的螢幕顯示）。

若你在這對話框中輸入「Joe」，然後點擊 OK，就會得出如＜圖表 7-3 ＞所示的訊息框。

圖表 7-2　等候使用者輸入資料的對話框

圖表7-3 輸入資料並點擊OK後得出的結果

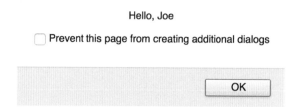

Hello, Joe

☐ Prevent this page from creating additional dialogs

OK

可以很容易地延伸此程式，讓使用者分別輸入名與姓，此外，你還可以嘗試練習很多的其他變數。若你在輸入資料的對話框中輸入「My name is Joe」，程式運算後顯示的結果將是「Hello, My name is Joe」。若你希望電腦更聰明一點，你必須自己編程。

7.4 迴圈與條件述句

＜圖表 5-6 ＞是把一連串數字相加起來的 JavaScript 程式，＜圖表 7-4 ＞再次顯示這程式，省得你回頭去翻找。

這程式讀取數字，直到遇上一個零，然後把總和列印出來。我們已經討論了這程式中的幾個語言功能，如宣告、指派以及 prompt 函式。這程式的

圖表7-4 把數字相加起來的JavaScript程式

```javascript
var num, sum;
sum = 0;
num = prompt("Enter new value, or 0 to end");
while (num != '0') {
    sum = sum + parseInt(num);
    num = prompt("Enter new value, or 0 to end");
}
alert(sum);
```

第一行指令是一個變數宣告——宣告此程式將使用兩個變數 num 及 sum。第二行指令是一個指派述句，把 sum 設定為零；第三行指令把 num 設定為使用者在對話框輸入的值。

這程式中有一個重要的新功能：while 迴圈，這迴圈包含從第四行到第七行的指令。電腦是非常擅長一再重複執行序列指令的好器材，問題是如何用一程式語言來表述這重複動作。前文中的 Toy 語言使用 GOTO 指令來分支去程式的另一處，而不是依序執行下一個指令，而 IFZERO 指令則是指示只有當累加器中的值為零時，才執行這分支動作。

在多數高階語言中，這些概念的呈現是一個名為「while 迴圈」（while loop）的述句，這迴圈述句提供一個更有條理的方式去重複執行一序列運算。這 while 述句檢查一個條件（此條件寫在括弧中），若條件符合，就依序執行大括弧 {…} 裡的所有述句，然後再回去，再次檢查條件。當條件符合時，這循環就持續；當條件不符合時，就去執行結束迴圈的大括弧 } 後面的那個述句。

這和我們在第三章時用 Toy 語言中的 IFZERO 及 GOTO 撰寫的程式近似，差別是，使用一個 while 迴圈之下，我們就不需要發明標籤，而且，任何用以判定是與否的表述句都可以拿來作為檢查條件。此例中，檢查的是變數 num 是否為「0」這個字符，運算子「!=」意指「不等於」，這是承繼自 C 語言，while 述句本身也是。

我只是在舉例解說編程，因此並未嚴謹看待這些程式處理的資料種類，但實際上，電腦內部嚴格區分數字（例如 123）及任意文字（例如 Hello）。一些程式語言要求程式設計師必須小心表述此區分，其他程式語言則是會嘗試猜想程式設計師想表達的意思，JavaScript 比較接近後者，因此，有時候必須明白指出你處理的資料種類，以及如何解讀其值。

函式 prompt 回報輸入的字符（文字），並檢查這回報的字符是否為 0，這個 0 放在單引號裡，若不加單引號，它就會是一個數字的 0。

函式 parseInt 把輸入的字符（文字）轉換成一個可被用於整數演算的內部形式；換言之，輸入資料被當成一個整數（例如 123），而不是把它當成

正好為十進制數字的三個字符。若我們不使用 parseInt 函式，prompt 回報的資料將被解譯為文字，運算子「＋」將把它附加在前面文字的尾部，得出的結果將是使用者輸入的所有數字的串接，這或許有趣，但不是我們想要此程式執行的運算。

下一個例子的程式（參見＜圖表 7-5 ＞）做稍稍有點不同的工作：在輸入的所有數字中找出最大值的那個。我想藉這個例子來介紹另一個控制流程述句（control-flow statement）：if-else，這是做出決策的述句，在所有高階語言中都有（形式上可能有所差異）。其實，它就是 IFZERO 的通用版。JavaScript 版的 if-else 相同於 C 語言中的 if-else。

「if-else」述句有兩種形式，＜圖表 7-5 ＞的程式中沒有 else 的部分：若括弧中的條件符合，就執行接下來的大括弧 {…} 裡的述句。不論如何，接著執行結束的大括弧 } 後面的述句。更普遍形式的程式裡有 else 的部分：若條件不符時要執行的序列述句。不論哪種形式，在整個 if-else 完成後，繼續執行後面的述句。

你可能已經注意到，我舉的這些例子程式使用縮排來凸顯結構：由

圖表 7-5　JavaScript 程式：在一系列數字中找出值最大的那個數字

```
var max, num;
max = 0;
num = prompt("Enter new value, or 0 to end");
while (num != '0') {
    if (parseInt(num) > parseInt(max)) {
        max = num;
    }
    num = prompt("Enter new value, or 0 to end");
}
alert("Maximum is " + max);
```

while 和 if 控管的述句都縮排了。這是優良做法，因為一眼就能看出由 while 和 if 之類的述句所控管的其他述句的範圍。

　　若你是在網頁上跑這程式，很容易測試它，但專業程式設計師在此之前就進行測試，他們在心裡一次一步地模擬程式中的述句的行為，做真實的電腦執行的步驟。舉例而言，嘗試依序輸入 1, 2, 0 及 2, 1, 0；你甚至可以從 0 開始，依序輸入 0, 1, 0，以確定最簡單的情況是否運算正確。若你這麼做（這是可確定你了解程式運行的優良做法），你將得出結論：任何系列的輸入值，這程式都能正確運算。

　　真的嗎？若輸入值包含至少一個正數，這程式沒問題，但若所有輸入值都是負數呢？你可以試試看，你將會發現，這程式總是說最大的那個數字是零。

　　想一想，為何會這樣？這程式一直追蹤記錄截至目前為止在名為「max」的變數中看到的最大值（就像前文例子中房間裡最高的人），這變數得有一個初始值，我們才能開始拿後續的數字和它相較，這程式一開始（在使用者輸入任何數字之前）把這變數設定為零，若至少有一個輸入值大於零，那就沒關係。但若所有輸入值都是負數，這程式不會列印出值最大的那個負數，它會列印出「max」的初始值（零），因為所有輸入的負數都比零小，「max」裡的值當然從未變過。

　　這個錯誤很容易消除，我將在 JavaScript 這部分的討論內容的最末展示一個解決方法，但你可以先試試看能否找出解方，這是個不錯的練習哦。

　　這個例子也顯示測試的重要性。測試程式，不能只是把隨機輸入值丟入程式裡，優秀的測試員會努力思考哪裡可能出錯，包括怪異或無效的輸入值，以及「邊緣」或「邊界」情況——例如沒有任何資料，或除以零。在此例中，優秀的測試員會考慮到所有輸入值皆為負數的可能性。問題是，伴隨程式愈來愈大，就愈來愈難考慮到所有測試情況，尤其是當涉及人時，可能在任意時間以任意順序輸入任意值。沒有完美的解方，但小心謹慎的程式設計與實作總是有所幫助，還有，從一開始就測試程式的一致性與健全性，這也很重要，因為萬一有錯，程式本身可能及早糾錯。

7.5 JavaScript 函式庫與介面

JavaScript 有一個重要角色：作為複雜先進的網路應用程式的延伸擴充機制。谷歌地圖（Google Maps）就是一個好例子，它提供一個函式庫及一個介面，使得可以用 JavaScript 程式來控管地圖運算，而非只能用滑鼠點擊來控管。所以，任何人都可以撰寫 JavaScript 程式，在谷歌提供的一張地圖上顯示資訊。谷歌地圖提供的應用程式介面（APIs）易於使用，例如，運行＜圖表 7-6 ＞中的程式（多加了幾行 HTML，以及來自谷歌的一個認證金鑰），可以顯示＜圖表 7-7 ＞的地圖景象，也許，本書的某個讀者有朝一日將入住此處（白宮！）。

我們將在第十一章看到，網路上的發展趨勢朝向愈來愈多使用 JavaScript，包括谷歌地圖之類的可編程介面。這種發展趨勢的一個缺點是，當你被迫揭露原始碼時（若你使用 JavaScript，你必須這麼做），就難以保護智慧財產。任何人都可以使用瀏覽器去檢視一網頁的原始碼，不過，一些 JavaScript 程式很令人困惑，這可能是設計者故意為之，抑或是為了使程式精簡而能更快速下載所造成的，其結果是，外人非常難以理解與參透，除非你非常有毅力。

7.6 JavaScript 程式如何運行

回想第五章有關於編譯器、組譯器及機器指令的討論，一個 JavaScript 程式被以類似的方式轉換成可執行的形式，只不過，細節顯著不同。當瀏覽器在一網頁上遇到 JavaScript 程式時（例如，當瀏覽器看到一個 ＜script＞ 標記時），它把這程式的文本交給一個 JavaScript 編譯器，這編譯器檢查此程式有無錯誤，把它編譯成組合語言指令，好讓一台虛構的機器可以讀懂，這虛構的機器就像 Toy，但它有更豐富的指令表，如同上一章敘述的虛擬機。這虛擬機運轉一個模擬器，執行這 JavaScript 程式要做的行動。模擬器和瀏覽器密切互動，例如，當一個使用者按下一個按鍵時，瀏覽器通

圖表7-6　使用谷歌地圖的JavaScript程式

```
function initMap() {
  var latlong = new google.maps.LatLng(38.89768, -77.0365);
  var opts = {
    zoom: 18,
    center: latlong,
    mapTypeId: google.maps.MapTypeId.HYBRID
  };
  var map = new google.maps.Map(
                document.getElementById("map"), opts);
  var marker = new google.maps.Marker({
    position: latlong,
    map: map,
  });
}
```

圖表7-7　你可能有朝一日入住這裡嗎？

知模擬器這按鍵被按了。當模擬器想做某件事時——例如想彈出一個對話框時，它呼叫 alert 或 prompt，要求瀏覽器做這件事。

好了，關於 JavaScript，我們就討論到此，若你想了解更多，坊間有不錯的書籍，也有線上教學教你寫 JavaScript 程式，並且立即向你展示結果。[66] 編程可能令人沮喪，但也可能帶來很大的樂趣，你甚至可以靠它來維持像樣的生計。任何人都能成為程式設計師，但若你注意細節，能夠貼近以檢視細微之處，拉遠以綜觀大局，那將更有幫助。此外，具有把細節做好做對的一點點強迫症，也有助於編程工作，因為若不仔細，程式將不會順暢運行，甚至可能完全運行不了。跟多數的活動一樣，業餘者和優秀的專業者之間是有很大差距的。

關於前述找出最大值的程式碰上輸入值全為負數時的問題，這裡提供一個可能的解方：

```
num = prompt("Enter new value, or 0 to end");
max = num;
while (num != '0') …
```

把 max 設定為使用者輸入的第一個數字，這數字就是截至目前為止的最大值（不論它是正數或負數）。其他指令都不變，程式現在會處理所有輸入值，不過，若其中一個輸入值為零，程式很快就會退出。甚至，若使用者不輸入任何值，程式都能應付，不過，想把這處理得宜，通常需要對 prompt 函式有更多的學習與了解。

▍7.7 Python 程式的第一個例子

我現在將會重複本章最前面部分的一些內容，主要聚焦於 Python 和 JavaScript 之間的差異。和幾年前相比，一個重大的改變是，現在很容易在瀏覽器上跑 Python 程式了，這意味的是，跟 JavaScript 的情況一樣，不需

要下載任何東西到你自己的電腦上。當然，因為你是在別人的電腦上跑你的程式，因此，你能夠存取的東西和可以取得的資源仍然受限，但已經有相當多的資源可供你起步了。

若你的電腦上安裝了 Python，[67] 你可以去 macOS 或視窗的「終端機」（Terminal）程式上打開命令行（command-line），在裡頭輸入你的電腦中安裝的 Python 版本（例如「python3」），就可以開始撰寫或跑 Python 程式了。傳統上，每個程式語言示範的第一個程式是列印「Hello, world」，你進入 Python 後，顯示的互動看起來像這樣：

```
$ python
Python 3.7.1 (v3.7.1:260ec2c36a, oct 20 2018, 03:13:28)
[clang 6.0 (clang-600.0.57)] on darwin
Type "help" [...] for more information.
>>> print("Hello, world")
Hello, world
>>>
```

不論你用粗斜體字輸入什麼，電腦列印出來的都是等寬字型（monospace font），至於 >>>，它是來自 Python 本身的提示字元（譯註：提示字元係指請求使用者輸入資訊）。

若你的電腦裡沒有安裝 Python，或你想嘗試一個線上操作，有各種服務讓你在一個瀏覽器上撰寫及運行 Python 程式。谷歌的 Colab（colab. research.google.com）是最容易的其中一個，[68] 它提供取得種種機器學習工具的便利管道，我們不在此討論這個，但 Colab 也是學習撰寫及執行 Python 的一個好地方。進入 Colab 網站後，點選「檔案」（File），再點選「新增筆記本」（New notebook），然後在「＋ 程式碼」（＋ Code）這個框中輸入程式，以及在「＋ 文字」（＋ Text）這個框中隨意輸入文字，你應該會看到類似＜圖表 7-8 ＞的內容，這顯示的是在跑第一個程式之前的狀

況：一行文字解釋這個例子（譯註：這行文字是你在「＋文字」框中輸入的文字：First program:hello world），然後是程式本身（譯註：讀者可以谷歌搜尋關鍵字 Colab，進入 colab.research.google.com 網站，可使用英文版或中文版，按照前述步驟操作，立即得出＜圖表 7-8 ＞與＜圖表 7-9 ＞的畫面）。

圖表 7-8　執行「Hello world」程式之前的 Colab 畫面

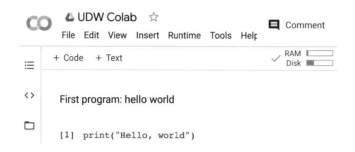

點擊程式最前方的三角形圖示，就會開始編譯及執行程式，然後得出結果，如＜圖表 7-9 ＞所示。

圖表 7-9　執行「Hello world」程式之後的 Colab 畫面

文字區用於任何種類的文件編寫，此外，你想加入多少程式碼都行。你也可以在發展一個系統時，增加更多的文字區和程式碼區。Colab 是一個被廣為使用的互動工具「Jupyter notebook」的雲端版，Jupyter notebook 就像實體筆記本的電腦版，你可以在單一一個網頁上記錄點子、解釋、實驗、程式碼及資料，並且進行編輯、更新、執行，以及散布給他人。你可以在「jupyter.org」網站上取得更多資訊。[69]

7.8 Python 程式的第二個例子

我們已經在第五章的＜圖表 5-7 ＞看到這個 Python 程式：把一連串的數字相加起來，最後列印出總和。＜圖表 7-10 ＞中的程式版本在列印時加了一小段訊息「The sum is」，其他程式指令與＜圖表 5-7 ＞完全相同〔若你只是把這程式複製貼上到 Python 裡，這程式不會運轉，因為「input」函式呼叫（function call）將被立即解譯，但你沒有輸入資料給它。你必須把它放到一個檔案裡，例如 addup.py，然後對這檔案跑 Python 程式〕。

圖表 7-10　把數字相加起來的 Python 程式

```python
sum = 0
num = input()
while num != '0':
    sum = sum + int(num)
    num = input()
print("The sum is", sum)
```

我們把這個程式加到 Colab 筆記本裡，＜圖表 7-11 ＞顯示在點擊程式最前方的三角形圖示後，呈現的程式碼及程式狀態，下方的矩形框就是讓你輸入資料之處，等同於在 JavaScript 中的 prompt 函式顯示的對話框。

圖表 7-11　輸入數字及執行數字相加之前的 Colab 畫面

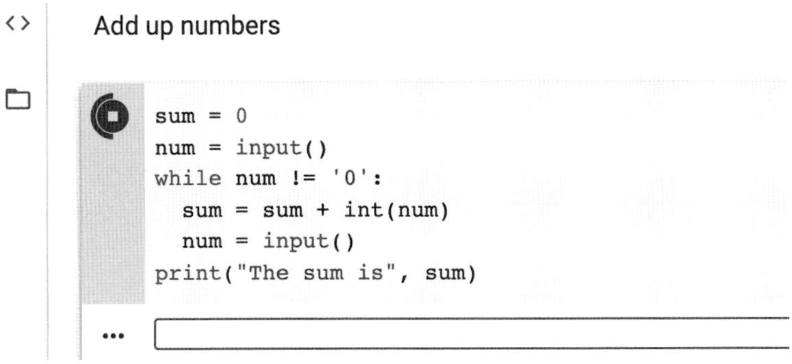

<圖表 7-12 >顯示我在矩形框中輸入 1, 2, 3, 4，以及中止迴圈的 0 之後得出的結果畫面（譯註：讀者若要在 Colab 上做這練習，請注意：輸入這些數字時，必須每輸入一個數字就按 enter，亦即一個數字一行）。這個版本的程式包含了一段文字訊息，指明列印什麼，但在每一個輸入值之前，它沒有提示使用者，若要加入這個功能，是很容易的且具有教育作用的練習，你可以試試看。

圖表 7-12　輸入數字及執行數字相加之後的 Colab 畫面

```
print("The sum is", sum)

1
2
3
4
0
The sum is 10
```

下一個例子是找出一連串數字中的最大值的程式，<圖表 7-13 >顯示把程式寫入 Colab 後，在輸入數字及執行運算之前的畫面。

圖表 7-13　輸入數字及找出其中最大值之前的 Colab 畫面

Find maximum number

```
[ ]  num = input()
     max = num
     while num != '0':
       if int(num) > int(max):
         max = num
       num = input()
     print("The maximum is", max)
```

<圖表 7-14 >顯示輸入一連串數字後的程式運算結果畫面。縱使當所有輸入數字都是負數時，這程式仍然得出正確答案。

圖表7-14　輸入數字並執行找出其中最大值的程式運算後的Colab畫面

```
print("The maximum is", max)
-2
-5
-2
-9
0
The maximum is -2
```

你可以練習做一個小小的改變：不再是整數值，把程式修改成使用浮點數（floating-point numbers），亦即可能有小數部分的數字，例如3.14；唯一需要改變的是，在那些把輸入文字轉換成一個數值表述的指令中，以「float」取代「int」。

7.9 Python 函式庫與介面

Python 的大優點之一是有大量的函式庫可供 Python 程式設計師使用。隨便舉一個應用領域，大概都有一個 Python 函式庫可供使用，使得為這領域撰寫程式的工作更容易。

在此舉一個簡短的例子：繪圖用的 matplotlib 函式庫。設若我們想複製＜圖表4-1＞（顯示各種演算法的運算時間如何隨著資料量的增加而成長），我原本是在 Excel 中製作此圖表，但很容易用 Python 做相同的事，我們再次使用 Colab 筆記本。

＜圖表7-15＞中的程式含有幾個功能是我們還未見過的。兩個 import 述句被用來存取 Python 程式的函式庫——數學函式庫，以及繪圖函式庫（簡稱繪圖庫），後者有一個很長的名稱，慣例上給予一個簡短的別名「plt」。被用於運算及繪圖的值儲存於四張清單上（這些清單起初空無一物），以一行指令指明：

```
log = []; linear = []; nlog = []; quadratic = []
```

圖表 7-15　運算一張複雜度類別圖

```
[ ] import math
    import matplotlib.pyplot as plt
    log = []; linear = []; nlogn = []; quadratic = []
    for n in range(1,21):
      linear.append(n)
      log.append(math.log(n))
      nlogn.append(n * math.log(n))
      quadratic.append(n * n)
    plt.plot(linear, label="N")
    plt.plot(log, label="log N")
    plt.plot(nlogn, label="N log N")
    plt.plot(quadratic[0:10], label="N * N")
    plt.legend()
    plt.show()
```

　　後面的述句以從 1 到 20 的一個迴圈（譯註：作者在第四章時說過，他使用 20 個值來繪製此圖，但在繪製 N² 曲線時，只使用了 10 個值），把新值添加到這些清單上，依序把變數 n 設定為每一個值，「range」的上限是超過末值後的下一個值（亦即 21），這是用以簡化迴圈控制的一個 Python 規則。

　　這個迴圈結束後，把每張清單（現在內含 20 個項目）建置成用以繪圖，然後呼叫 plot 函式，此函式開始繪圖，並對每個圖例（legend）加上一個標籤。這其中有一個例外：用來繪製 N² 曲線的 quadratic 清單上的項目（值）只使用了 10 個，因為這清單上的值成長得太快了，過大的值若和其他曲線繪於同一張圖上，會把其他曲線淹沒。〔0:10〕這個記數法挑選此清單上的前十個項目，亦即從 0 到 9 這十個值。

　　圖例（legend）函式為每條曲線建立標籤，顯示（show）函式則是生成＜圖表 7-16＞中的圖。Matplotlib 還有許多其他功能，你可以探索它們，從中看出撰寫 Python 程式可以省下你多少工夫。

圖表7-16 log N，N，N log N，及N²的成長曲線

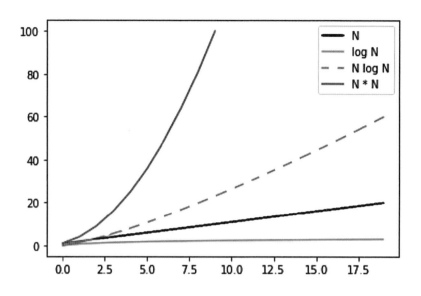

截至目前為止，我舉的程式例子都是數值運算程式，很容易令人以為編程就是在搬運數字，當然不是，我們生活中充滿種種有趣的非數值應用程式。

Python的大量函式庫使我們也可以很容易地嘗試文字應用程式，＜圖表7-17＞使用Python的請求（requests）函式庫去古騰堡計畫（Project Gutenberg）的館藏（Gutenberg.org）中存取一本《傲慢與偏見》（*Pride and Prejudice*）複本，並列印出該書著名的第一句：「It is

圖表7-17 用Python程式去存取網際網路上的資料

```
1 import requests
2 url = "https://www.gutenberg.org/files/1342/1342-0.txt"
3 pandp = requests.get(url).text
4 start = pandp.find("It is a truth")
5 pandp = pandp[start:]
6 end = pandp.find(".")
7 print(pandp[0:end+1])
```

It is a truth universally acknowledged, that a single man in
        possession of a good fortune, must be in want of a wife.

a truth universally acknowledged, that a single man in possession of a good fortune, must be in want of a wife.」（凡是富有的單身漢，總想娶個妻子，這是舉世公認的真理）。書的前頭自然是有不少必須略過去的樣板文件（例如聲明、規範、版權等等），「find」函式會尋找一文本中首次出現一特定字符串的起始位置，因此，我們可以使用這函式去找起始與結束的位址（譯註：這個程式先去找「It is a truth」這子字串的起始點，再去找第一個出現的句點，這樣就找出了此書的第一句）。

下面這行指令用起始於 start 位置的子字串（It is a truth）取代原來的pandp（譯註：pandp 是 pride and prejudice 的簡寫）：

```
pandp = pandp[start:]
```

接著，我們再次使用 find 函式去找第一個句點（這第一個句點就在此書第一句的最末），然後把起始於零的那個字串列印出來。為何這行指令中有「end+1」呢？因為變數「end」含有句點「.」的位址，因此我們需要加上 1，以包含這句點本身。

後面幾個例子，我沒有做出太多說明，只是想用極簡的形式向你介紹一些基本概念。你可以做一些簡單的程式，例如，你可以繪其他函數值如平方根（sqrt），或 N^3，或 2^N，這將需要改變資料範圍（data range）。你也可以探索 matplotlib 的功能，它能做的事遠遠多於我們在這裡看到的。你可以下載《傲慢與偏見》一書的更多內容或其他文本，用 NLTK 或 spaCy 之類以 Python 撰寫的自然語言處理（natural language processing）工具箱來探索它們。

根據我的經驗，用現有的程式去嘗試是學習更多有關於編程的一種有效方法，Colab 賦能的那些筆記本可以把你做過的嘗試記錄於一處，非常便利。

7.10 Python 程式如何運行

回想第五章有關於編譯器、組譯器及機器指令的討論，以及前文中有關於 JavaScript 如何運行的說明，一個 JavaScript 程式被以類似的方式轉換成可執行的形式，只不過，細節顯著不同。當你跑 Python 程式時——不論是在一個命令行環境中直接執行 python 命令，抑或在一網頁上點擊某處，你的程式文本被交給一個 Python 編譯器。

這編譯器檢查此程式有無錯誤，把它編譯成組合語言指令，好讓一台虛構的機器可以讀懂，這虛構的機器就像 Toy，但它有更豐富的指令表，如同第六章敘述的虛擬機。若程式中有 import 述句，從那些函式庫取用的程式碼也會被包含在內。這編譯器運轉一個虛擬機去執行這 Python 程式要做的行動，這虛擬機與環境互動，去執行各種運算，例如讀取來自鍵盤或網際網路的資料，或是把結果列印於螢幕上。

若你在一個命令行環境中跑 Python 程式，你可以把它當成一個高效能計算機來使用，你可以一次輸入一個 Python 述句，讓每個述句立即被編譯與執行，這樣會更易於嘗試這程式語言，了解基本函式做什麼事。若你在 Jupyter 或 Colab 筆記本之類的平台上使用 Python，這種嘗試更加容易。

7.11 本章總結

過去幾年，鼓勵人人學習編程已蔚為時尚，許多名人及影響力人士加入此行列。

是否應該讓編程成為小學、國中或高中的必修課呢？是否應該讓它成為大學的必修課呢（我任教的大學不時對此進行辯論）？

我的意見是，懂得如何編程，對誰都是有益之事。學習編程有助於更加了解電腦的功能及運作方式；編程可以成為帶給人滿足感及收穫的消遣；程式設計師用以解決問題的思考習慣與方法可以應用於生活的許多其他領域。當然啦，懂得如何編程也將開啟機會之門，當個程式設計師是個好職業，待

遇相當不錯。

話雖如此，並不是人人都適合編程，我不認為應該強迫每個人學編程，把編程變成像閱讀、寫作、演算之類的強制必修課程。我認為最好是把概念的東西變得引人入勝，確保易於起步，提供充足的機會，盡可能移出更多的障礙，然後讓它順其自然。

此外，這些議論中經常提及電腦科學，雖然，編程是電腦科學的一部分，但電腦科學並非只有編程而已。學術領域的電腦科學也涉及學習演算法與資料結構的理論及實務（第四章已有粗略探討），它包含架構、語言、作業系統、網路以及廣大的應用，在應用方面，需要結合電腦科學與其他學門。跟編程一樣，電腦科學這個領域適合一些人，它的許多概念具有廣泛的可應用性，但要求人人都得上正規的電腦科學課，那就太誇張了。

總結

第二部的四章涵蓋了大量材料，以下摘要其中最重要的內容。

演算法。一個演算法是一系列精確、清楚的步驟，執行特定工作後停止；它敘述一個與實作細節無關的運算。這些步驟以定義周延的基本運算為基礎。演算法很多，我們的探討聚焦於一些最基本的演算法，例如搜尋與排序。

複雜度。一個演算法的複雜度是它的工作量的一種抽象描述，複雜度的衡量是看此演算法的基本運算（例如檢視一個資料項，或把一個資料項拿來相較於另一個資料項）的工作量如何隨著資料量的增加而成長。這得出一個複雜度等級，從最低等級的對數曲線（資料量增加一倍，只增加一個運算步驟），到線性曲線（資料量增加一倍，運算步驟增加一倍），再到指數曲線（增加一個資料項，運算步驟增加一倍）。

編程。演算法是抽象的東西，一個程式是使一台真實的電腦執行真實的工作所需要的全部步驟的具體表述。一個程式必須應付的問題包括有限的記憶體空間與時間，用以表述數字的資訊量大小與精確度有限，邪惡或懷有惡意的使用者以及恆常變化的環境。

程式語言。一種程式語言是用以表述所有運算步驟的標記法，其形式讓人們能夠自在地撰寫、但可以被轉譯成電腦最終使用的二進制表述。有幾種方式可完成這種轉譯，但最普遍的是使用一個編譯器（或許再加上一個組譯器），把用程式語言（例如 C 語言）撰寫的程式轉譯成在電腦上運行的二進制形式。每一種不同的處理器有一份不同的指令表及表述法，因此需要一個不同的編譯器，但不同的處理器的編譯器可能有一些相同的部分。一個直譯器／解譯器（interpreter，或稱為虛擬機）是一種程式，轉譯電腦（真

實或虛構電腦）的程式，模擬其行為，以編譯與執行程式；JavaScript 及 Python 程式就是這樣運行的。

函式庫。撰寫一個程式，以在真實的電腦上運行，這涉及大量常見運算的複雜細節，函式庫及相關機制提供已經寫好的元件，讓程式設計師在撰寫他們自己的程式時可以取用，這麼一來，新工作就可以拿那些已經做好的工作作為基礎。現在的編程往往有很大一部分是把既有元件拼湊起來，這部分不少於自行撰寫程式碼的部分。這些元件可能是函式庫裡的函式——例如我們在 JavaScript 及 Python 程式中看到的那些，或是大型系統——例如谷歌地圖或其他的網路服務。一個函式庫可能是開放源碼，任何程式設計師都能閱讀、了解與改進程式碼；也可能是封閉、專有的程式碼。但不論是開放源碼抑或封閉的專有程式碼的函式庫，它們全都是由程式設計師以我們在前文中談到的或其他類似的程式語言撰寫的詳細指令所構成。

介面。一個介面或應用程式介面（API）是兩方之間的契約：提供一種服務的軟體，以及使用此服務的軟體。函式庫及元件透過應用程式介面來提供它們的服務，作業系統透過它們的系統呼叫介面，使硬體看起來更可親且可編程。

抽象化與視覺化。抽象化是電腦運算領域的一個基本概念，從硬體到大型軟體系統，所有層級都存在抽象化。尤其是在軟體的設計與實作方面，抽象化這個概念特別重要，它把一個程式碼做什麼事和它如何實作這兩者區分開來。軟體可被用來隱藏或偽裝實作細節，例子包括虛擬記憶體、虛擬機、直譯機，甚至雲端運算也是。

蟲子╱程式錯誤╱漏洞。電腦是不容犯錯的，編程工作需要持續無誤的表現，但程式設計師太容易犯錯了，因此，所有大程式都有漏洞，不會精確無誤地做它們該做的工作。有些漏洞只是討人厭的東西，比較像是不好的設計，不是真的錯誤（程式設計師圈子常說這句：「那不是漏洞，它是一種功能」）。有些漏洞只會在非常罕見或不尋常的情況下觸發，因此，它們甚至不會再出現，更遑論可修復。一些漏洞是真的嚴重，可能導致資安、安全性、甚至人身安全的威脅。不過，隨著軟體在重要系統的應用愈來愈廣，電腦運

算設備的脆弱性與責任問題可能變得比以往更顯著。個人電腦運算軟體領域中盛行的「買不買隨便你，一旦售出概不負責」的模式，將可能被更合理的產品保證及消費者保護取代，就像對硬體一樣。

　　如同我們從經驗中看到的，隨著程式的開發更加倚重已經過證明的元件，以及存在的蟲子被消滅，理論上，程式的錯誤應該會變得愈來愈少。但是，隨著電腦及程式語言的演進，隨著系統的新要求，以及行銷及消費者欲望造成無窮盡的功能推陳出新壓力，這些持續的變化將無可避免地導致程式愈來愈大。所以，很不幸地，蟲子將總是與我們同在。

第 3 部

通訊

　　談完硬體及軟體，本書的第三部主題是通訊，從許多方面來看，事情從這裡開始變得有趣（若偶爾從「祝你生活在有趣的時代」這個意義上來說），因為通訊涉及了所有種類的電腦運算設備彼此交談，通常是帶給我們益處，但有時是為非作歹。現在，多數科技系統結合了硬體、軟體及通訊，因此，我們從前面討論到現在的所有東西將結合起來。通訊系統也是多數社會問題形成的源頭，引發隱私、資安，以及個人、事業與政府之間權利之爭的種種困難問題。

　　我們將稍稍回溯歷史背景，討論網路技術，然後探討網際網路——電腦網路之間相互連結起來的龐大系統，承載這世界的電腦與電腦之間的絕大部分通訊。接著討論全球資訊網（World Wide Web），這個系統問世後，使得網際網路自 1990 年代中期開始從原本主要是技術性人員使用的小網路發展成人人使用、無處不在的龐大網路。我們將會回頭討論使用網際網路的一些應用程式，包括電子郵件、線上商務、社交網路等等，以及威脅與對策。

　　遠溯至有記錄的歷史伊始，人類就已有遠距通信，他們運用各式各樣精

巧的實物裝置，每個例子都是一個引人入勝的故事，可以寫成一本書。

透過長距離跑者傳遞訊息的歷史長達數千年，西元前 490 年，菲迪皮德斯（Pheidippides）從馬拉松（Marathon）的戰場跑回雅典，通報雅典人戰勝波斯人的消息，全程長 26 英里（42 公里）。不幸的是，他跑回到雅典時，氣喘吁吁地說了一句：「欣喜，我們贏了」，就力竭身亡，至少，傳說故事是這麼寫的（譯註：這傳說故事中，菲迪皮德斯先是被派從馬拉松跑到斯巴達求援出兵，全程約 240 公里，再跑回馬拉松，此時希臘軍已戰勝，他又從馬拉松跑回雅典通知捷報，幾天內連續跑了超過 500 公里，最終才力竭身亡。後來的馬拉松競賽就是為了紀念他而創立的）。

古希臘作家希羅多德（Herodotus）敘述大約同一時期的波斯王國有傳遞訊息的騎士隊，位於現今紐約市第八大道的前郵政總局大樓在 1914 年建成啟用，柱廊上方刻了一段銘文，記載希羅多德的敘述：「不論雪雨炎熱或黑暗的夜晚，都不會阻撓這些信差迅速完成他們的遞件任務。」驛馬快信（Pony Express）於 1860 年開始營運，由信差騎馬在密蘇里州聖約瑟夫（St. Joseph）和加州沙加緬度（Sacramento）之間長達 1,900 英里（3,000公里）的距離接力遞送郵件，成為美國西部傳奇的一部分，可惜，它只營運了不到兩年，從 1860 年 4 月至 1861 年 10 月。

火光信號、反光鏡信號、信號旗、信號鼓、信鴿、甚至人聲，全都是遠距通信，英文字「stentorian」（聲音洪亮）這個字源於希臘字「stentor」，意指在窄巷大聲傳遞訊息的人。

有一項早期的機械式通信系統「**視覺遠距傳訊**」（optical telegraph，譯註：telegraph 一詞，後世普譯為電報，但當時的這個裝置並不是電報，tele 是「遠距」的意思，graph 是「寫、通信」的意思）的知名度遠不如其重要性，其由法國發明家克勞·夏普（Claude Chappe）於 1792 年左右發明。受到夏普發明的啟發，瑞典人亞伯拉罕·艾德克朗茲（Abraham Edelcrantz）也在同一時期建造了類似的裝置。[70] 這種機械式視覺遠距傳訊裝置是在高塔上裝設機械支臂或機械式百葉窗，遠距發送代碼，<圖表III-1 >是夏普設計的視覺遠距傳訊站。

圖表III-1　視覺遠距傳訊站[71]

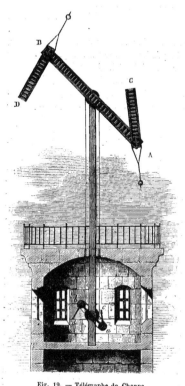

Fig. 19. — Télégraphe de Chappe.

　　視覺遠距傳訊操作員看到來自一個方向的鄰近傳訊塔發出的信號後，便向另一方向的下一座傳訊塔傳遞這些信號。支臂或百葉窗只會展示一固定數量的姿勢，因此，這種視覺遠距傳訊裝置其實是數位裝置。到了1830年代，歐洲很多地區及美國部分地區有使用這類傳訊塔的廣大網路。這種傳訊塔彼此相距約10公里（6英里），其傳訊速度是每分鐘幾個字符，根據一記述，從里爾（Lille）到巴黎（距離230公里或140英里），傳送一個字符約花10分鐘。

　　現代通訊系統衍生的問題，似乎在1790年代就已經出現了。如何表述資訊，如何交換訊息，如何檢查出錯誤及改正錯誤，這些都需要標準。雖然，只需花幾小時就能把一則簡短訊息從法國的一端傳送至另一端，如何更

快速發送資訊，是個一直都存在的問題。資安及隱私問題也出現，法國文豪大仲馬（Alexandre Dumas）出版於 1844 年的《基度山恩仇記》（*The Count of Monte Cristo*）一書第 61 章講述基度山伯爵如何行賄傳訊操作員發送假訊息至巴黎，導致邪惡的銀行家丹格拉斯男爵（Baron Danglars）財務大損失。這是「中間人攻擊」（man-in-the-middle attack）的一個完美例子。

　　視覺遠距傳訊至少有一個重大的操作問題：只能在能見度佳的時候使用，夜間或天氣差的時候，都無法使用。薩謬爾·摩斯（Samuel F. B. Morse）發明於 1830 年代、在 1840 年代成熟發展的電報（electrical telegraph），不到十年間就把視覺遠距傳訊給淘汰了。商業電報服務快速連結美國的大城市，第一條商用電報線路是介於巴爾的摩與華盛頓之間，建成於 1844 年；第一條跨大西洋電報電纜鋪設於 1858 年。電報帶來了許多相同於人們在網際網路榮景早期和 1990 年代末期網路公司泡沫破滅時經歷從希望、渴望到失望的感受；有人賺大錢，有人虧大錢，有人詐騙，樂觀者預期世界和平與相互諒解的日子為時不遠，務實者正確地認知到，雖然細節有所不同，但大部分情況其實已經發生過。「這一次不一樣」這句話就算曾經兌現，也很罕見。[72]

　　1876 年，亞歷山大·葛拉罕·貝爾（Alexander Graham Bell）擊敗艾利沙·格雷（Elisha Gray），比他早幾個小時向美國專利局申請「電話」這項發明的專利，雖然，這件專利申請案的事件發生順序迄今仍無法確定（譯註：移民美國的義大利裔 Antonio Meucci 早在 1856 年就已經發明了電話，但貧窮的他拿不出錢去申請專利，美國國會已在 2002 年通過決議案，正式承認他才是電話發明人）。接下來一百年，隨著電話技術的演進，它其實為通訊帶來了革命性的變化，不過，電話還是沒能帶來世界和平與相互諒解。電話讓人們能夠遠距直接交談，不需要任何專業技能就能使用，電話公司之間制定的標準與協議使得近乎世上任何兩具電話機都能相互連結。

　　這種電話系統受益於一段很長時期的相對穩定性。電話只傳輸人的聲音，一般通話時間約三分鐘，因此，若得花幾秒鐘來接通，人們並不在意。

電話號碼相當清楚地與地區位置關聯，從一個電話號碼就能識別它位於何地。電話的使用者介面很簡單——一具純黑色的電話機，上頭有一個數字轉盤，現在很少見到這種電話機了，只遺留「dialing the phone」（撥打電話）這用詞的回聲。這種舊電話和現今的智慧型手機形成強烈對比，所有智能與信息都在電話網路裡，用戶啥也不能做，只能撥號打電話，聽到電話鈴響時接聽，或是請一名接線員提供較複雜的服務。＜圖表III-2＞是一具轉盤式電話機，這種電話機曾經是多年的標準。

圖表III-2　轉盤式電話機（感謝Dimitri Karetnikov的提供）

這一切意味的是，這種電話系統可以專注於兩個核心價值：高可靠性，服務品質保證。長達五十年期間，你拿起話筒，就能聽到一個撥號音（dial tone，又一個遺留的用詞回聲），電話總是能撥出去，你可以清晰地聽到電話那頭的人說的話，而且一直保持如此，直到交談的雙方掛掉電話。或許，我對當年的電話系統過譽了，因為我在美國電話電報公司（AT&T）旗下的貝爾實驗室工作超過三十年，以局內人身分（但不是核心人物）目睹了許多變化。另一方面，我確實懷念手機問世前那近乎完美的電話系統可靠性與清晰度。[73]

對電話系統而言，二十世紀的最後二十五年是技術、社會與政治的快速

變遷期。隨著傳真機在 1980 年代變得普及，電信模式改變，此外，電腦與電腦間的通訊也變得普遍——使用數據機（modem）把位元轉換成聲音、把聲音轉換成位元；跟傳真機一樣，它們使用音頻訊號，經由電話系統去傳輸數位資料。技術使得能夠更快速在電信網路上建立呼叫，傳送更多資訊（尤其是透過國內和越洋光纖電纜），並且將一切訊息數位編碼。行動電話更加顯著地改變電信使用型態，現在，行動電話在電話業的主宰地位已經到了許多人家中不再安裝線路電話，完全只使用手機的程度。

在政治面也掀起了全球性革命，電信業的控管權從政府機關和稍微受到管制的電信公司轉移到管制鬆綁的私營電信公司，開啟了開放性競爭，導致線路型老電信公司的營收節節下降，以及眾多新電信業公司的興起，它們當中，後來殞落的也不少。

現在的電信公司得持續應付新的通訊系統帶來的威脅（主要是那些以網際網路為基礎的通訊系統帶來的威脅），它們往往因此面臨營收及市場佔有率降低的局面。其中一個威脅來自網際網路電話，透過網際網路來傳送數位語音是很容易的事，Skype 之類的服務把這個更往前推進，提供免費的電腦對電腦語音及影像傳輸，以及用微不足道的價格從網際網路打電話至傳統電話，其價格通常遠低於現在電信公司的收費，尤其是國際電話。不祥之兆早已出現，但不是人人都看到。我記得 1990 年代初期，有個同事告訴 AT&T 管理階層，國內長途電話的價格將會降低到一分鐘 1 美分的地步，當時，AT&T 的國內長途電話費率大約是一分鐘 10 美分，管理階層聽到該同事的預言，還嘲笑他呢。

同樣地，康卡斯特（Comcast）之類的有線電視公司也受到來自網飛、亞馬遜、谷歌以及其他許多公司提供的串流服務的威脅，這些串流服務全都使用網際網路，把有線電視公司逼到只能去當網際網路入口服務供應商。

傳統公司自然是力圖透過技術、法律及政治途徑，保住它們的營收及壟斷地位。方法之一是對想要使用住家線路電話的競爭者索取費用，另一種方法是對那些使用網際網路提供電話服務〔亦即網路電話（voice over Internet Protocol，VoIP）〕或其他服務的競爭者施加頻寬限制及其他減緩

速度的阻礙。

這屬於一個更廣泛的原則性問題的範圍 ——「**網路中立性**」（net neutrality）：能允許網際網路服務供應商（例如康卡斯特）可以基於任何理由（與網路效率管理有關的純技術性理由除外）去干擾、降低或屏蔽網際網路流量嗎？是否應該要求電信及有線電視公司對所有使用者提供相同水準的網際網路服務，抑或應該允許它們能夠差別對待服務及使用者？若允許它們能夠做出差別待遇，是基於什麼理由呢？舉例而言，能允許一家電信公司去減緩一競爭者 —— 例如提供網路電話服務的沃尼奇（Vonage）—— 的網際網路流量嗎？能允許康卡斯特之類的有線電視及娛樂公司去減緩與它競爭的網路電影服務公司（例如網飛）的網際網路流量嗎？若網際網路服務供應商的業主不認同一些網站倡導的社會或政治觀點，能容許這些網際網路服務供應商去阻礙那些網站的流量嗎？照例地，這些爭議有正反兩邊陣營的論點。

網路中立性爭議的解決將對網際網路的未來有重要影響。截至目前為止，網際網路大致上提供一個中立平台，沒有干擾或限制地傳輸所有流量，我認為這使所有人受益，高度期望能夠維持這種狀態。

另一方面，網際網路支援各種提供錯誤資訊、假新聞、偏執與厭女、仇恨言論、陰謀論、誹謗言論以及無數其他不良活動的論壇。至少，在美國持續熱議的一個話題是，推特及臉書之類的網站是否只是交流平台，不需要為其平台上的內容負責，就如同電信公司不需為人們在電話上的交談內容負責？抑或它們就像報紙的出版者，必須對它們網站上刊載的內容負起一些責任？不意外地，各種論點取決於想要避開什麼問題，但社交媒體網站大都不想被視為出版商。

第 8 章

網路

「華生先生，請過來，我想見你。」

——電話傳送的第一句清晰訊息，
亞歷山大·貝爾，1876 年 3 月 10 日[74]

　　這章將談談我們在日常生活中直接接觸的網路技術：傳統的有線網路如線路電話、有線電視、以太網路（Ethernet），以及無線網路，Wi-Fi 和手機是其中最常見的。這些是多數人連結網際網路的途徑，網際網路是第九章的主題。

　　所有通訊系統的基本屬性相同。在源頭這端，通訊系統把資訊轉換成可以透過某種媒體來傳輸的表述形式；在目的地這端，通訊系統把這表述轉換回一種可使用的形式。

　　頻寬（bandwidth）是任何網路的最基本屬性——指的是這網路傳輸資料的速度有多快。頻寬範圍從每秒幾個位元（在嚴重的電力或環境限制下作業的系統），到每秒幾兆位元組（跨越大陸及海洋傳輸網際網路通訊的光纖網路）。對多數人來說，頻寬是最重要的屬性，若有足夠的頻寬，資料就快速順暢地傳輸；若頻寬不足，通訊是惱人的體驗，緩慢且斷斷續續。

　　等待時間／延遲（latency、delay）係指一個區塊的資訊行經整個通訊系統所需花費的時間。高延遲未必意味低頻寬：把一拖拉庫磁碟的資訊從國內的這端傳輸至那端，縱使有高頻寬，也會有高延遲。

　　抖動（jitter）是延遲的變異性，在一些通訊系統中是相當重要的屬性，尤其是那些處理語音及影像的通訊系統。

　　範圍（range）指的是在使用一個既定技術下，一個網路能夠涵蓋多大

的地區。一些網路是區域網路，至多涵蓋方圓幾公尺的範圍；其他網路大到涵蓋全球。

其他屬性還包括這網路是否可廣播，使多接收者能聽到一個發送者（例如電台），抑或這是一個點對點網路（point-to-point network），配對一個特定發送者及一個特定接收者。廣播網路（broadcast network）本質上比較容易被監聽，有資安的疑慮，必須擔心可能會發生怎樣的錯誤，以及該如何防備。其他要考量的因素包括硬體和基礎設施的成本以及傳輸的資料量。

▎8.1 電話與數據機

電話網路是一個成功的全球性大型網路，起初是傳送語音訊息，最終演進至也能傳輸相當多量的資料訊息。家用電腦的早年，多數用戶使用電話線連結上網。

在住家，大多數線路電話系統仍然是用以傳輸類比語音訊號，不是傳輸資料訊息，因此，為了傳輸數位資料，必須有一個器材把位元轉換成聲音，再把聲音轉換回位元。這種把一種資訊傳輸型態載入到另一種訊號上的流程稱為「**調變**」（modulation），在另一端，必須把型態轉換回原形式，此流程稱為「**解調**」（demodulation），做調變與解調的器材是**數據機**（modem）。電話數據機曾經是大體積且昂貴的電子器材盒，但現在，它只是一塊晶片，且極為便宜。儘管如此，如今很少使用線路電話來連結網際網路了，因此，很少電腦裡頭裝有數據機。

用電話來傳輸資料有很多缺點。你需要一條專門的電話線路，若你家只有一條電話線路，你得選擇用它來上網，抑或用它來撥打與接聽語音電話；連結上網時，你就不能打電話或收到電話。不過，對多數人來說，更重要的缺點是，透過電話線路來傳輸資訊的速度有上限，最大速度大約是每秒 56 Kbps（每秒 56 千位元，亦即每秒 56,000 位元，習慣上，小寫的「b」代表位元，大寫的「B」代表位元組），這相當於每秒 7 KB。因此，一個 20

KB 的網頁得花 3 秒鐘下載，一幅 400 KB 的圖像得花近 60 秒鐘下載，一支影片或一個軟體更新可能得花上許多小時或甚至幾天。[75]

8.2 有線電視纜線與數位用戶迴路

類比線路電話能透過數據機傳輸數位訊號的最大速度 56 Kbps，這是由人工設計所導致的固有限制，源於六十年前、轉型至數位電話系統之初所下的工程決策。因此許多人選擇另外兩種上網方式，有至少 100 倍的頻寬。

第一種技術是使用傳輸有線電視至許多住家的纜線，這纜線能同時傳輸數百個電視頻道，它有足夠的過剩容量可被用來傳輸資料至住家及從住家向外傳輸資料，一個有線電視系統將提供各種下載速度（以及各種費率），通常是幾百 Mbps。把纜線訊號轉換成電腦位元及轉換回來的器材是**纜線數據機**（cable modem，或譯「有線電視數據機」），它跟電話數據機一樣，執行調變與解調，但速度比較快。

其實，某種程度上，纜線所謂的「高速」並不完全確實。相同的電視訊號傳送至每個住家，不論你是否觀看，你家和別家收到的電視內容相同，大家共用相同的內容。另一方面，纜線雖是一個共用的數據機，傳輸到我家的資料是傳送給我的，跟同一時間傳送至你家的資料不同，我們不會共用內容。纜線的資料用戶必須共用資料頻寬，若我的用量大，你能夠使用的頻寬就會減少，更可能的情況是，我們兩人能使用的頻寬量都減少。所幸，我們彼此干擾很少出現，這就像航空公司及旅館故意超額出售訂位與訂房，它們知道不會人人都如約而至，因此它們可以安全地超額出售，通訊系統也一樣。

現在，你可以看出另一個問題了。我們全都看相同的電視訊號，但我不想讓我的資料傳送到你家，你也不想讓你的資料傳送到我家，畢竟，那些是個人隱私——包括我的電子郵件、我的線上購物、我的銀行資訊，或許還有我不想讓其他人知道的私人娛樂愛好。這個問題可以用加密來解決，防止任何他人閱讀我的資料，我們將在第十三章討論這個。

　　這其中涉及了另一個複雜性。最初的纜線網路是單向的——向所有住家廣播訊號，這易於建造，但用戶不能回傳資訊給有線電視公司。有線電視公司反正也得設法解決這問題，才能提供那些需要來自用戶端資訊的按次付費（pay-per-view）及其他服務，於是，纜線網路就變成了雙向，這使得它們可作為傳輸電腦資料的通訊系統。不過，普遍來說，從消費者端向有線電視公司傳輸資訊的上傳速度遠比消費者從有線電視公司端下載資訊的速度慢，因為大部分流量是下載行為。

　　另一種可以讓家用連網速度加快的網路技術是以住家現有的系統——美好的老式電話——為基礎，此技術名為「數位用戶迴路」（Digital Sub-scriber Loop，DSL），有時也稱為「非對稱數位用戶迴路」（Asymmetric Digital Subscriber Loop，ADSL），加上「非對稱」一詞是因為從電信服務商下行（down）至住家的頻寬高於從住家上行（up）至電信服務商的頻寬。表面上，DSL 提供的服務大致與纜線相同，但檯面下有著重大的差異。[76]

　　DSL 在電話線路上傳輸資料時不會干擾語音訊號，讓你能邊講電話邊上網，兩者互不影響。在一定距離內，這可以運行得很好，若你住處跟許多住家一樣，距離一個當地電信公司的交換局（switching office）約三英里（五公里）內，你可以申請 DSL；若你住處離交換局太遠，那就無法使用 DSL 了。

　　DSL 的另一個好處是，它不是共用數據機，它使用你家和電信公司之間的專線，沒有其他人能使用此專線，因此，你不和鄰居共用容量，你的位元也不會跑去他們家。你的房子的一個特殊盒子——另一種數據機，和電信公司機房的一個數據機匹配——把訊號轉換成可以透過線路傳輸的正確形式。除開這個，有線電視纜線和 DSL 看起來和感覺起來大致相同，費率也往往相同（至少，當存在競爭時是如此）。不過，在美國，DSL 的使用似乎正在減少。

　　技術持續改進，家用光纖服務正在取代較舊的同軸電纜（coaxial cable）或銅線，例如，威訊（Verizon）最近把該公司連結至我家的老舊銅

線汰換為光纖，維修起來更便宜，也讓該公司能夠提供更多的服務，例如網際網路連結。他們在安裝光纖時，不小心切斷了一條纜線，導致我有幾天接收不到服務，撇開這意外不談，從我的立場來看，唯一的壞處是，萬一發生大規模停電，我就沒有電話服務了。在以往，電話的電力來自電池和電信公司機房的發電機，就算停電，電話還是能通，但光纖電纜的情形就不同了。

光纖系統遠比其他系統快，訊號被當成光脈衝，沿著一條低耗損的極純玻璃纖維傳送，訊號可以在傳輸長達數公里後才需要使用中繼器（repeater）把訊號增回充分強度（譯註，光纖產生訊號需要中繼器來把訊號增回強度的間隔距離不斷拉長，現在，上百公里才需要中繼器已是很普通之事，但還有其他技術與研究不斷突破這距離）。1990 年代初期，我參與一項「光纖到家」的研究實驗，為期十年，有一條速度 160 Mbps 的光纖連結至我家，那給了我吹牛的機會，但除此之外，也沒其他多少受惠之處，因為當時沒有任何服務可以利用這麼多的頻寬。

現在，我有一條十億位元組（GB）級的光纖連結至我家（不是威訊公司鋪設的那條），但受限於我家的無線路由器，實際速度只有 30 Mbps 至 40 Mbps。使用我辦公室的無線網路，我可以在筆記型電腦上享受 80 Mbps 的速度，但在以太網路的電腦上，速度有 500 Mbps 至 700 Mbps。你可以在「speedtest.net」之類的網站檢測你的連網速度。

8.3 區域網路與以太網路

電話及纜線是把電腦連結至一更大系統的網路技術，這種連結通常是相隔了一段距離。歷史上有另一股發展引領出現今應用最普遍的網路技術之一，那就是以太網路。

1970 年代初期，全錄公司（Xerox）的帕羅奧圖研究中心（Palo Alto Research Center）研發出一款創新的電腦，名為「奧圖」（Alto），只作為一個實驗工具，卻引領出各領域的諸多創新，包括第一個視窗系統，以及一個不限於顯示字符的位元映像顯示器。雖然，奧圖太昂貴而不適合作為現

今類型的個人電腦，但當時帕羅奧圖研究中心的研究員人手一台。

問題是，如何讓所有奧圖彼此連結，或是連結至一個共用的資源（例如一台印表機）呢？羅伯・梅卡夫（Robert Metcalfe）和他的助手大衛・伯格斯（David Boggs）在 1970 年代初期發明的解決方案，是一種他們稱之為「**以太網路**」的網路技術。以太網路在電腦之間傳輸訊號，這些電腦全都連結至一條同軸電纜，實質上相似於現今把有線電視傳送至你家的那種電纜。傳輸的訊號是電壓脈衝，用其強度（或極性）來編碼位元值，最簡單的形式可能使用一個正電壓代表 1 位元，一個負電壓代表 0 位元。

每一台電腦由一個具有獨特識別號碼的器材連結至以太網路，當一台電腦想傳送一個訊息給另一台電腦時，它會聆聽以確定沒有其他電腦正在傳輸訊息，然後在這條同軸電纜上廣播這訊息，並加上那台接收訊息的電腦的識別號碼。這條同軸電纜上的所有電腦都能聽到這訊息，但只有那台接收訊息的電腦讀取並處理這訊息。

每一台連結以太網路的設備有一個 48 位元識別號碼（每一台器材的這個識別號碼不同），此識別號碼稱為這設備的以太網路位址，這就容許總計可以有 2^{48}（約 2.8×10^{14}）台設備連結至以太網路。你可以找到你的電腦的以太網路位址，它有時就印在電腦的底部，也可以在視窗電腦的 ipconfig 或 Mac 電腦的 ifconfig 程式上顯示，或是在「系統偏好設定」（System Preference）或「設定」（Setting）的選項中找到。以太網路位址總是以十六進位制書寫，每一個位元組兩個數位，因此總共有 12 個十六進數位，去尋找一組十六進數位序列如 00:09:6B:D0:E7:05（可能有或沒有冒號），這是我的一台筆記型電腦的以太網路位址，所以，你的電腦上的這組數位一定不一樣。

根據討論纜線系統的前文，你可以想像到，以太網路也有相似的隱私問題和一個有限資源的爭用。

資源爭用是由一個很妙的機制來處理：若一個網路介面開始傳送訊息，但偵測到有別台電腦也在傳送訊息，它就會停下來，等候一小段時間，再嘗試。若等候時間是隨機的，並且在一連串嘗試失敗之下漸漸增長等候時間，

那麼，所有訊息最終都會順利傳輸。這就像一場交談，若有兩個人同時開始說話，兩人都先停下來，然後其中一人再次開口講話，另一人等候。

隱私原本不構成疑慮，因為所有人都是同一公司的員工，所有人都在同一棟建築內工作。但現在，隱私是個重要問題了。軟體有可能把一個以太網路介面設定為「混雜模式」（promiscuous mode）──讀取網路上所有訊息的內容，而非只讀取針對自己這部器材位址傳送的內容；這意味的是，它能夠去尋找有趣的內容，例如未加密的密碼。這種「嗅探」（sniffing）曾經是大學宿舍裡的以太網路常見的資安問題，對電纜上傳輸的封包（packet）加密是一個解決方法，現在，大部分通訊都有加密預設。

你可以用一個名為「Wireshark」的開放源碼程式去體驗嗅探，這程式會顯示有關於以太網路通訊的資訊，包括無線上網的通訊。有時在課堂上，當學生的注意力似乎更擺在他們的筆記型電腦或手機上、而不是聚焦於我的講課時，我會示範 Wireshark，這示範的確會引起他們注意──雖然很短暫。

以太網路以封包形式傳輸資訊。一個**封包**是以一個明確定義的格式來內含資訊的一系列位元或位元組，格式化使得這些資訊可以包裝起來傳送，並在收到時拆封。你可以把一個封包想成一封信（或一張明信片），有寄件人的地址、收件人的地址、內容及其他雜項資訊，全都使用標準格式，這是個好比喻，或者，聯邦快遞（FedEx）之類快遞公司使用的標準化包裝袋／箱也是不錯的比喻。

各種網路的封包格式與內容的細節大不相同，一個以太網路封包有六位元組的來源端及目的端位址、一些雜項資訊，以及上達約 1,500 位元組的資料，參見＜圖表 8-1 ＞。

圖表8-1　以太網路封包格式

來源端位址	目的端位址	資料長度	資料（48-1518位元組）	錯誤檢測

以太網路是一個非常成功的技術，它起初被當成一項商業產品（不是全錄公司開發的，是梅卡夫創立的 3Com 公司開發的），多年來，已有大量製造商銷售了數十億個以太網路設備。第一版的以太網路速度是 3 Mbps，現在的版本速度從 100 Mbps 到 10 Gbps 都有。跟數據機的情形一樣，最早的以太網路器材體積大且昂貴，現在，一個以太網路介面是一片不昂貴的晶片。

以太網路的涵蓋範圍有限，大約幾百公尺，原始的同軸電纜已經被有標準連接頭的 8 線電纜取代，讓每個器材插入一個「交換器」（switch）或「集線器」（hub）裡，交換器或集線器向其他連結的設備廣播，通知有資料進來要傳輸。桌上型電腦通常有一個插槽接受這標準連接頭，其他模擬以太網路行為的器材如無線基地台及纜線數據機，也有這種插槽，但仰賴無線網路連結的現代筆記型電腦沒有這種插槽。

8.4 無線系統

以太網路有一個明顯的缺點：它需要線路——沿著牆壁、地板、有時穿過走廊（我是在說我自己的經驗）、順著樓梯往下、經過餐廳及廚房，一路蜿蜒至家庭休閒娛樂室的實體設備。連結以太網路的電腦不容易到處移動，若你喜歡輕輕鬆鬆地把筆記型電腦放在大腿上使用，連著以太網路纜線真的很麻煩。

所幸，有方法讓你魚與熊掌兼得，那就是無線系統。無線系統使用無線電波傳輸資料，因此，有足夠訊號的任何地方都能通訊，無線網路的涵蓋範圍通常是幾十公尺至幾百公尺。不同於電視遙控器使用的紅外線，無線不需要在視線範圍內，因為無線電波能夠穿過一些材料——但不是所有材料，金屬牆及水泥地會干擾無線電波，因此，實際涵蓋範圍可能不如在露天環境下。在其他條件相同之下，較高頻率通常比較低頻率更容易被吸收。

無線系統使用電磁輻射來傳輸訊號，電磁輻射是一種有特定頻率的波，以赫茲（Hz）來衡量此頻率，我們日常生活中接觸到的系統多以百萬赫

（MHz）或吉赫（GHz，十億赫）來衡量，例如一電台的 103.7 MHz。一個調變流程把一資訊訊號載入到載波（carrier wave）上，例如，調幅（amplitude modulation，AM）改變載波的振幅或強度來傳遞資訊，而調頻（frequency modulation，FM）則是改變載波的中心頻率。接收到的訊號強度因發射器端的功率而不同，並且和發射器與接收器之間距離的平方成反比，因此，若甲接收器與發射器的距離是乙接收器與發射器的兩倍，甲接收器收到的訊號強度只有乙接收器收到的訊號強度的四分之一。

　　無線系統在嚴格規則下運作，這些嚴格規則是關於它們能使用的頻率範圍——它們的**頻譜**（spectrum），以及它們能用的發射功率／傳輸功率。頻譜的分配向來容易引發爭議，因為有許多需求競爭頻譜。在美國，由聯邦通訊委員會（Federal Communications Commission，FCC）之類的政府機關分配頻譜，聯合國屬下的國際電信聯盟（International Telecommunication Union，ITU）負責協調國際協議。在美國，當有新的頻譜空間可釋出時——大都是很高的頻帶／頻段（frequency band），通常是由聯邦通訊委員會以舉辦公開拍賣的方式來分配。

　　電腦的無線標準有個動聽易記的名稱「IEEE 802.11」，不過，你更常看到「Wi-Fi」這個詞，它是產業團體 Wi-Fi 聯盟（Wi-Fi Alliance）的一個商標。IEEE 是電機與電子工程師學會（Institute of Electrical and Electronics Engineers），這個專業學會從事的活動之一是為廣泛的電子系統制定標準，包括無線系統，802.11 是無線區域網路標準的號碼，其下有針對不同速度與技術的十多個部分，額定速度（nominal speed）最高可達近每秒 1 GB，但真實世界環境中可達到的速度低於這些額定速度。

　　一個無線設備把數位資料編碼成一種適合無線電波傳送的形式，一個典型的 802.11 封包和以太網路中的封包類似，可收發的範圍也相近，但不需去應付纜線的麻煩。

　　無線以太網器材在 2.4 至 2.5 GHz、5 GHz 或更高的頻率下運作。當無線設備全都使用相同的窄頻帶時，極可能發生衝突；更糟糕的情況是，其他設備也使用這過度擁擠的頻帶，包括一些無線電話、醫療器材，甚至微波

爐。

　　我將簡短介紹被廣為使用的三種無線系統。第一種是藍牙（Bluetooth），它是以綽號「Bluetooth」的丹麥國王哈爾拉一世（Harald Blåtand Gormsen，935—985）命名。藍牙的開發目的是為短距離範圍內的隨意通訊提供一個技術標準，它使用相同於 802.11 無線的 2.4 GHz 頻帶，範圍從 1 公尺至 100 公尺，視功率而定，資料傳輸速度是 1 Mbps 至 3 Mbps。藍牙被用於電視遙控器、無線麥克風、耳機、鍵盤、滑鼠、遊戲操控器等等這類特別講究低功耗而省電的器材，也被使用於在車上免持手機通話。

　　無線射頻辨識（radio-frequency identification，RFID）是一種低功耗的無線技術，用於電子門鎖、各種商品的識別標籤、自動收費系統、寵物體內植入晶片、護照之類文件。RFID 標籤基本上就是一個小型的無線電收發器，把它的識別廣播成一串位元。被動式 RFID 標籤（passive RFID tag）內部沒有電池，從天線取得電力，這天線接收一個 RFID 感應器廣播的訊號——當 RFID 標籤裡的晶片夠靠近（通常是只有幾英寸）這個 RFID 感應器時，感應器就會對標籤內含的識別資訊做出反應。RFID 系統使用各種頻帶，但 13.56 MHz 是最常用的。RFID 晶片讓你可以靜悄悄地監視東西和人在何處，在寵物體內植入晶片是很普遍的做法——我家的貓咪體內就植入了 RFID 晶片，所以，萬一她走失了，我們可以追蹤到她在何處。你大概也猜想得到，有人建議在人體內也植入 RFID 晶片，這當然有基於好理由，也有出於壞理由。

　　全球定位系統（Global Positioning System，GPS）是一種重要的單向無線系統，常見於車輛與手機的導航系統。GPS 衛星會廣播準確時間與位置資訊，一個 GPS 接收器會根據訊號從三、四個衛星廣播後到抵達此 GPS 接收器所花的時間來計算它目前在地面上的位置。但這是單向無線系統，沒有返回途徑，常有人誤以為 GPS 在追蹤其使用者，幾年前，《紐約時報》的一篇報導如此寫道：「一些〔手機〕倚賴全球定位系統，或稱 GPS，這系統向衛星發出訊號，如此就能近乎準確地指出使用者所在位置。」

這是完全錯誤的敘述。使用 GPS 追蹤時，需要有地面系統（例如手機）來推算位置，如下一節所述，手機與基地台保持密切通訊，因此，只要你的手機在開啟狀態，手機公司就知道你的所在地位置，當你把手機上的定位服務開啟時，這資訊也會提供給應用程式。

8.5 手機／行動電話

對絕大多數人而言，最常見的無線通訊系統是手機／行動電話，這是一項在 1980 年代幾乎還不存在的技術，但現在被全球過半數人口使用。手機是本書討論的種種主題——硬體、軟體、通訊——的一個案例研究，伴隨著豐富的社會、經濟、政治及法律爭議。

第一個商用手機系統是 AT&T 於 1980 年代開發出來的，當時的手機很笨重，廣告中，使用者提著一個裝電池的小手提箱，站在有天線的一輛車旁邊。[77]

為何手機的英文名稱是「cell phone」呢？因為頻譜及無線電範圍皆有限，一個地區被劃分為「細胞」（cells），像許多六邊形構成的蜂巢（參見＜圖表 8-2 ＞），每個細胞有一個**基地台**（base station），基地台與電話系統的其他部分連結。手機通話時，接收及傳送訊號的是最靠近的基地台，當手機從一個細胞移動至另一個細胞時，正在通話中的訊號就從之前那個細胞中的基地台移交給現在這個細胞中的基地台處理，多數時候，使用者不知道他從一個基地台的轄區進入了另一個基地台的轄區。

圖表 8-2　手機系統的細胞

　　由於接收功率的下滑與距離平方成反比，分配到的頻譜內的頻帶在非鄰近的細胞中可以重複使用，不會有明顯的干擾，這個洞察使得能夠有效地使用有限的頻譜。在＜圖表 8-2 ＞中，細胞 1 中的基地台不會和細胞 2 至細胞 7 中的基地台共用頻率，但可以和細胞 8 至細胞 19 的基地台共用，因為那些細胞離得夠遠，可以避免相互干擾。這其中的細節取決於其他因素，例如天線型態；這圖示只是一個理想化概念。

　　細胞的大小不一，直徑從幾百公尺到幾十公里皆有，取決於流量、地形、障礙物等等。

　　手機是正規電話網路的一部分，但手機透過無線電波，經由基地台這橋梁，和這正規電話網路連結，而不是透過線路。手機的精髓是可移動性——能長距離移動，且經常是高速移動，可能在完全未示警之下，出現於一個新地點，例如長途飛行到目的地後，再度開機不會有任何異樣。

　　手機共用一個狹窄的無線電頻譜，傳輸資訊的容量有限。由於手機使用電池，它們必須以低無線電功率運作，而且，根據規則，他們的傳輸功率受限，以避免相互干擾。電池愈大，需要充電的間隔時間愈長，但手機也會因此愈大且愈重，這是設計師必須做出的另一個權衡。

　　手機系統在世界不同地區使用不同的頻帶，但通常介於 900 MHz 和 1900 MHz 之間，較新的手機（例如 5G 手機）也使用較高的頻率。每一個頻帶被區分成多頻道，一個交談使用一方向一個頻道，所有手機在一細胞內共用訊號頻道，這些訊號頻道也用於簡訊及一些系統的資料傳輸。

　　每一支手機有一個獨特的 15 位數字識別號碼，此稱為這支手機的「國際行動裝置識別碼」（International Mobile Equipment Identity，IMEI），類似於一個以太網路位址。當一支手機開啟時，它會廣播它的識別號碼，距離最近的基地台聽到這廣播，向電話網路總部系統驗證。當一支手機移動時，基地台會持續更新它的所在位置，報告給電話網路總部系統；當有人打電話給這支手機時，總部系統知道哪個基地台目前和這支手機聯繫。

　　手機和訊號最強的基地台通訊，手機持續調節其功率，在它最接近基地

台時，使用較低的功率，這可以讓它的電池省電，並且降低對其他手機的干擾。手機若只是處於和基地台保持聯繫狀態的話，使用的功率遠少於通話時的耗功，這是待機時間用天數來衡量、而通話時間以時數來衡量的原因。但是，若手機身處一個低訊號或無訊號地區，它用掉電池的速度就更快，因為它一直在徒勞無功地尋找基地台。

所有手機都使用資料壓縮技術去把訊號壓縮至盡可能更少的位元，然後加入糾錯碼（error correction code），以應付無可避免地把資料傳送到一個嘈雜的無線電頻道裡而遭遇干擾的錯誤情況。我們稍後會再回頭討論這個。

行動電話引發不少政治與社會爭議。頻譜分配顯然是其中之一；在美國，政府限制分配到的頻率的使用，每個頻帶至多只能有兩家公司，這麼一來，頻譜就成為珍貴資源。斯普林特（Sprint）與美國 T-Mobile 這兩家電信公司於 2020 年合併，背後動因之一是為了把它們有點分散的頻譜合併起來，以做出更佳使用。

基地塔設立地是另一個潛在衝突源。手機基地塔可不是最富美感的戶外構造物，例如，<圖表 8-3 >是一棵「科學怪松」（Frankenpine）——一座基地塔被偽裝成一棵松樹，卻偽裝得很醜。許多社區不想要這種基地塔設在它們的地盤上，雖然，它們當然想要高品質的電話服務。

手機通訊很容易成為一種被統稱為「刺魟」（stingray，取名自一種名為「StingRay」的商業產品）的設備攻擊的目標，這種設備模仿基地台，使得附近手機與這器材通訊，而不是和真實的基地台通訊（譯註：為了避免與真正的魚類「刺魟」混淆，下文一律把這種器材直接譯為「偽基地台」）。這種偽基地台可被用於被動監測或主動地和手機往來（一種「中間人攻擊」），手機的設計本來就是要與訊號最強的基地台通訊，因此，在一個小區域內，只要一個偽基地台的訊號強過任何附近真實基地台的訊號，它就能成功地遂行攻擊。

美國顯然有愈來愈多地方執法機構使用這種偽基地台器材來蒐集情資或辦案資訊，但對此保密或至少保持低調。它們使用這種器材來收集有關於潛

圖表 8-3　偽裝成一棵樹的基地塔

在犯罪活動的資訊，是否合法，目前仍存在爭議，尚不完全明朗。[78]

　　在社會方面，手機徹底改變了生活的許多層面。我們用智慧型手機打電話的程度少於使用它們的其他功能，手機已經成為連結網際網路的首要形式，因為它們提供瀏覽網頁、收發電子郵件、線上購物、娛樂及社交網路等等功能，只不過螢幕較小罷了。事實上，筆記型電腦和手機之間已經有一些趨同現象，因為後者在保持高度攜帶便利性的同時，也變得更強大。手機也取代了其他設備的功能，從手錶及通訊錄本子，到相機、GPS 導航器、健身追蹤記錄儀、錄音器材、音樂及電影播放器等等。

　　把電影下載到手機上，需要大量頻寬，隨著手機使用的擴增，現有頻寬容量只會愈來愈吃緊。在美國，電信商對它們的資費方案中的數據用量訂定計量／計時收費及頻寬上限（bandwidth caps，超限後網路減速），明顯是意圖限制那些經常下載整部電影的頻寬貪用者，但就算是流量少的時候，

這些頻寬上限也仍然適用。

你也可以使用手機作為一個「熱點」（hotspot），讓你的電腦透過手機的蜂巢式連結來連通網際網路，這有時被稱為「網路共享」（tethering）。電信商有可能對此施加限制及多收費，因為熱點也可能使用大量頻寬。

▌8.6 頻寬

資料在網路上的傳輸速度不會快過最慢的通訊線路速度，傳輸速度可能在許多地方減緩下來，通訊線路本身以及過程中的電腦處理流程都存在瓶頸。光速也是一個限制因素，在真空中，訊號的傳輸速度是每秒 3 億公尺（大約是每奈秒一英尺，也就是葛瑞絲·霍普經常在演講中提到的），在電子電路中的傳輸速度更慢，因此，就算沒有其他延遲，訊號從一處傳送至另一處也得花時間。在真空的光速下，從美國東岸到西岸（2,500 英里或 4,000 公里）的資料傳輸時間大約是 13 毫秒，這裡提供一個比較：相同的距離與資料量，美國普通的網際網路延遲（亦即等待時間或資料傳輸時間）約為 40 毫米，巴黎大約是 50 毫米，雪梨約為 110 毫米，北京約為 140 毫米。這延遲時間未必與實地距離成正比。

我們在日常生活中到處都遇上頻寬。我的第一台數據機速度約每秒 110 個位元（或 110 bps），這夠快而能跟上一台像機械式打字機那樣的器材！802.11 技術的家用無線系統，理論上速度能達 600 Mbps，實際速度遠低於此。有線以太網路的速度通常是 1 Gbps，若你家和你的網際網路服務供應商之間的纜線連結使用的是光纖，速度可能是幾百 Mbps，你的網際網路服務供應商可能也透過光纖連結至網際網路的其他部分，速度基本上是 100 Gbps 或更快。

電話技術極其複雜，而且，為追求更高的頻寬，變化持續不斷。手機在如此複雜的環境下運作，難以評估它們的有效頻寬。現今多數手機使用 4G（第四代）標準，產業正在邁向 5G，3G 手機仍然存在，但在美國已然是瀕臨絕種的物種，我的電信服務商最近發警訊通知我，再不到一年，我的一

支 3G 手機就無法再使用了。

4G 手機照理應該在移動環境（例如車子及火車上）中提供約 100 Mbps 的速度，在不移動或緩慢移動的狀態下提供 1 Gbps 的速度，但這些速度似乎是理想多過實際，樂觀的廣告離現實差得滿遠。話雖如此，對於我的低密度使用如收發電子郵件和偶爾瀏覽網頁及互動式地圖而言，4G 手機已經夠快了。

你有時會看到「4G LTE」這個詞，LTE 是 Long-Term Evolution（長期演進），這不是一種標準，而是從 3G 過渡到 4G 的一種路線圖。在這路徑上某處的手機可能顯示「4G LTE」，代表它們起碼正朝向 4G。[79]

5G 的最早布署始於 2019 年，使用 5G 標準的手機將有更高的頻寬，至少，在以適當距離連結至適當器材上時是如此；額定速度範圍從 50 Mbps 到 10 Gbps。5G 手機使用上達三個頻率範圍，較低頻的兩個也被現有的 4G 手機使用，因此，在這些頻帶中，5G 和 4G 相似。5G 對短距連結（大約 100 公尺內）使用較高頻率，這些可以使得速度更快。5G 也使得一定區域中可以有更多的器材，這點對物聯網有幫助，不少物聯網器材已開始使用 5G。

▍8.7 壓縮

為對可用的記憶體及頻寬做出更佳使用，方法之一是壓縮資料。壓縮（compression）的基本概念是，避免儲存或發送冗餘資訊（redundant information），亦即可以在通訊線路另一端檢索或接收時再創造或推斷的資訊。壓縮資料的目標是用更少的位元來編碼相同的資訊，有些位元並不含有資訊，可以完全移出；有些位元的資訊可以從其他位元的資訊運算得出；有些位元的資訊對接收方並不重要，可以安全無虞地丟棄。

以本書這樣的英文文本為例，在英文中，各字母出現的頻率不一，「e」最常見，其次是「t」、「a」、「o」、「i」及「n」（大致是這順序），較不常出現的是「z」、「x」及「q」。在 ASCII 的文字表述法中，每個字

母佔據一個位元組（等於 8 個位元），為節省一個位元，方法之一是只使用 7 個位元，在美式英文 ASCII 中，第八個位元（亦即最左邊的那個位元）都是零，因此不含資訊。

我們還可以做得更好：用更少的位元來表述最常見的字母，若必要的話，用更多的位元來表述不常見的字母，這樣可以顯著減少總位元數。這類似於摩斯電碼（Morse code）使用的方法，摩斯電碼把常用字母「e」編碼成一個點「．」，「t」編碼成一個破折號「-」，不常見的字母「q」編碼成破折號，破折號，點，破折號「--.-」。

咱們來把這弄得更具體些。《傲慢與偏見》英文版字數稍稍超過 121,000 字，或 680,000 位元組，最常出現的字符是兩個字之間的空白，這本書中有將近 110,000 個空白，次多的字符是 e（68,600 次），接著依序是 t（456,900 次），a（31,200 次）。在出現最少的字符那一邊，大寫 Z 只出現了三次，大寫 X 完全未出現，最少出現的小寫字母是 j（551 次）、q（627 次）、x（839 次）。很顯然，若我們讓每個字間空白、e、t 及 a 只使用兩個位元，將能節省大量位元，就算我們得讓 X、Z 及其他較少出現的字母使用超過八個位元，也沒有關係，因為前者節省的位元量遠大於後者增加的位元量。有一種名為「霍夫曼編碼」（Huffman coding）的演算法有系統地做這個，找到可能的最佳壓縮法去編碼個別字母，它把《傲慢與偏見》壓縮掉 44%，只剩下 390,000 位元組，平均每個字母只需要 4.5 個位元。

還有可能做得更好：去壓縮更大的區塊，而非壓縮個別字母，例如，調適於原始文件的屬性，壓縮整個字或句子。有幾種演算法把這個做得很好，被廣為使用的 ZIP 壓縮演算法把《傲慢與偏見》這本書壓縮掉 64%，只剩下 249,000 位元組。名為「bzip2」的 Unix 程式把它壓縮到只剩下 175,000 位元組，不到原大小的四分之一。

圖像也可以壓縮，兩種常見的形式是 GIF（Graphics Interchange Format，圖形互換格式）及 PNG（Portable Network Graphics，便攜式網路圖形），兩者皆是針對主要內容為文字、線圖，以及有大面積純色區塊的圖像。GIF 只支援 256 種顏色，PNG 支援至少 1,600 萬種顏色，兩者都

不是針對攝影影像而設計的壓縮技術。

所有這些技術都做**無損壓縮**（lossless compression）——壓縮不會破壞資訊，因此，解壓縮時會完整恢復原樣。雖然，你可能會覺得這聽起來反直覺，但的確有些情況是不需要完全恢復原樣的，近似版本就夠好了，在這類情況下，有損壓縮（lossy compression）技術能提供更好的節省效果。

有損壓縮最常用於要讓人們看到或聽到的內容。以壓縮來自數位相機的一個影像為例，人眼無法區別太相近的顏色，因此，不需要保留一模一樣的顏色，少一些顏色也行，而且，這樣能夠以更少的位元編碼。同理，也可以丟棄一些細節，解壓縮後的影像不會如同原影像那麼鮮明，但肉眼看不出，細微的亮度變化也一樣看不出來。到處可見的「.jpg」圖像檔就是使用 JPEG 壓縮演算法來做這種有損壓縮，可以把一影像壓縮到只剩十分之一或更少的位元量，但不會有肉眼能看出的明顯減損。產生 JPEG 壓縮檔的程式大都容許你對壓縮量做一些控制，「較高品質」意味的是較少的壓縮。[80]

<圖表 8-4 >是<圖表 2-2 >經過壓縮後的解壓縮，PNG 壓縮技術就是針對這類圖像。原圖約 2 英寸寬（約 5 公分），佔據 10 KB，一個 JPEG 版本是 25 KB，而且，仔細看，能看出它相較於原圖的明顯失真。但另一方面，若是相片，使用 JPEG 的壓縮效果較好。

圖表8-4　紅綠藍像素（▨▨紅 ▨▨綠 ▨▨藍）

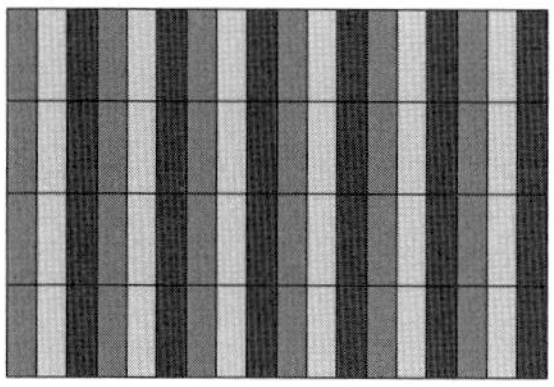

用以壓縮電影和電視節目的 MPEG 系列演算法也是基於感知技巧的有損壓縮，個別畫面可用 JPEG 壓縮，但除此之外，也可以壓縮從一個畫面到下個畫面沒有太大改變的一系列區塊。此外，也可以預測動作的結果，只編碼改變部分，甚至把一個移動中的前景和一個靜態的背景區分開來，讓後者

（靜態背景）使用較少的位元。

　　MP3 及其後續的進階音訊編碼（AAC）是 MPEG 技術中的音訊部分，它們是用來壓縮聲音的感知型編碼（perceptual coding）演算法，使用的技巧之一是利用以下事實：較大的聲音能掩蓋較輕的聲音，人耳無法聽到高於 20 KHz 左右的頻率（這個數字隨著年齡增長而降低）。這種壓縮法的編碼通常把標準的 CD 音協壓縮到只剩下約十分之一的位元量。

　　手機使用大量的壓縮技術，比起任意聲音，語音的可被壓縮量明顯更多（譯註：亦即壓縮率較高，壓縮後的檔案較小），因為語音的頻率範圍窄，它是由一個聲道產生的，可以針對個別不同的揚聲器，把人的聲音模型化；使用一個人的語音特徵，可以做到更好的壓縮。

　　所有形式的壓縮的基本原理是：藉由用更少的位元來編碼那些更常發生的元素，建立頻繁序列（frequent sequences）的詞典，以及對重複的次數編碼，以減少或去除那些不能傳達其充分潛在資訊的位元。無損壓縮讓原內容可以完美重建；有損壓縮丟棄一些接收者不需要的資訊，提供在品質與壓縮率之間做出消長取捨。

　　還有其他的消長取捨可以選擇，例如，壓縮速度與複雜度 vs. 解壓縮速度與複雜度。當一個數位電視畫面分割成塊，或聲音開始變得混淆不清時，那就是某個錯誤導致解壓縮演算法未能重建原內容的結果，可能是資料抵達得不夠快。最後，不論什麼演算法，輸入的原始檔中的一些資料將不會縮小，你可以想像重複地把演算法用於它本身壓縮出來的結果上，它無法再進一步壓縮得更小；事實上，一些資料將變得更大。

　　你可能很難想像，壓縮技術甚至能變成娛樂題材。家庭票房公司（HBO）在 2014 年首播、總共六季 53 集的電視影集《矽谷群瞎傳》（*Silicon Valley*），其主題就是主角發明了一個新穎的壓縮演算法，他奮力於保護他的新創公司，對抗那些想竊取他的發明的較大公司。

8.8 檢測與糾正錯誤

壓縮是去除冗餘資訊的流程，檢測與糾正錯誤則是小心地加入受控冗餘（controlled redundancy）以檢測、甚至糾正錯誤的流程。

一些普通數字沒有冗餘，因此，當發生一個錯誤時，這錯誤不可能被檢測到。舉例而言，美國社會安全號碼（US Social Security numbers）由九個數字組成，幾乎任何一個九位數序列都可以成為一個有效號碼（這有幫助，當有人詢問你的社會安全號碼而他們並不是需要拿你的號碼來驗證什麼時，你可以胡謅一個號碼）。但若加入一些多餘的數字，或者，若一些可能值被排除的話，就有可能檢測錯誤了。

信用卡及現金卡卡號有十六個數字，但不是每一個十六個數字的號碼都是有效卡號，它們使用 IBM 科學家漢斯‧彼得‧盧恩（Hans Peter Luhn）在 1954 年發明的一種「核對和演算法」（Checksum Algorithm），檢測個位數錯誤以及多數的換位錯誤（兩個數字的位置錯誤地互換），這些是實務中最常發生的錯誤類型。

核對和演算法很容易：從序列數字（號碼）最右邊那個數字開始，由右往左，依序交替地把每個數字乘以 1 或 2（亦即奇數位的那個數字乘以 1，偶數位的那個數字乘以 2），若乘出來的數字大於 9，就把這數字減去 9（或把它的個位數和十位數相加）。把前述得出的數字加總，得出的總和必須能夠被 10 除盡，這序列數字（號碼）才是一個有效號碼。你可以拿你的卡號及以下這個卡號（一些銀行在廣告中使用的卡號）4417 1234 5678 9112 來檢驗一下，後面這個卡號得出的總和是 69，無法被 10 除盡，所以，這不是一個有效的卡號，但把最右邊的數字 2 改為 3，它（4417 1234 5678 9113）就是一個有效的卡號了（譯註：請參見以下的演算過程，幫助理解）。

書籍上的國際標準書號（ISBN，十或十三個數字）也有一個使用相似演算法的核對和，防止相同錯誤。

那些演算法是特殊用途，針對的是十進制數字。至於應用於位元（二進制）的通用檢錯法，最簡單的例子是**奇偶檢驗碼**（parity code，或譯「同

位元檢驗碼」）：對每一組位元增加一個同位位元（parity bit），至於這個同位位元的值是給予 0 或 1，則視使用的是**偶同位元檢查**（even parity bit check），還是奇同位元檢查（odd parity bit check）而定。若使用偶同位元檢查法，當一組位元中的 1 值數量為奇數時，這個同位位元的值就給 1，使得位元值 1 的數量變成偶數；當一組位元中的 1 值數量為偶數時，這個同位位元的值就給 0，讓位元值 1 的數量保持為偶數。這麼一來，若有一個位元出錯，接收者就會看到有奇數個 1 值的位元，知道這組位元有錯誤。當然，接收者只能知道有一個位元錯了，無法確定是哪一個位元錯誤，而且，這種方法只能用於檢測單個位元錯誤（single-bit error）的情況，若有兩個位元錯了，這方法也無法檢測出錯誤。若使用奇同位元檢查，操作就與偶同位元檢查相反，加上一個同位位元值後，要保持或使得這組位元中位元值為 1 的數量為奇數；若這組位元原本的 1 值數量為奇數，加入的同位位元給 0 值；若原本有偶數個 1，同位位元給 1 值，使 1 值的總數量變成奇數。

　　舉例而言，＜圖表 8-5 ＞顯示的是 ASCII 前六個英文大寫字母的二進位碼，ASCII 的二進位原始碼是 7 個位元，但一個位元組有 8 個位元，因此，ASCII 原始碼中最左邊那個位元（一般稱之為「最高位」）的值都是 0，當加入奇偶檢驗碼時，就把這個位元當成檢錯的同位位元來使用。在圖表中的偶同位元那欄，把未使用的最左邊那個位元用一個同位位元值取代，使這位元

圖表8-5　使用偶同位元和奇同位元的 ASCII 字符

字母	原始	偶同位元	奇同位元
A	01000001	01000001	11000001
B	01000010	01000010	11000010
C	01000011	11000011	01000011
D	01000100	01000100	11000100
E	01000101	11000101	01000101
F	01000110	11000110	01000110

. . .

組中 1 值的數量變成偶數，因此，這欄的每一個位元組中的 1 值數量都是偶數。奇同位元那欄，每一個位元組中 1 值的數量都是奇數。若一個位元組中有任何一個位元值錯了，最終的位元組就不會有正確的同位位元，這樣就能檢測出錯誤了。若一程式多使用幾個位元，這程式就能糾正單個位元錯誤的情況。

電腦運算及通訊領域廣泛使用檢錯與糾錯，糾錯碼（error correction codes）可被用於任意二進制資料（arbitrary binary data），但會針對不同類型的可能錯誤來選擇不同的演算法。例如，有些主記憶體使用同位位元來檢測任意處的單個位元錯誤；CDs 和 DVDs 使用能夠糾正長串受損的位元；手機可以應付短雜訊猝發；QR 碼（參見＜圖表 8-6 ＞）是有大量糾錯的二維條碼。跟壓縮技術一樣，檢錯無法解決所有問題，而且，總有一些錯誤是太嚴重而無法被檢測出來或糾正的。

圖表8-6　我的網站「http://www.kernighan.com」的 QR 碼

▍8.9 本章總結

頻譜是無線系統的重要資源，頻譜總是供不應求，許多方競爭頻譜空間，而既得利益者如廣播公司和電信公司抗拒變革。為應付供不應求的問題，方法之一是更有效率地使用現有頻譜。手機最早使用的是類比編碼，但那些系統早已淘汰了，取而代之的是使用較少頻寬的數位系統。一些既有頻譜被轉作他用，例如，美國在 2009 年轉換成數位電視，這騰出了一大段的

頻譜空間供其他服務競相爭取。最後，雖然有可能使用更高的頻率，但這通常意味著訊號涵蓋範圍更短；有效範圍與頻率的平方成反比，這是平方效應（quadratic effect）的另一個例子。

　　無線系統是一種廣播媒體，因此，任何人都能窺探，加密是在資訊傳輸過程中控管存取及保護資訊的唯一方法。原先的 802.11 網路無線加密標準是「有線等效加密」（Wired Equivalent Privacy，WEP），但這種機制被證實存在明顯弱點，現行的加密標準如「Wi-Fi 存取保護」（Wi-Fi Protected Access）更好。有些人仍然使用開放的網路（亦即完全無加密的網路），附近的任何人不僅能監聽，還可以免費使用無線服務。現在，開放網路的數量已經比幾年前少很多了，人們已經變得更警覺於被監聽及搭便車的危險性。

　　咖啡店、旅館、機場等等場所的免費 Wi-Fi 服務是個例外，例如，咖啡店希望其顧客逗留在店裡使用他們的筆記型電腦，並且購買昂貴的咖啡，因此提供免費 Wi-Fi 服務。經由那些網路傳輸的資訊是開放給所有人的，除非你使用加密，但不是所有伺服器都提供隨需加密的服務。此外，並非所有開放的無線存取點都是正當的，有時候，這種點的設立是意圖讓天真無知的使用者落入陷阱。在公用網路上，絕對別做任何敏感之事，使用那些你一無所知的無線存取點時，尤其要小心。

　　有線連結將總是幕後的一個重要網路設施，尤其是對高頻寬和長距離而言，不過，無線連結雖有頻譜及頻寬上的限制，無線仍將是未來網路連結的趨勢。

第 9 章

網際網路

LO

> ——阿帕網（ARPANET）傳輸的第一則訊息，
> 在 1969 年 10 月 29 日從加州大學洛杉磯分校向史丹佛大學發送，
> 原本這訊息是要發送「LOGIN」一詞的，
> 但只輸入了「LO」，史丹佛那端的系統就當機了，
> 一小時後，系統修復，
> 這則「LO」訊息成功在阿帕網傳輸至史丹佛那端的電腦上。

　　上一章討論了以太網路及無線網路之類的區域網路，手機系統連結全球的電話，那麼，如何在電腦上做相同的事呢？我們如何把規模擴大到讓區域網路彼此連結，例如讓一棟大樓裡的所有以太網路互連，或是讓我家裡的電腦和位於另一個城市的你家中的電腦相互連結，或是讓位於加拿大的公司網路和位於歐洲的公司網路相互連結？若這些網路各個使用不相關的技術時，如何使它們互連？在愈來愈多網路及使用者互連，距離愈來愈長，設備與技術不斷變化之下，我們如何順暢地擴大這種互連？

　　網際網路是這些疑問的一個解答，它在多數用途上極其成功，成功到使它變成了「**唯一解答**」。

　　網際網路既不是一個巨大的網路，也不是一個巨型電腦，它是一個寬鬆、非結構化、混亂、隨意的網路集合，用一些標準的網路協定來讓這些網路連結起來，這些標準定義網路及網路上的電腦彼此如何通訊。

　　我們如何讓具有不同實體屬性（光纖、以太網路、無線網路等等）、且可能彼此相隔甚遠的網路互相連結？我們需要名稱及位址，好讓我們能辨識

網路及電腦，這相當於電話號碼及一本電話簿。我們必須能夠找到非直接連結的那些網路彼此間的連結路徑。我們必須針對傳輸資訊時如何把資訊格式化，以及眾多其他不是那麼明顯的事務（例如應付錯誤、延遲、過荷等等），達成協議，若沒有這些協議，通訊將很困難，甚至不可能做到。

在所有網路中，尤其是在網際網路上，有關於資料格式的協議——誰先發言，接下來可以做出什麼反應，如何處理錯誤等等，是用**協定**（protocols）來處理的。這裡的「協定」，有相同於我們一般說的協定的含義——與另一方互動的一套規則，但是，網路協定是基於技術性考量，不是基於社會習俗，而且，網路協定遠比最固化的社會結構更精確。

有些人或許不能明顯地看出這一點，但網際網路極其需要這種規則：所有人必須就資訊如何格式化、電腦之間如何交換資訊、如何辨識及授權電腦、發生錯誤或問題時如何處理等等的協定與標準達成一致意見。協定及標準的商議與敲定可能相當複雜，因為涉及了許多既得利益，包括製造設備器材或銷售服務的公司、專利或機密的持有人，以及可能想監控跨越國界及人民之間流傳的資訊的政府。

一些資源的供給稀少，無線網路服務的頻譜就是一個明顯例子，網站名稱不能混亂無序地處理。誰來分配這類資源，以及根據什麼原則來分配呢？有限資源的使用，誰向誰付費，費率如何決定？無可避免的爭議，由誰裁決？用什麼法律制度來化解爭議？其實，總歸一句：規則由誰制定？可能是政府、公司、產業聯盟、表面上不涉及利害關係或中立的組織——例如聯合國屬下的國際電信聯盟，但最終，大家必須同意遵守規則。

這類爭議顯然是可以化解的，畢竟，電話系統在全球運轉，連結各國迥異的設備，網際網路也大致相同，只不過，它更新、更大、更混亂無序、變化更快速。相較於傳統電信公司的受控環境（多數電信公司要不就是政府壟斷企業，要不就是受到嚴格管制的公司），網際網路是自由放任的，但是，在政府及商業的壓力下，現在的網際網路不比早年那麼無羈了，受到的限制較多了。

9.1 網際網路概觀

在進入細節前，我們先來看大貌。網際網路起源於 1960 年代，企圖建造一個能使廣布於各地的電腦相互連結的網路，這計畫的資金來自美國國防部的先進研究計畫署（Advanced Research Projects Agency，ARPA），最終建立 ARPANET（直譯「阿帕網」）。阿帕網（ARPANET）傳輸的第一則訊息在 1969 年 10 月 29 日從加州大學洛杉磯分校的一台電腦向史丹佛大學的一台電腦發送，相距約 350 英里（或 550 公里）。所以，可以稱這天為網際網路的誕生日（如本章開頭引言所述，發送第一則訊息時，系統當機，但很快修復，第二則訊息順利發送及收到）。

打從一開始，阿帕網的設計就是要能夠在其任何構成環節出問題時保持堅實，把通訊繞過問題。歷經時日，原始的阿帕網電腦與技術已被取代，該網路本身起初是連結大學電腦科學系和研究機構，在 1990 年代延伸至商業界，並在過程中變成了「網際網路」。

現在，網際網路由數千萬個寬鬆連結的獨立網路構成。彼此鄰近的電腦由區域網路連結（通常是無線以太網路），這些網路又透過**閘道器**（gateways）或**路由器**（routers）來和其他網路連結，閘道器及路由器是把資訊封包從一個網路路由（route）至另一個網路的專門性質電腦（維基百科上說，閘道器是通用設備，路由器是更專門性的器材，但其用途並不是通用的）。閘道器彼此間交換路由資訊（routing information），好讓它們知道有哪些連結，可讓資訊封包送達。

每一個網路可能連結許多主機系統（host system），例如家裡、辦公室及宿舍的電腦與手機。一個家裡的多台電腦可能使用無線來連結至一個路由器，而路由器透過纜線或數位用戶迴路（DSL）連結至網際網路服務供應商（Internet Service Provider，ISP）；辦公室的電腦可能使用有線以太網路連結。

如同上一章所述，資訊以名為「封包」的區塊形式在網路上傳輸，一個封包是使用特定格式的一系列位元組，不同的器材使用不同的封包格式。

一個封包內含位址資訊，說明這封包來自哪裡，要送往何處；封包也內含封包本身的資訊，例如它的長度；最後，封包中當然有此封包的裝載資訊（payload）。

在網際網路上，資料以 **IP 封包**〔IP 是 Internet Protocol（網際網路協定）〕傳輸，所有 IP 封包都有相同格式。在任何一個網路上，一個 IP 封包可能以一或多個實體封包來輸送，例如，一個大 IP 封包被區分成多個較小的以太網路封包，因為最大的以太網路封包（約 1,500 位元組）遠小於最大的 IP 封包（超過 65,000 位元組）。

每一個 IP 封包通過多個閘道器：一個閘道器把封包送至下一個更靠近最終目的地的閘道器，以此類推。一個封包從一端傳輸至另一端的過程中，它可能通過二十個閘道器，這些閘道器可能分別由十幾家不同的公司或機構擁有及運作，這些公司或機構可能位於不同國家。封包的傳輸未必經由最短路徑，便利性及成本考量可能讓封包走較長的路徑。許多來源端及目的端在美國以外地區的封包使用行經美國的纜線，美國國家安全局利用這事實來進行大規模窺探。[81]

IP 封包的傳輸，需要幾個機制，才能遂行。

位址（addresses）。每一台主機必須有一個位址，以便在網際網路上的所有主機系統中獨特地識別自己，就像一個電話號碼。這種識別號碼名為「**IP 位址**」（IP address），為 32 位元（4 位元組）或 128 位元（16 位元組），較短的位址是網際網路協定版本 4（IPv4）的位址，較長的位址是版本 6（IPv6）的位址。IPv4 被使用了多年，中間仍是主流，但所有可用的 IPv4 位址現在都已經被分配完了，因此，正在加速轉向 IPv6 位址。

IP 位址類似於以太網路位址，按照慣例，一個 IPv4 位址被寫成其 4 個位元組的值，每一個值（每一個位元組）是一個十進數，以句點分開，例如 140.180.223.42（這是 www.princeton.edu 的位址）。這種奇怪的表示法名為「**點分十進制**」（dotted decimal），使用這種表示法是因為，比起純十進數或十六進數，它更易於讓人們記住。＜圖表 9-1＞顯示分別以點分十進制、二進制和十六進制來表示這個 IP 位址。

圖表9-1　IPv4位址的分點十進制表示法

分點十進制	140	.180	.223	.42
二進制	10001100	10110100	11011111	00101010
十六進制	8C	B4	DF	2A

按照慣例，IPv6位址被寫成十六進制位元組（譯註：2個一對，共8對，一個位元組有8位元，總共128位元），用冒號分開每一對，例如2620:0:1003:100c:9227:e4ff:fee9:05ec。比起分點十進制，這些更不易直觀，因此，我在下文將使用IPv4來示範說明。你可以透過macOS的「系統偏好」或視窗系統的相似應用程式，找到你的IP位址，或者，若你正在使用Wi-Fi的話，在你的手機的「設定」功能中可以找到IP位址。

一個中央主管機關把一大塊連續的IP位址分配給一個網路的管理者，此網路管理者再把個別的位址指派給這網路中的主機。因此，每一台主機有一個它所在的網路指派給它的獨特IP位址，桌上型電腦的這個IP位址可能永久不變，但行動器材的IP位址是動態的，至少，這器材每次重新連結至網際網路時，IP位址將改變。

名稱（name）。人們嘗試直接進入的一台主機必須有一個名稱讓人使用，因為很少人善於記住任意的32位元號碼，縱使是分點十進位數也不容易記住。名稱是無所不在的形式，例如www.nyu.edu，或ibm.com，這些被稱為「**網域名稱**」（domain names），網際網路基礎設施中的**網域名稱系統**（Domain Name System，DNS）是一個把網域名稱和IP位址相對應的資料庫，因此，它能在這兩者之間做轉換，當你給出一個網域名稱時，它把這名稱轉換成便於機器辨識的IP位址。

路由（routing）。必須有一個機制，為每個封包找到一條從來源端傳輸至目的端的路徑。這是前述閘道器提供的服務，它們彼此間持續交換有關於什麼跟什麼連結的路由資訊，並用這些資訊，把每一個進來的封包傳送至下一個最靠近最終目的地的閘道器。

協定（**protocols**）。最後，必須有規則與程序，明訂所有這些及其他構成環節如何互相操作，以成功地把資訊從一台電腦複製到另一台電腦上。

名為「網際網路協定」（IP）的核心協定定義一個統一的傳輸機制，以及一個傳輸資訊的共同格式。IP 封包由不同種類的網路硬體使用它們自己的協定來傳輸。

在 IP 層之上，有一個「傳輸控制協定」（Transmission Control Protocol，TCP），使用 IP 來提供一個可靠的機制，把任意長度的系列位元組從來源端傳送到目的端。

在 TCP 層之上，有更高層的種種協定使用 TCP 來提供種種我們視為「網際網路」的服務，例如瀏覽網頁、收發電子郵件、檔案分享等等。還有許多其他協定，例如，IP 位址的動態改變是由「動態主機設定協定」（Dynamic Host Configuration Protocol，DHCP）處理。所有協定結合起來，定義網際網路。

下文進一步逐一討論這些主題。

9.2 網域名稱及位址

誰訂定這些規則呢？誰控管網域名稱及數字位址的分配？誰是主管？多年來，網際網路由一小群技術專家非正式地合作管理，網際網路的核心技術大都由一個名為「網際網路工程任務組」（Internet Engineering Task Force，IETF）的寬鬆結盟負責發展，產生有關於該如何運作的設計與文件。IETF 透過短期開會和名為「意見徵求書」（Requests for Comments，RFCs）的定期刊物，制定技術規格，這些技術規格最終變成標準。網站上可以查到 RFCs（截至目前為止，總共有 9,000 份），並非所有 RFCs 都非常嚴肅，你可以去看看 1990 年 4 月 1 日（愚人節）出版的 RFC-1149：「以鳥類為載體的 IP 資料包傳輸標準」（A Standard for the Transmission of IP Datagrams on Avian Carriers）。[82]

網際網路的其他層面由名為「網際網路名稱與數字位址分配機構」

（Internet Corporation for Assigned Names and Numbers，ICANN，網址：icann.org）管理，該機構做網際網路技術協調工作，包括必須獨一無二、才能使網際網路運行的名稱及數字（例如網域名稱及 IP 位址），以及一些協定資訊。ICANN 也認證授權網域名稱註冊商（domain name registrars），再由這些域名註冊商分派網域名稱給個人及組織。起初，ICANN 是美國商務部屬下的一個機構，但現在是位於加州的一個獨立非營利組織，財務支柱主要是來自網域名稱註冊商及域名註冊費。

不意外地，ICANN 被複雜政治爭議纏身，一些國家對它起源於美國和位於美國這事兒感到不滿，說它是美國政府的一個工具，一些官員想要它變成聯合國或別的國際組織治理的一個機構，以便更易於掌控它。

2020 年初，一個名為「Ethos Capital」的神秘私募股權組織想收購並接管「.org」網域註冊權，ICANN 同意出售。很顯然，這個神秘組織的目的是想取得控管權，然後提高收費，並販售顧客資料。所幸，這事件引發公眾激怒與抗議，致使加州檢察總長出面揚言採取行動，ICANN 才退縮，取消這椿交易。

9.2.1 網域名稱系統

網域名稱系統（DNS）提供分層式命名架構，於是有「berkeley.edu」或「cnn.com」之類的區分。網域名稱中的「.com」、「.edu」等等，以及兩個字母的國家代碼如「.us」、「.ca」，被稱為「頂級網域」（top-level domains）。頂級網域把管理和進一步名稱的責任委派給更低層級，例如，普林斯頓大學負責管理「princeton.edu」這個網域，可以定義此網域中的子網域名稱，例如，「classics.princeton.edu」是古典文學系這個子網域的名稱，「cs.princeton.edu」是電腦科學系這子網域的名稱，這些又可以定義「www.cs.princeton.edu」等等網域名稱。

網域名稱提供了一個邏輯結構，但未必有任何地理含義，例如，IBM 在許多國家營運，但其電腦全都包含在「ibm.com」網域裡。一台電腦有可能服務多個網域，這常見於提供主機服務（hosting servce，或譯代管服務）

的公司；或者，反過來，一個網域可能由許多電腦共同服務，例如大型網站臉書或亞馬遜。

網域名稱沒有地理限制，這引發一些有趣的事。例如，吐瓦魯（Tuvalu）人口 11,000，是個由夏威夷和澳洲之間南太平洋上的一群小島構成的國家，該國的網域名稱國家代碼為「.tv」。吐瓦魯把這個國家代碼權出租給商業業者，那些業者樂意向你出售一個「.tv」域名，若你想要一個具有商業潛力的網域名稱，例如「news.tv」，你可能得付不少錢。至於「kernighan.tv」這個域名，一年費用不到三十美元。其他因為國名而受惠的國家包括摩爾多瓦共和國（Republic of Moldova），它的網域名稱國家代碼為「.md」，醫生可能會感興趣；義大利的網域名稱國家代碼為「.it」，出現於一些網站的網域名稱中，例如「play.it」。通常，網域名稱的是用 26 個英文字母、數字及連字號來組成，但 2009 年時，ICANN 核准一些國際化的頂級網域名稱，例如「. 中國」是中國網域名稱「.cn」的另一個選擇，「.رصم」是埃及網域名稱「.eg」的另一個選擇。

ICANN 在 2013 年左右開始授權新的頂級網域如「.online」、「.club」，這些新頂級網域的長期成功性如何，尚不得而知，但一些新頂級網域似乎流行起來，例如「.info」和「.io」。商業及政府網域如「.toyota」及「.paris」也可以付費取得，這引發外界對 ICANN 的動機的質疑──這類網域真有必要嗎？抑或它們只是為了賺錢而推出？[83]

9.2.2 IP 位址

每個網路和每個連結的主機必須有一個 IP 位址，才能和其他網路及主機通訊。一個 IPv4 是一個獨特的 32 位元數字串，在整個網際網路上，一個時間點只能有一個主機使用這個值。位址是由 ICANN 分區塊分配的，再由收到它們的機構去分派子網域位址，例如，普林斯頓大學有兩個區塊的 IP 位址──128.112.ddd.ddd 及 140.180.ddd.ddd，每一個 ddd 是介於 0 和 255 之間的十進數，每一個區塊最多可容納 65,536（亦即 2^{16}）台主機，兩個區塊總計可容納約 131,000 台主機。

這些位址區塊沒有任何數值或地理含義，就如同數字相鄰的美國電話區碼 212 及 213 分別是紐約市和洛杉磯市的電話區碼，一個位於東岸，一個位於西岸；同理，沒有理由去期望相鄰的 IP 位址區塊代表實際位置相鄰的電腦。你也無法從一個 IP 位址本身去推斷一個地理位置，[84] 雖然，通常有可能從其他資訊去推測一個 IP 位址在何處，例如，網域名稱系統支援反向查詢（亦即從 IP 位址查出網域名稱），它可以查出 140.180.223.42 是 www.princeton.edu，因此可以合理猜測那是在紐澤西州普林斯頓，但這伺服器也可能位在完全不同的別處。

有時候，使用一種名為「whois」的查詢服務，有可能得知一個網域名稱後面是誰，「whois.icann.org」網站或 Unix 命令行程式 whois，可以取得這服務。

IPv4 位址至多只有 2^{32} 個，大約是 43 億個，比地球人口少，平均每人不到一個，因此，在人們使用愈來愈多通訊服務之下，一定會有用罄的時候。事實上，情況比聽起來還糟，因為 IP 位址是以區塊方式分配出去的，因此並未被有效率地使用（普林斯頓大學裡現在有 131,000 台活躍使用中的電腦嗎？）。不論如何，除了少數例外，所有 IPv4 位址已經被分配到全球大部分地區了。

讓一個 IP 位址扛多台主機的技術提供了一些喘息空間。住家的無線路由器通常使用「**網路位址轉換**」（network address translation，NAT）技術，讓單一一個外部 IP 位址（external IP address）能夠服務多個內部 IP 位址（internal IP address）。若你有一個使用 NAT 技術的路由器，你家的所有連網器材對外都顯示相同的一個 IP 位址，器材內部的硬體及軟體處理雙向轉換。例如，我的房子裡有至少十二台電腦及其他器材需要一個 IP 位址來連網，它們全都由一個使用單一一個外部 IP 位址的 NAT 來提供服務。

一旦世界改變至使用 128 位元位址的 IPv6，就不會有這壓力了，它能提供 2^{128}（或大約 3×10^{38}）個 IP 位址，我們不會很快用完這些位址。

9.2.3 根網域名稱伺服器

把網域名稱轉換成 IP 位址是網域名稱系統（DNS）的重要服務，頂級網域的這部分工作由一群知道所有頂級網域（例如麻省理工學院網域：mit.edu）的 IP 位址的**根網域名稱伺服器**（root name servers）處理。為取得「www.cs.mit.edu」的 IP 位址，你可以向一台根網域名稱伺服器詢問 mit.edu 的 IP 位址，這樣就能進入麻省理工學院，你再詢問「cs.mit.edu」的名稱伺服器，這樣就能把你引領至一個知道「www.cs.mit.edu」的 IP 位址的名稱伺服器。

因此，DNS 使用一個有效率的搜尋演算法：在頂級層的一個初始查詢立刻就排除了大多數不必再考慮的可能位址。依次往下搜尋的每一個層級也一樣，亦即向下層層排除更多不必再考慮的可能位址。這概念相同於我們在前文討論到的層級式檔案系統的概念。

實務上，名稱伺服器把最近被查詢過和行經它們的網域名稱及位址存放在快取記憶體，這樣，一個新的查詢往往可以由局部資訊回答，不必跑大老遠。若我想進入「kernighan.com」，很可能最近沒人查詢過這網站，本地網域名稱伺服器（local name server）可能必須向根網域名稱伺服器詢問 IP 位址。但若我很快再度使用這網域名稱，伺服器可以就近快取 IP 位址，查詢速度更快。我對此做了實驗，第一次查詢花了四分之一秒；幾秒鐘後，我再次查詢時，花了不到前面時間的十分之一；幾分鐘後再查詢，花的時間也一樣。

你可以用「nslookup」之類的指令進行你的 DNS 實驗，試試這個 Unix 指令：

```
nslookup a.root-servers.net
```

基本上，你可以想像只有單一一台根網域名稱伺服器，但這將是一個單點故障，對一個如此重要的系統而言，真是個糟糕的點子。因此，有十三台

根網域名稱伺服器散布於全球各地，其中半數位於美國。這些伺服器大都由多台廣布各地的電腦組成，它們就像單一一台電腦般地運作，但實際上是使用一個協定，把查詢的請求路由到就近的一個成員。根網域名稱伺服器在不同種類的硬體上跑不同的軟體系統，因此，比起同質系統，它們較不易因為漏洞或病毒攻擊而癱瘓。話雖如此，根網域名稱伺服器仍然不時遭到協同攻擊，可以想像，在一些情況的結合下，有可能導致它們全部同時當機。

9.2.4 註冊你自己的網域

註冊你自己的網域很容易，前提是，你想要的名稱還未被別人註冊的話。ICANN 認證授權超過數百家位於世界各地的網域名稱註冊商，你可以挑選其中一家，選擇你的網域名稱，付費申請，這域名就是你的了（但你必須在效期到期前繳費續約）。雖有一些針對網域名稱的限制規定，但似乎沒有任何禁止淫穢之詞（試試幾個，你就能證明這點）或人身攻擊的規定，自由程度已經到了迫使企業及公眾人物為了自我防衛而搶先註冊域名的地步，例如「bigcorpsucks.com」。網域名稱不能超過 63 個字符，通常只包含字母、數字和連字號，但也可以使用 Unicode 字符，若你取的網域名稱中有非 ASCII 字符，一種名為「國際化域名編碼」（Punycode）的標準編碼會把它們轉換回「字母—數字—連字號」的子集。

你的網站需要一個**主機**，亦即為你的網站呈現給造訪者的內容提供存放與代管服務的一台電腦。你也需要一台**網域名稱伺服器**（name server），當有人試圖找你的網域的 IP 位址時，這伺服器將向此人回應你的主機的 IP 位址。這是一個區分開來的部分，但網域名稱註冊商通常提供此服務，或是讓你容易找到提供此服務的業者。

競爭使得註冊及使用網域的費用維持於低水準，註冊一個「.com」，頭一年費用約十或二十美元，續約的年費跟這差不多。一台主機服務的費用，若是低量的隨性使用，大約一個月五到十美元；若只是寄存一個普通網頁的網域，可能免費。有些主機服務是免費的，或者，若你不怎麼使用服務，或只是短時間的試水溫，只收取低廉價格。

網域名稱歸誰所有？爭議如何解決？若有人已經註冊了「kernighan. com」，我能怎麼辦？最後這個問題的答案很簡單：沒什麼辦法，只能出價購買它。一個有商業價值的網域名稱，例如「mcdonalds.com」或「apple. com」，法院及 ICANN 的爭議解決政策傾向站在有影響力的這方，若你的名字是 McDonald 或 Apple，你爭到上述兩個域名的機會不大，縱使你搶先註冊了它，可能也難以保住它。2003 年，一個名為 Mike Rowe 的加拿大高中生為他的小軟體事業設立一個網站「mikerowesoft.com」，另一家發音相似的大公司揚言採取法律行動，最終，Mike Rowe 選擇了另一個網域名稱，解決糾紛（譯註：mikerowesoft 的發音與 Microsoft 很近似）。

▎9.3 路由

路由——找到一條從來源端至目的端的傳輸路徑，這是任何一個大網路的核心問題。有些網路使用靜態路由表（static routing tables），這種路由表為所有可能的目的端提供路徑的下一步。網際網路的問題在於它太大且動態，無法使用靜態路由表，其結果是，網際網路閘道器藉由和鄰近的閘道器交換資訊，持續更新它們的路由資訊，以確保總是具有比較新的可能路徑及好路徑的資訊。

網際網路的規模巨大，需要一個層級式組織來管理路由資訊。在最高層級，有數萬個**自治系統**（autonomous system）提供有關於它們管轄下的網路的路由資訊，通常，一個自治系統相當於一個大型網際網路服務供應商（ISP）。在一個自治系統內部，路由資訊是局部交換，但這個系統向外部系統呈現統一的路由資訊。

其實，實體組織也有某種層級之別，雖然，這種層級之別並不是制式的或一成不變的。我們透過 ISP 連結網際網路，ISP 是一家公司或其他組織，而這個 ISP 又連結至其他的網際網路服務供應商。有些 ISPs 很小，有些 ISPs 巨大（例如那些由電信公司及有線電視公司經營的網際網路服務）；有些 ISPs 由公司、大學或政府機構之類的組織營運，其他 ISPs 收費以提

供連網服務──電信公司及有線電視公司是典型的例子。個人透過電話或纜線（常見於住家的服務）連結至他們的 ISP，公司及學校提供以太網路或無線連結。

ISPs 透過閘道器連結彼此，針對大型 ISPs 之間的高傳輸量，有**網際網路交換中心**（Internet Exchange Point，IXP），來自多家公司的網路連結在這裡交會，各網路在這裡相互連結，使得來自一個網路的資料可以有效率地傳輸至另一個網路。大流量的交換以每秒兆位元組（TB）的速度從一個網路傳輸至另一個網路，例如，DE-CIX 法蘭克福交換中心是全球最大的 IXP 之一，目前的平均資料傳輸速度近 6Tbps，最高超過 9Tbps。[85] ＜圖表 9-2 ＞顯示這個網際網路交換中心的五年流量圖，可以看出其穩定成長，以及 2020 年初新冠肺炎危機爆發迫使許多人遠距工作後，流量明顯增加。

圖表9-2　DE-CIX法蘭克福IXP流量（感謝DE-CIX提供）

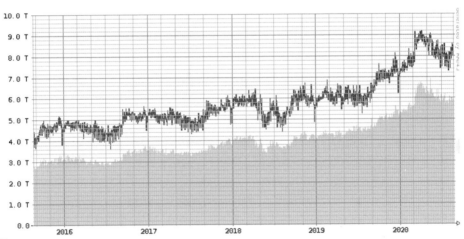

　　一些國家提供進出該國的閘道器較少，這些可被用於監控和過濾政府不歡迎的資訊。

　　你可以在 Unix 系統（包括麥金塔電腦）上使用一種名為「traceroute」的程式或在視窗系統上使用「tracert」程式來探索路由，這些也有網路版本。[86] ＜圖表 9-3 ＞顯示從普林斯頓大學傳輸資料到澳洲雪梨大學的一台電腦上的路徑，這已經經過空白編輯，每一行指令都顯示網域名稱、IP 位址，以及路徑中下一個跳躍（hop，中繼段）的往返時間（round trip time）。

圖表9-3　從普林斯頓大學傳輸資料到澳洲雪梨大學的 traceroute

```
$ traceroute sydney.edu.au
traceroute to sydney.edu.au (129.78.5.8),
30 hops max, 60 byte packets
1 switch-core.CS.Princeton.EDU (128.112.155.129) 1.440 ms
2 csgate.CS.Princeton.EDU (128.112.139.193) 0.617 ms
3 core-87-router.Princeton.EDU (128.112.12.57) 1.036 ms
4 border-87-router.Princeton.EDU (128.112.12.142) 0.744 ms
5 local1.princeton.magpi.net (216.27.98.113) 14.686 ms
6 216.27.100.18 (216.27.100.18) 11.978 ms
7 et-5-0-0.104.rtr.atla.net.internet2.edu (198.71.45.6) 20.089 ms
8 et-10-2-0.105.rtr.hous.net.internet2.edu (198.71.45.13) 48.127 ms
9 et-5-0-0.111.rtr.losa.net.internet2.edu (198.71.45.21) 75.911 ms
10 aarnet-2-is-jmb.sttlwa.pacificwave.net (207.231.241.4) 107.117 ms
11 et-0-0-1.pe1.a.hnl.aarnet.net.au (202.158.194.109) 158.553 ms
12 et-2-0-0.pe2.brwy.nsw.aarnet.net.au (113.197.15.98) 246.545 ms
13 et-7-3-0.pe1.brwy.nsw.aarnet.net.au (113.197.15.18) 234.717 ms
14 138.44.5.47 (138.44.5.47) 237.130 ms
15 * * *
16 * * *
17 shared-addr.ucc.usyd.edu.au (129.78.5.8) 235.266 ms
```

　　這些往返時間顯示一段橫跨美國的傳輸旅程，接著是橫越太平洋到澳洲的兩個大中繼段。從名稱的神秘縮寫去探索那些閘道器位於何處，這是很有趣的事，從一個國家到另一個國家的連結很可能也經過其他國家（這其中通常包含美國）的閘道器，有人可能對此感到驚訝，或是認為這樣不好，視傳輸的資訊性質和涉及的國家而定。＜圖表 9-4 ＞的海底電纜分布圖顯示光纖

電纜通達美國、歐洲,及亞洲陸地的程度,此圖未顯示陸地上的光纖電纜分布。

圖表9-4　海底電纜分布圖(感謝 submarinecablemap.com 提供)

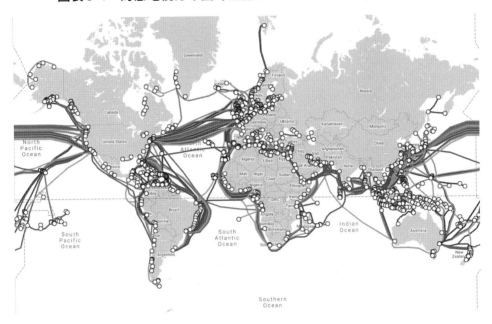

　　不幸的是,資安考量已經使得 traceroute 程式提供的確實且完整情報愈來愈少,因為愈來愈多站選擇不提供讓這程式可靠運轉的必要資訊。舉例而言,一些站不揭露網域名稱及 IP 位址,<圖表9-3 >中的星號部分,就是不揭露這些資訊的站。

9.4 TCP/IP 協定

　　一個協定定義兩方如何互動的規則:一方是否要伸手示意與對方握手;雙方相互鞠躬時,腰得彎多深;誰先通過門;在路上靠哪邊行駛等等。日常生活中的多數協定並不是正式的協定,但靠哪邊行駛是法律規定的;反觀網路協定都是非常明確的規則。

　　網際網路有許多協定，其中有兩個絕對根本必要的協定：其一是**網際網路協定**（Internest Protocol，IP），定義個別封包如何格式化及傳輸；其二是**傳輸控制協定**（Transmission Control Protocol，TCP），定義如何把 IP 封包結合成資料流及如何與服務連結。這兩個協定結合起來，稱為「TCP/IP」。

　　閘道器負責路由 IP 封包，但每個實體網路有自己傳輸 IP 封包的格式，每個閘道器必須在封包進來和出去時，在網路格式與 IP 之間轉換。

　　在 IP 之上，TCP 提供可靠的通訊，因此，使用者（正確地說，程式設計師）不必去思考封包，只需思考資訊流。被我們想成為「網際網路」的多數服務都使用 TCP。

　　在這些之上是提供這些服務（全球資訊網、電子郵件、檔案傳輸等等）的應用程式層級的協定，這些協定大都建立於 TCP 的基礎上。因此，有幾個層級的協定，每一個層級倚賴它下面那個層級的服務，並向它上面那個層級提供服務。這是第六章談到的軟體分層的一個好例子，常被用以描述這種分層的圖（參見＜圖表 9-5 ＞）看起來有點像個層層疊起的婚禮蛋糕。

　　使用者資料包協定（User Datagram Protocol，UDP）是跟 TCP 同一層級的另一個協定，它比 TCP 簡單得多，被用於不需要雙向流的資料交換，它只是多增加幾個功能，以更有效率的傳輸封包。網域名稱系統（DNS）使用 UDP，影片串流、網路電話（VoIP），以及一些線上遊戲也使用 UDP。

圖表9-5　協定層級

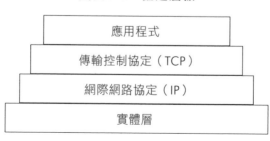

| 應用程式 |
| 傳輸控制協定（TCP） |
| 網際網路協定（IP） |
| 實體層 |

9.4.1 網際網路協定（IP）

網際網路協定（IP）提供一個不可靠（unreliable）、無連接（connectionless）的封包傳輸服務。「無連接」的意思是，在傳輸資料之前，不需要事先交換資訊以建立連線，因為每個 IP 封包自足自立（self-contained，譯註：自含送往目的端位址所需要的相關資訊），它在網路中的傳輸是獨立的，與任何其他的 IP 封包沒關係。IP 是無狀態或無儲存功能的：一個封包被送往下一個閘道器後，協定不需要儲存有關於這封包的任何資訊。

「不可靠」的意思大致就是其字面上的意思，IP 是一種「盡最大努力」（best effort）的協定，不保證它把封包遞送得好不好，若出了問題，算你倒楣。封包可能遺失或損壞，可能傳遞順序混亂，可能抵達得太快而無法處理，或是抵達得太慢而無用了。在實際使用上，IP 很可靠，但萬一一個封包迷路了或損壞了，它不會嘗試修復。這就像你在一個陌生的地方，把一張明信片投入郵筒，這張明信片可能被送達，但可能在途中被污損了；有時候，它根本未被送達；有時候，它遞送的時間遠比你預期的長（有一種 IP 失敗是明信片沒有的：IP 封包可能被複製，收件方收到不只一份複本）。

IP 封包的大小上限是 65 KB，因此，一個長訊息必須被分成更小塊，以便分開傳送，然後在遠端重新組裝起來。跟以太網路封包一樣，一個 IP 封包有一個明訂的格式，＜圖表 9-6 ＞顯示 IPv4 格式的一部分；IPv6 的格式類似，但來源端位址及目的端位址的長度分別是 128 位元。

封包中的一個有趣部分是「存活時間」（Time to Live，TTL），TTL 在封包中是一個佔據一個位元組（8 位元）的欄位，它被封包的來源端設定

圖表9-6　IPv4 封包格式

版本 （Version）	服務類型 （Typ of Service）	網際網路 標頭長度 （Internet Header Length）	封包 總長度 （Total Length）	存活時間 （Tiem to Live）	來源端位址 （Source Address）	目的端位址 （Destination Address）	錯誤檢查 （Error Check）	資料（Data） （最多65 KB）

了一個初始值（通常是 40 左右），每通過一個處理此封包的閘道器，這值就會被減去 1。若封包抵達目的地之前，有閘道器發現這 TTL 值降至 0，這封包就會被丟棄，並發出一個內含通知「傳輸中時間超過」訊息的 IP 封包給來源端。通常，一個封包在網際網路上傳輸的旅程可能經過 15 至 20 個閘道器，因此，一個跳躍了 255 次（亦即有 255 次中繼段）的封包顯然陷入麻煩，可能存在於一個迴路中，TTL 欄不會消除迴路，但它會阻止封包一直在迴路中存活著。

IP 本身不保證資料將傳輸得多快：身為一個「盡最大努力」的服務，它甚至不承諾資訊一定送達，更遑論承諾遞送得多快了。網際網路大量使用快取去盡力保持有效率地運行，在討論名稱伺服器的前文中，我們已經看到了這點。網頁瀏覽器也快取資訊，因此，你嘗試存取你最近瀏覽過的一個網頁或一個影像時，它可能來自一個本地快取記憶體，而不是來自網路。大型網際網路伺服器也使用快取來加快回應，阿卡邁科技（Akamai Technologies）之類的公司向其他公司（例如雅虎）提供內容遞送服務，這服務也是更靠近地快取內容以回應給接收者。搜尋引擎也使用大量它們在爬搜網路時發現的網頁的快取記憶體，我們將在第十一章討論這個主題。

9.4.2 傳輸控制協定（TCP）

更高層級的協定把來自這個不可靠的下層（IP）的通訊合成為可靠通訊，這其中最重要的一個協定是 TCP。TCP 為其使用者提供一個可靠的雙向資料流：把資料放在一端，讓它輸出於另一端，傳輸過程低延遲（亦即等候時間少），發生錯誤的機率低，彷彿是從一端直通至另一端。

我不敘述 TCP 如何運作的細節，細節非常多，但基本概念夠簡單。把位元組資料流（stream）分割成段，放進 TCP 封包或區段（segments），一個 TCP 區段不僅包含實際資料，也包含控制資訊（control information），這控制資訊名為「標頭／表頭」（header）。控制資訊包括一個序號，讓接收者知道這個封包（或區段）代表資料流的哪個部分，這麼一來，若有一個區段遺失了，將會被立即注意到，可以重新傳送這個區段。控制資訊中也包

含檢錯資訊，若一個區段被損壞，可能被被檢測到，同樣可以重新傳送這個區段。每一個 TCP 區段被裝在一個 IP 封包中傳輸，<圖表 9-7 >顯示一個 TCP 區段標頭的內容，這標頭（控制資訊）將和實際資料一起裝入一個 IP 封包中傳送。

圖表9-7　TCP區段標頭格式

來源埠號 （Source Port）	目的埠號 （Destination Port）	序號 （Sequence Number）	確認號 （Acknowledgement Number）	錯誤檢查 （Error Check）	其他資訊 （Other Information）

接收者必須確認是否收到每一個區段：我傳送給你的每一個區段，你必須發送一個確認給我，若過一段時間，我沒有收到你的確認，我就必須假定那個區段遺失了，我將重傳。同樣地，若你期待一個區段，但沒有收到，你必須向我發送一個**否定確認**（「區段 27 還未送達」），我就會重新傳送。

當然啦，若確認本身遺失了，狀況就變得更複雜了。TCP 有一些計時器來決定等多久後可以假定出問題了。若一個運算花多久的時間，就可以重試；若一再重試都失敗，最終，一個連結將逾時而被中止（你大概遇過這種情形：網站沒有回應）。這都是 TCP 協定的一部分。

TCP 協定也有機制讓這運作得有效率。例如，傳送方不必等到收到接收方對前面的封包做出確認回應後，才傳送後續的封包，而接收方也可以對一群封包發送一筆確認；若傳輸順暢，這樣可以減少為了確認而造成的冗餘工作。但若發生壅塞，開始有封包遺失，傳送方就快速回到較慢的速度，爾後再慢慢地恢復速度。

當兩個主機之間建立 TCP 連結時，這連結並非只是連結至特定的一台電腦，而是連結至那台電腦的一個連接埠（port），每一個連接埠號代表一個個別的通訊，一個連接埠號用兩個位元組（16 位元）數字來表示，因此有 65,536 個可能的連接埠號，所以，基本上，一個主機可以同時承載 65,536 個個別 TCP 通訊。這類似於一家公司有一個電話號碼，其員工有不同的分機號碼。

有一百多個「公認連接埠號」（well known port）被保留給標準服務的連結，例如，全球資訊網伺服器使用「80」這個連接埠號，電子郵件伺服器使用「25」這個連接埠號。若一個瀏覽器想存取「www.yahoo.com」，它將建立一個 TCP 連結至雅虎的連接埠號 80，但一個電子郵件程式將使用連接埠號 25 去連結一個雅虎郵件伺服器。來源埠號和目的埠號是伴隨資料的 TCP 區段標頭的一部分控制資訊。

關於 TCP，還有許多其他細節，但基本概念就這些，並不複雜。TCP和 IP 最早由溫頓・瑟夫（Vinton Cerf）及羅伯・卡恩（Robert Kahn）共同設計於 1973 年左右，因為這項貢獻，他們共同於 2004 年贏得圖靈獎。TCP/IP 協定雖已歷經修改，但在網路規模與通訊速度已經成長那麼多數量級之下，它們基本上仍然維持相同，原始的設計太傑出了，現在，TCP/IP處理網際網路上絕大部分的通訊。

▎9.5 更高層級的協定

TCP 提供一個可靠的雙向流，在兩台電腦之間來來回回傳送資料，網際網路服務及應用程式使用 TCP 作為傳輸機制，但它們自己有針對本身工作的協定。例如，超文本傳輸協定（Hypertext Transfer Protocol，HTTP）是網頁瀏覽器和伺服器之間使用的一種特別簡單的協定，當我點擊一個鏈結時，我的瀏覽器在伺服器上開啟一個 TCP/IP 連結至連接埠 80，例如「amazon.com」，並發送一個短訊，請求一個特定的網頁。在＜圖表9-8 ＞中，瀏覽器是左上方的用戶應用程式（client application），訊息往下通過協定鏈，橫越網際網路（通常有更多步驟），再連接至遠端對應的伺服器應用程式。

在亞馬遜這邊，伺服器準備網頁，把它傳送給我，同時加上少量的其他資料，可能是有關於此網頁如何編碼的資訊；這回應的路徑未必相同於原來的路徑。我的瀏覽器讀到這回應，使用那些資訊，把網頁內容顯示於螢幕上。

圖表9-8　TCP/IP連結與資訊流

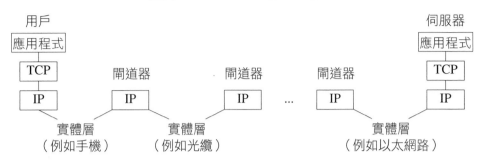

9.5.1 Telnet及SSH協定：遠端登入

網際網路是個資訊載體，我們能拿它來做什麼呢？下文談幾個最早使用初生的網際網路的 TCP/IP 應用程式，它們遠溯至 1970 年代初期，但至今仍被使用，應該對它們的設計及效用致敬。它們是命令行程式，雖然使用起來大致上簡單容易，但它們針對的對象是比較有專業知識的人士，而非一般使用者。

你可以使用 Telnet（Teletype Network，電傳網路，一般直接稱 Telnet）去取得亞馬遜網頁，這是一種在另一台電腦上建立遠端登入（remote login）通訊的 TCP 服務。Telnet 通常使用連接埠 23，但也可以針對其他連接埠。在一個命令行視窗中輸入以下指令：

```
$ telnet www.amazon.com 80
GET / HTTP/1.0
    ［在此處多輸入一空白行］
```

遠端伺服器將會傳回超過 225,000 個字符，瀏覽器用此資訊，把網頁內容顯示於螢幕上。

「GET」是一種 HTTP 請求指令，「/」請求伺服器裡的預設檔案，「HTTP/1.0」是協定名稱及版本，下章將對 HTTP 及全球資訊網有更多的

討論。

Telnet 提供連結一個遠端電腦的途徑，彷彿直接和那台連結一樣。Telnet 接受來自用戶的鍵擊輸入，把它們傳送至遠端目的地伺服器，彷彿用戶直接在那台伺服器鍵擊輸入一樣；Telnet 截取伺服器輸出的資料，傳回給用戶。Telnet 使我們能夠使用網際網路上的任何電腦，彷彿所有那些電腦都在本地似地。再舉一個例子，使用 Telnet 來執行一筆搜尋：

```
$ telnet www.google.com 80
GET /search?q=whatever
    〔在此處多輸入一空白行〕
```

遠端伺服器將產生超過 110,000 位元組的輸出資料，大都是 JavaScript 程式及圖像，但若你仔細看，可以看到裡頭的搜尋結果。

Telnet 不提供資安，它傳輸的資料沒有加密。若遠端系統接受不需密碼的登入，就等於沒有任何要求；若遠端系統要求需要密碼才能登入，Telnet 便會一目了然地傳送用戶的密碼，因此，任何觀看資料流的人都能看到這密碼。這種完全缺乏資安的方式是 Telnet 現在很少被使用的原因之一，除非是資安不重要的特殊情況，才會被使用。但它的後繼者「安全外殼協定」（Secure Shell，SSH）就被廣為使用，因為它把雙向的傳輸加密，可以安全地交換資訊；SSH 使用連接埠 22。

9.5.2 SMTP：簡單郵件傳輸協定

第二個協定是簡單郵件傳輸協定（Simple Mail Transfer Protocol，SMTP）。[87] 我們通常用一個瀏覽器或一個獨立程式收發電子郵件，但跟網際網路上的許多其他東西一樣，這個表面底下有幾個層級，每個層級都由程式及協定來支撐。電子郵件涉及兩種基本協定，其一是用以和另一個系統交換電子郵件的 SMTP。SMTP 建立一個 TCP/IP 連結至收件人的郵件電腦的連接埠 25，並使用這協定來指出寄件人與收件人，並傳輸訊息。

SMTP 是基於文本的協定，若你想看它是如何運作的，你可以使用 Telnet 在連接埠 25 上操作它，但因為資安疑慮造成的限制，縱使只是在你自己的電腦上操作，可能也會遇上麻煩，因為很多伺服器封鎖 Telnet 服務。[88] <圖表 9-9 >顯示使用一個本地系統的實際通訊中的一段（為了簡潔，編輯過了），我發送一封電子郵件給自己，彷彿它是他人發給我的（其實就是垃圾郵件啦）。粗斜體字部分是我輸入的。

圖表9-9　用SMTP發送電子郵件

```
$ telnet localhost 25
Connected to localhost.
220 davisson.princeton.edu ESMTP Postfix
HELO localhost
250 davisson.princeton.edu
mail from:liz@royal.gov.uk
250 2.1.0 Ok
rcpt to:bwk@princeton.edu
250 2.1.0 Ok
data
354 End data with <CR><LF>.<CR><LF>
Subject: knighthood?

Dear Brian --

Would you like to be knighted? Please let me know soon.

ER
.
250 2.0.0 p4PCJfD4030324 Message accepted for delivery
quit
```

這封荒誕（至少是不可信）的郵件正確地遞送到我的電子郵件信箱裡，如<圖表 9-10 >所示。

圖表 9-10　收到郵件了！

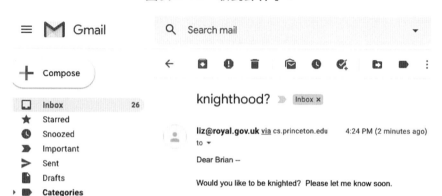

由於 SMTP 要求電子郵件訊息必須是 ASCII 文本，有一個名為「多用途網際網路郵件擴充」（Multipurpose Internet Mail Extensions，MIME，實際上是另一種協定）的標準說明如何把其他類型的資料轉換成 ASCII 文本，以及如何把多個部分結合成單一郵件訊息。這個機制被用以包含郵件附加檔案如相片及影片，HTTP 也使用此機制。

雖然，SMTP 是一種端對端協定，TCP/IP 封包從來源端到目的端的路途中行經 15 至 20 個閘道器，這途中的任何一個閘道器完全有可能去查看封包，並且拷貝下來，以供慢慢審視。SMTP 本身能夠拷貝內容，郵件系統記錄內容與標頭。若你想讓內容保密，必須在來源端加密，但切記，內容加密並不能隱藏寄件人和收件人的身分，通訊分析會揭露誰在和誰通信，這種元資料（metadata）通常不如郵件實際內容那麼具有情報價值，我們將在第十一章討論這個。

SMTP 從來源端傳送郵件至目的端，但這跟之後的郵件存取無關，郵件送達目的端電腦後，通常要等候到收件人存取它，這通常使用另一個協定，名為「網際網路訊息存取協定」（Internet Message Access Protocol，IMAP）。使用 IMAP 這個協定，你的郵件存放在一台伺服器上，你可以從多處存取它。IMAP 確保你的電子郵件信箱縱使在同時有幾個讀取方和更新方的情況下（例如當你從一個瀏覽器和一支手機上處理你的郵件），總是

保持一致狀態，你不需要製作多個郵件訊息複本，或是在各種電腦器材之間複製它們（譯註：這指的是你的電腦、平板、手機等器材上都可以設定電子郵件信箱，在這些器材上的電子郵件信箱總是保持一致狀態）。

由 Gmail 或 Outlook 之類系統在雲端上處理電子郵件是很普遍的事，這些系統使用 SMTP 來傳輸，且表現得像 IMAP 般讓用戶存取郵件。第十一章將討論雲端運算。

9.5.3 檔案分享及端對端協定

1999 年 6 月，東北大學的大一生尚恩·范寧（Shawn Fanning）發表 Napster 程式，讓人們極其容易地分享以 MP3 格式壓縮的音樂檔。范寧發表這程式的時間點好極了，流行音樂 CDs 無處不在，但昂貴，當時，個人電腦的速度已經夠快到可以做 MP3 編碼與解碼，演算法也普遍可得，頻寬夠高到能夠在網路上以合理速度傳輸使用 MP3 格式的歌曲，尤其是對那些在宿舍裡使用以太網路的大學生而言。范寧的程式設計與實作都做得很好，Napster 像野火般蔓延。范寧在 1999 年中創立一家公司，提供此服務，聲稱在其巔峰期有 8,000 萬用戶。1999 年末，這家公司被告上法庭，指控該公司大規模盜取有版權的音樂，法院判決 Napster 必須在 2001 年中之前關閉。兩年間，從零到 8,000 萬用戶，再回歸零，生動例示當時流行的「網際網路時代」（Internet time）一詞。

要使用 Napster，用戶必須在其電腦上下載一個 Napster 用戶程式，並建立一個本機資料夾，存放可分享的音樂檔。然後，用戶登入一台 Napster 伺服器時，Napster 用戶程式把可分享檔案的**檔名**上傳，Napster 把它們加到一個匯集目前可供檔案名稱的中央目錄裡。這個中央目錄持續更新：當新用戶連結時，它們的檔案名稱被加入目錄中；當一個用戶未能對一個試探做出回應時，其檔案名稱就從目錄名單中去除。

當一個用戶在中央目錄中搜尋歌曲名稱或表演者時，Naspter 列出目前正在線上、且願意分享那些音樂檔案的其他用戶名單，當這用戶選擇了一個供源時，Napster 安排此用戶和這供源接洽（類似一種約會服務）──提供

一個 IP 位址及一個連接埠號，用戶的電腦上的用戶程式直接接洽供源，取得檔案。供源及這消費者向 Napster 回報狀態，除此之外，中央伺服器並不「涉入」，因為它從未觸及音樂本身。

我們習慣於「用戶—伺服器」模式——一個瀏覽器（用戶）向一個網站（伺服器）請求東西；Napster 是不同模式的一個例子，它提供一個列出目前可供分享的音樂清單的中央目錄，但音樂本身只儲存於用戶的機器裡，當傳輸一個分享的音樂檔案時，直接從一個 Napster 用戶傳輸至另一個 Napster 用戶，而非透過中央系統傳輸。因此，這種組織模式被稱為「**端對端**」（peer-to-peer，或譯「對等式」），分享者是「peers」（同儕）。由於音樂本身只儲存於端電腦上，從不儲存於中央伺服器上，Napster 希望藉此躲避版權問題，但法院沒有被這法律細節說服。

Napster 協定使用 TCP/IP，因此，它實際上和 HTTP 及 SMTP 是同一個層級的協定。我絕無貶低范寧的創新的意思（他的創新確實巧妙），但在網際網路的基礎建設、TCP/IP、MP3 以及建立圖形使用者介面的工具都已經存在的情況下，Napster 其實是一個簡單的系統。

現在的檔案分享（不論合法與否），大都使用名為「BitTorrent」（簡稱 BT）的端對端協定（peer-to-peer protocol），由布萊姆·柯恩（Bram Cohen）於 2001 年設計出來。BitTorrent 對於分享大而流行的檔案（例如電影及電視節目）特別好用，因為每個開始用 BitTorrent 協定來下載一個檔案的人也必須開始上傳此檔案的片段給其他想下載的人。想下載者藉由搜尋分散式目錄去尋找檔案，根據 BitTorrent 協定，檔案發布者必須根據其要發布的檔案，生成一個小的「種子檔案」（torrent file），這種子檔案中包含一個「追蹤記錄器」（tracker），這追蹤記錄器中含有誰已經傳送及收到哪些檔案區塊的資訊，想下載者必須取得這些資訊。BitTorrent 用戶很容易受到偵查，因為這個協定要求下載者也必須上傳，因此，他們很容易被確證從事提供受版權保護內容的行為。

除了有違法之嫌的檔案分享，端對端網路（對等式網路）還有其他用途。我們將在第十三章討論到的一種數位貨幣與支付系統比特幣（Bitcoin），

也使用端對端協定。

9.6 網際網路上的版權

1950 年代，拷貝一本書或一個錄音資料是很難實現的事，但複製技術持續變得更便宜，到了 1990 年代，已經相當容易製作一本書或一張唱片的數位拷貝，這種拷貝可以大量製作，並且透過網際網路，快速且零成本地傳送給他人。

娛樂業團體如美國唱片協會（Recording Industry Association of America，RIAA）及美國電影協會（Motion Picture Association of America，MPAA）不遺餘力地試圖阻止分享受版權保護的內容，它們的行動包括訴訟、揚言對大量侵犯版權者採取法律行動，以及密集遊說支持立法確立這類活動為非法行為。侵犯版權情事大概禁絕不了，但事實顯示，為有保障的品質索取合理價格，可以大大減少版權侵權行為，並且仍然賺錢，蘋果公司的 iTunes 音樂商店、網飛及聲破天的串流服務，都是好例子。

在美國，有關於數位版權問題的主要法律是 1998 年通過及生效的《數位千禧年著作權法》（Digital Millennium Copyright Act，DMCA），明訂在數位媒體上繞過版權保護方法為非法行為，包括在網際網路上散布有版權的內容。其他國家也有類似的法律。DMCA 是娛樂業用以對付版權侵犯者的法律機制。

DMCA 為網際網路服務供應商（ISP）提供一個「安全港」條款：若一個 ISP 被合法版權持有人通知該 ISP 的一個用戶供應受版權保護的內容，若該 ISP 要求此版權侵犯者移除受版權保護的內容，那麼，該 ISP 可免除版權侵權責任。若一所大學是其學生和教職員的 ISP，這安全港條款對這所大學而言就很重要，因此，每所大學都有單位專責處理有關於版權侵權行為的指控，＜圖表 9-11 ＞是普林斯頓大學收到的一份 DMCA 通知。

圖表9-11 一網頁向普林斯頓大學發出的DMCA通知

舉報涉及普林斯頓大學資訊科技資源或服務的版權侵權行為，請通知〔……〕，《數位千禧年著作權法，公法105-304》的指定代理人，回應被舉報在普林斯頓大學網站上的版權侵權行為。

DMCA也引發比較勢均力敵的兩方的法律紛爭與官司。2007年，電影及電視巨擘維康集團（Viacom）控告谷歌旗下的YouTube播放受版權保護內容，並求償10億美元，維康集團說，DMCA不允許大規模盜版受版權保護的內容。谷歌的部分抗辯說，它已經在收到DMCA的移除內容通知後，就立即採取下架行動。2010年6月，一位法官判決維康集團敗訴，維康集團上訴後，一個上訴庭逆轉前面的部分判決，但另一名法官再次基於YouTube已經正確遵循DMCA程序，判決谷歌勝訴。維康集團和谷歌在2014年就此侵權官司達成和解，遺憾的是，雙方並未公開和解內容。

谷歌在2004年展開一項計畫，掃描主要存放於研究圖書館的大量書籍，以供公開搜尋。2005年，作家協會（Authors Guild）控告谷歌藉由違反著作權而牟利。這案件纏訟十餘年，2013年，法官判決谷歌並未違法，理由是這些藏書有可能遺失，讓它們以數位形式提供給學術研究，甚至可能為作者及出版商創造收入。2015年末的上訴庭贊同此判決，部分基於一個事實：谷歌在線上僅提供每本書的有限量內容。作家協會上訴最高法院，但最高法院在2016年拒絕受理此案，這樁官司終於塵埃落定。

這是另一個讓我們能夠看到兩邊論點都合理的例子。身為研究人員，我希望能夠搜尋到我原本無法看到或甚至不知道的書籍；但是，身為作者，我想要人們購買我的著作的合法版，而不是下載盜版。

提交DMCA申訴很容易，我曾經發出一份申訴給文檔分享網站史克里卜德（Scribd），舉報一件非法上傳本書第一版的案件，該網站在二十四小時內就把它移除了。不幸的是，大多數書籍的大多數非法複本基本上不可能被移除。

DMCA有時也被用於反競爭，這應該不是此法案的原意圖之一。例

如，飛利浦公司（Philips）設計並製造連結網路的智慧型燈泡，讓控制器調節它們的亮度與色彩，該公司在 2015 年宣布它正在修改這種燈泡的韌體（firmware，嵌入硬體中以驅動硬體作業的軟體），使得飛利浦燈泡只能與飛利浦控制器一起使用。DMCA 不許任何人對軟體進行反向工程，以相容第三方的燈泡。飛利浦此舉引發抗議，該公司最終在此例中退讓，但其他公司繼續使用 DMCA 來限制競爭，例子包括列印機墨水匣及單杯咖啡機膠囊。[89]

▎9.7 物聯網

　　智慧型手機只不過就是能夠使用標準電話系統的電腦罷了，但所有現代電話機都能透過無線載波或 Wi-Fi 來連結網際網路。這種可連結性使得電話網路和網際網路之間的分界變得模糊，這分界可能最終消失。

　　使行動電話變得在今世界無遠弗屆的那些力量，也作用於其他器材上。如前文所述，許多小巧裝置及器材內含強大的處理器、記憶體，往往也有無線網路連結，我們很自然地想讓這類器材與網際網路連結，這也很容易做到，因為所有必要機制都已存在，而且，增加的成本近乎零。於是，我們看到可以透過 Wi-Fi 或藍牙上傳相片的相機，能夠下載娛樂及上傳所在位置和引擎遙測數據的車子，測量與控制所在地環境溫度、並通報人在外面的屋主的恆溫器，監看小孩與保母及按門鈴者的影像監視器，Alexa 之類的語音應答系統，以及上面提到的連網電燈泡，這些全都是基於網際網路連結。這一切被名之為「**物聯網**」（Internet of Things，IoT）。

　　就許多層面來看，這是個很棒的概念，可以確定，未來將更加朝此方向發展。不過，物聯網也有一個大缺點：比起通用型器材，這些專門性器材更易於惹上種種問題，被駭、被入室竊盜、損毀等等，都是相當有可能發生的，事實上，是更可能，因為對於物聯網的資安及隱私性的關注度遠落後於個人電腦與手機在這些方面的技術發展。「自動通報」（call home）——把資訊傳回其製造國家的伺服器上——的設備，數量多得驚人。[90]

從眾多例子中隨便挑一個。2016 年 1 月，一個網站讓其用戶可以搜尋那些在毫無保護措施下展示影片的網路攝影機，這網站提供「種植大麻地，銀行密室，孩童，廚房，客廳，車庫，前院，後院，滑雪坡，游泳池，大學及其他各級學校，實驗室，零售店收銀台攝影機」。[91] 這些影像可被拿來做種種用途，從純粹的滿足偷窺癖，到遠遠更糟的用途。

一些小孩玩具是物聯網類型，這開啟了種種潛在危害。一項研究顯示，幾種玩具內含可被用於追蹤小孩分析程式，以及可以用玩具來導航其他攻擊的不安全機制。[92] 例如，其中一種玩具是顯然意圖監視水合作用的物聯網型水瓶，這類潛在追蹤違反了《兒童線上隱私保護法》（Children's Online Privacy Protection Act，COPPA），以及明文規定的玩具隱私政策。

消費性產品——例如上面提到的網路攝影機，往往很脆弱，因為製造商未提供良好的資安保護，可能是成本高而不願意提供，或是對消費者而言太複雜，抑或只是實作做得太差所致。舉例而言，2019 年末，一名駭客整編了五十多萬件物聯網器材的 IP 位址及 Telnet 密碼，他掃描那些在連接埠 22 上做出反應的器材，然後嘗試「admin」及「guest」之類的預設帳號及密碼，發現了這些 IP 位址及 Telnet 密碼。[93]

電力、通訊、運輸，以及許多其他領域的基礎設施已經連結網際網路、但沒有足夠關注對它們的保護，舉例而言，2015 年 12 月，有報導指出，某個製造商生產的風力發電機有一個網路賦能的管理介面，可以被輕易攻擊〔只需編輯統一資源定位器（URL）即可〕，切斷它們的發電。[94]

▌9.8 本章總結

網際網路的背後只有一些基本概念，這麼少的機制（雖然涉及大量工程），能夠成就這麼多，著實了不起。

網際網路是一種封包網路：以標準化的個別封包來傳送資訊，封包被動態地路由，行經大而持續變化的網路集。這種模式不同於電話系統的電路網路，在電話系統中，每個通訊有專線電路，概念上來說，就是介於通話兩方

之間的一條私人線路。

　　網際網路對每一台目前連結中的主機指派一個獨一無二的 IP 位址，同一個網路裡的主機共用一個 IP 位址字首（prefix）。筆記型電腦及手機之類的行動主機的 IP 位址可能在它們每次連結網際網路時有所不同，而且，這 IP 位址可能隨著主機的移動而改變。網域名稱系統（DNS）是一個大型分散式資料庫，把網域名稱轉換成 IP 位址，把 IP 位址轉換成網域名稱。

　　網路之間透過閘道器來連結，閘道器是專門型電腦，在封包從來源端傳輸至目的端的途中，把封包從一個網路路由至下一個網路。閘道器彼此之間使用路由協定，交換路由資訊，好讓它們縱使在網路拓撲（network topology，亦即網路布局）變化和連結來來去去之下，總是知道如何把一個封包推進至更靠近目的地。

　　網際網路是靠協定與標準來運轉的，網際網路協定（IP）是共通機制，是交換資訊的通用語。特定的硬體技術如以太網路和無線系統把資料打包成 IP 封包，但在 IP 層級無法看到硬體的任何一個部分如何運作的細節，甚至無法看到是否涉及硬體的某個特定部分。傳輸控制協定（TCP）使用 IP 去創造一個連結至一主機的某個連接埠的可靠資料流，更高層級的協定使用 TCP/IP 去創造服務。

　　協定把系統區分成多個層級，每個層級使用下面那個層級提供的服務，並向上面那個層級提供服務；沒有一個層級試圖去做所有事情。這種協定的分層式結構對網際網路的運轉而言很重要，這是組織與控制複雜性、同時又把無關緊要的實作細節隱藏起來的一種方式。每個層級忠於它知道如何做的事：硬體網路把位元組從一網路中的一台電腦傳送至另一台電腦；IP 在網際網路上傳輸個別封包；TCP 合成出一個來自 IP 的可靠資料流；應用程式協定在資料流中來來回回傳送資料。每個層級提供的編程介面是第五章談到的應用程式介面（API）的好例子。

　　這些協定的共通點是，它們在電腦程式之間傳送資訊，使用網際網路作為一個有效率地把位元組從一台電腦拷貝至另一台電腦上、但不試圖去解譯或處理它們的笨網路（dumb network，或譯「基本型網路」）。這是網際

網路的一個重要屬性：說它「笨」的意思是，它只傳輸資料，不會去動到它們。用比較沒那麼貶損的詞語來說，這是所謂的「**端對端原則**」（end-to-end principle）：理解力位於端點，亦即讓傳送與接收資料的程式去解譯或處理資料。這與傳統的電話網路相反，理解力全存在於電話網路中，至於端點（如老式電話機）才是「笨東西」，只不過是一種連結至網路及轉播語音的器材。

「笨網路」模式的效能高，因為它意味的是，任何有好點子的人可以創造智慧端點，並倚賴網路去傳輸位元組；等待一電信公司或有線電視公司去實行或支援這好點子，將行不通。電信業者當然會樂得握有更多掌控，尤其是在多數創新來自別處的行動領域，iPhone 及安卓之類的智慧型手機是主要在電話網路中通訊、而非在網際網路上通訊的電腦，電信業者很想從電話服務業務中賺錢，但現在，它們基本上只能靠傳輸資料業務賺錢。早年，多數行動電話對資料傳輸服務採取單一費率，但至少在美國，早就已經改變為用量愈多就收費愈多的費率結構。對於下載電影之類的高用量服務而言，對確實濫用者收取較高價格及訂定用量上限，或許是合理的，但對於簡訊之類服務而言，就比較站不住腳了，因為這類服務佔用的頻寬是那麼小，對電信業者幾乎沒什麼成本。

最後，我們可以注意到，早年的協定及程式是多麼地信任其用戶，例如，Telnet 一目了然地傳送用戶的密碼。又如，有很長一段期間，SMTP 從任何人傳送電子郵件給任何人，完全不限制寄件人或收件人，濫發垃圾郵件者當然喜歡這種「開放轉發」（open relay）服務——若你不需要一個直接回覆，你就可以對你的源址撒謊，這使得詐騙及阻斷服務攻擊（denial of service attack）很容易。網際網路的協定和以這些協定為基礎的程式是針對一個誠實、合作、善意的受信任者社群而設計的，但現今的網際網路遠不是這種模樣，因此，我們正在種種層級做資安及驗證的補強工作。

如同我們將在後面章節討論到的，網際網路的隱私與資安是棘手課題，感覺像是攻擊者與防禦者之間的一場軍備競賽，勝方往往是攻擊者。資料傳經共享的、不受管制的、各式各樣散布全球各地的媒體及網站，在傳輸途中的任何點，政府、商業及犯罪目的者可以登錄、監視及阻止，很難控管存取

及保護資訊。許多網路技術使用廣播，這很容易被窺探；要攻擊有線的以太網路及光纖，必須找到電纜，做出實體連結，但對無線網路的攻擊並不需要實體連結，只需鄰近即可。

在更廣的層面，網際網路的整體架構與開放性使得政府能夠很容易對它施加控管——設立國家防火牆，封鎖或限制資訊的流進與流出。網際網路治理的壓力也愈來愈大，導致官僚控管可能勝過技術考量的危險。這類控管施加得愈多，通用網路變得巴爾幹化（亦即網路分裂），以至於最終變得價值降低的危險性愈高。

第 10 章

全球資訊網

「The WorldWideWeb（W3）是一種廣域超媒體資訊檢索系統，旨在提供對廣大文件的通用存取。」

——第一個網頁位址
「info.cern.ch/hypertext/WWW/TheProject.html」，
1990 年

網際網路上能見度最高的面孔是全球資訊網（World Wide Web），現在經常只被簡稱為「the web」。很多人把網際網路和全球資訊網視為同一個東西，或把它們混用，但這兩者並不等同。如第九章所述，網際網路是一個讓全球各地無數的電腦能夠容易地彼此交換資訊的通訊基礎設施或底層；全球資訊網則是連結提供資訊的電腦（亦即伺服器）和請求資訊的電腦（亦即像你我這樣的用戶），全球資訊網**使用**網際網路來建立這樣的連結及傳輸資訊，它提供一個存取網際網路上其他服務的介面。

跟許多傑出的概念一樣，全球資訊網的概念基本上是相當簡單的。在已經存在了網際網路這麼一個廣大、有效率、開放、基本上免費的基礎網路之下（這是非常重要的一個前提條件），全球資訊網就只有四個要緊的東西了。

其一是**統一資源定位器**（Uniform Resource Locator，URL，中文俗稱「網址」），明訂一個資訊源的名稱，例如 http://www.amazon.com。

其二是**超文本傳輸協定**（Hypertext Transfer Protocol，HTTP），上一章提過，它是更高層級協定的一個例子。一個 HTTP 用戶請求一個特定的 URL，伺服器便提供此資訊給該用戶。

　　其三是**超文本標記語言**（Hypertext Markup Language，HTML），這是用以描述伺服器應請求而傳送的資訊的格式或表述法（亦即網頁版面配置）的語言。它相當簡單，而且，你只需懂一點點，就能對它做出基本的使用。

　　其四是**瀏覽器**（browser），你的電腦跑的 Chrome、Firefox、Safari 或 Edge 之類的程式。瀏覽器使用 URLs 及 HTTP，向伺服器提出請求，檢索伺服器應請求而發送的 HTML，並在螢幕上顯示它。

　　全球資訊網誕生於 1989 年，由英國的電腦科學家提姆‧柏納斯—李（Tim Berners-Lee）在位於瑞士日內瓦的物理研究中心 CERN 工作期間發明的一個系統，當時的目的是要使科學文獻及研究成果更容易在網際網路上被存取。他的設計包括 URLs、HTTP 及 HTML，還有一個用以瀏覽內容的純文本用戶程式（譯註：這就是第一個網頁瀏覽器），CERN 的網站上有一個第一版本的模擬：「line-mode.cern.ch/www/hypertext/WWW/TheProject.html」。

　　這個程式在 1990 年被使用，我在 1992 年造訪康乃爾大學時，親眼看到它的操作，我必須尷尬地承認，在當時，我並不覺得它有多神奇，我當然也料想不到，僅僅六個月後，第一部圖形瀏覽器的問世將改變世界。要預見未來，真的不容易啊。

　　那第一部圖形瀏覽器名為「Mosaic」，是伊利諾大學的學生開發的，在 1993 年 2 月發布後快速起飛，僅僅一年，第一部商用瀏覽器——網景領航員（Netscape Navigator）——就問世了。網景領航員是一個早期成功者，微軟公司沒覺察到世人對網際網路的興趣的湧現，但該公司醒悟，很快地推出一項競爭產品「網際網路探索者」（Internet Explorer，IE），成為最廣為使用的瀏覽器，而且市場佔有率大幅壓倒網景領航員。

　　微軟在個人電腦市場上的宰制地位在幾個領域引發反托拉斯疑慮，美國司法部在 1998 年起訴微軟，IE 是這樁訴訟案中的一部分，因為微軟被控利用其制霸地位，把網景逐出市場。微軟輸了這場官司，被迫改變它的一些商業實務。

現今，Chrome 是筆記型電腦、桌上型電腦及手機上最廣為使用的瀏覽器，Safari 及 Firefox 流行程度明顯遜色。微軟在 2015 年發布一款新的 Windows 10 瀏覽器，名為「Edge」，取代 IE。Edge 瀏覽器原本使用微軟自己的程式，但自 2019 年起，已經改用谷歌為開發 Chrome 而釋出的開放源碼 Chromium。目前，Edge 的市場佔有率低於 Firefox，IE 的市場佔有率更低。

全球資訊網的技術演進由非營利組織全球資訊網協會（World Wide Web Consortium，W3C，w3.org）管理或指引，這個組織的創辦人暨現任主席柏納斯—李完全無意用他的發明來牟利，慷慨地免費提供給任何人，但許多人靠著網際網路和他的發明而變得非常富有。柏納斯—李在 2004 年獲封為爵士，並於 2016 年獲頒圖靈獎。

▌10.1 全球資訊網如何運作

接下來，我們更仔細檢視全球資訊網的技術元件與機制，先談 URLs 及 HTTP。

想像你用你喜愛的瀏覽器瀏覽一個簡單網頁，這網頁上的一些文字可能是畫上底線的藍色字體，你點擊這文字，目前這頁面就會被那藍色字連結的一個新頁面取代。以這種方式連結網頁，稱為「**超文本**」（hypertext）連結，這是一個舊概念，但瀏覽器使它成為每個人的體驗。

設若這畫底線藍色鏈結字是「W3C home page」，當你把滑鼠移到那鏈結上時，你的瀏覽器視窗下方的狀態欄（status bar）可能會顯示這個鏈結指向的 URL，類似這樣：「http://w3.org」，或許在這網域名稱後面還有一些別的資訊。

當你點擊這鏈結時，瀏覽器開啟一個 TCP/IP 連結至網域「w3.org」的連接埠 80，並傳送一個 HTTP 請求，請求提供 URL 中後面部分指出的資訊，例如，這鏈結是「http://w3.org/index.html」，這請求就是請提供「index.html」檔案。

收到這請求時，w3.org 的伺服器決定該做什麼。若請求的是該伺服器上的一個既有檔案，伺服器就會傳回該檔案，用戶（你）的瀏覽器把這檔案顯示出來。伺服器回傳的文本幾乎都是 HTML 形式，它內含實際內容，以及有關於如何把此實際內容格式化或顯示出來的資訊。

實務上，可能就這麼簡單，但通常更複雜。協定允許瀏覽器在發送用戶請求時多加幾行資訊，來自伺服器的回覆通常會多加幾行資訊，指出傳送了多少資料，以及是什麼資料。

URL 本身就是資訊的編碼。第一個部分是「http」，這指出使用的協定（有幾個可能的資訊可看出使用什麼協定）。http 是最常見的，但你也會看到其他的，包括「file」，指的是來自本機（而非來自網頁）的資訊。此外，現在也愈來愈常見到「https」，這是 http 的安全（加密）版本，我們稍後會談到這個。

在「://」之後是網域名稱，這指出了伺服器。網域名稱後面可能是一個「/」及一串字符，這字符串被原原本本地傳送給伺服器，由伺服器決定要怎麼做。最簡單的情況是，網域名稱後面啥也沒有，連「/」也沒有，伺服器就會傳回一個預設網頁，例如「index.html」。若 URL 中內含一個檔案名稱，伺服器就會傳送這檔案的內容。若一個檔案名稱的最初部分後面來了一個問號「?」，這通常意味的是伺服器應該去跑一個程式（這程式的名稱就是這問號前面那些字符），並且把其餘部分的字符串傳給這程式處理。這是來自一網頁上的資訊被處理的方式之一，例如，一個 Bing 搜尋：

```
http://www.bing.com/search?q=funny+cat+pictures
```

這個 URL 就是要求 Bing 的伺服器去執行「search」（搜尋）程式，搜尋「funny cat pictures」（有趣的貓相片）。你可以在你的瀏覽器最上方的位址欄輸入這些，看看會得出什麼。

網域名稱後的字符串是用規定的字元集撰寫，但空白和多數非字母數字字符被排除，因此，必須對這些被排除的進行編碼。一個加號「+」代表一

個空白的編碼，其他被排除的字符就編碼成一個「%」加上兩個十六進數，例如，URL 的一個片段「5%2710%22%2D6%273%22」代表「5'10"–6'3"」，因為十六進數 27 代表一個單引號，十六進數 22 代表一個雙引號，十六進數 2D 代表一個減號「－」。

10.2 超文本標記語言（HTML）

　　伺服器的回應通常使用超文本標記語言（HTML），它結合了內容及格式化資訊。HTML 非常簡單，簡單到很容易使用你喜愛的文本編輯器（text editor）去製作網頁（若你使用 Microsoft Word 之類的文書處理，你必須把網頁儲存為純文字，而非預設的格式，並且加上一個詞尾「.html」）。HTML 使用**標籤**（tags）來給予格式化資訊，標籤敘述內容，標記網頁區域的開頭與結束。

　　一個迷你網頁的 HTML 看起來可能如＜圖表 10-1 ＞所示，一瀏覽器把它顯示成如＜圖表 10-2 ＞。

圖表 10-1　一個簡單網頁的HTML

```
<html>
    <title> My Page </title>
    <body>
        <h2> A heading </h2>
        <p> A paragraph... </p>
        <p> Another paragraph... </p>
            <img src"wikipedia.jpg" alt="Wikipedia logo" />
        <a href="http://www.wikipedia.org">link to Wikipedia</a>
        <h3> A sub-heading </h3>
            <p> Yet another paragraph </p>
    </body>
</html>
```

圖表 10-2　瀏覽器顯示來自＜圖表 10-1 ＞的 HTML

A heading

A paragraph...

 link to Wikipedia

Another paragraph ...

A sub-heading

Yet another paragraph

＜圖表 10-2 ＞中的維基百科標誌圖的圖檔留在原始圖檔，但它也可以留在全球資訊網上的任何地方。若無法存取到 <img> 這個圖像標籤裡的檔案名稱，瀏覽器將在這個標誌圖的位置顯示某個「錯誤的」圖像；對於這問題，可以使用一個方法來處理：「alt」是 HTML 的一個屬性，alt 屬性指的是，在圖像無法顯示的情況下，就顯示代替文字。於是，＜圖表 10-1 ＞中的「alt=」意指若無法存取到 <img> 這個圖像標籤裡的檔案名稱，瀏覽器將在這個標誌圖的位置顯示「Wikipedia Logo」文字。對於視聽障礙者的人，有一些網頁技巧可幫助他們，「alt=」是一個例子[95]（譯註：幫助視障者的螢幕閱讀軟體可以閱讀「alt=」後面的那些文字，這樣，他們就知道頁面那個位置呈現的是維基百科的標誌）。

有些標籤的內容是自我獨立且完整的（self-contained），例如＜圖表 10-1 ＞中的 <img>；有些標籤有一個開頭和一個結束的標記，例如＜圖表 10-1 ＞中的 <body> 和 </body>。其他標籤如 <p> 在實務中不需要一個結束的標籤，但一個嚴謹的定義就需要一個結束的標籤 </p>，我們在＜圖表 10-1 ＞中使用到了。縮排及分行不是必要，但會使文本更易讀。

多數 HTML 文件也內含使用另一種名為「階層樣式表」（Cascading Style Sheets，CSS）的語言撰寫的資訊，使用 CSS，可以定義樣式屬性，

例如在一處定義標題格式，然後讓這格式應用於所有標題。以＜圖表 10-1 ＞為例，我們把使用以下這個 CSS，讓 h2 和 h3 標題都以紅色斜體字呈現：

```
h2, h3 { color: red; font~style: italic; }
```

HTML 和 CSS 都是語言，但不是**程式語言**。它們有規範的文法及語義，但沒有迴圈及條件述句，因此，你無法用它們來表述一個演算法。

這一節只展示足以消除網頁如何運作的神秘性的內容，想製作出你在商業網站上看到的那種精美網頁，需要相當的技巧，但基本的東西非常簡單，只需花幾分鐘研究，就能製作出像樣的網頁了。學習十幾個標籤，你就能看出多數純文字網頁是如何製作的，再多學十幾個標籤，就足以應付一個隨性的網頁設計者可能關心的東西。人工製作網頁滿容易的，文書處理軟體有一個「創造 HTML」的選項，也有專門製作專業水準級網頁的程式，若你打算做嚴肅的網頁設計，你將需要這類工具，但了解基本概念及原理，總是有幫助。

HTML 的原始設計只處理純文字，讓瀏覽器顯示，但過沒多久，瀏覽器就有能力顯示圖像了，包括標誌之類的簡單插圖、GIF 格式的微笑面孔，以及 JPEG 格式的相片。網頁提供可填寫的表單、可點擊的按鈕、彈出或取代目前視窗的新視窗；過沒多久，瀏覽器也能呈現聲音、動畫及電影了，大致上是在有足夠的頻寬可快速下載它們、並且有足夠的處理能力去顯示它們後，瀏覽器就立即增添了這能力。

還有一種名為「通用閘道器介面」（Common Gateway Interface，CGI，這名稱取得一點也不直觀）的簡單機制，把資訊——例如一個名稱及密碼，或一個搜尋查詢，或選項按鈕及下拉選單的選擇——從用戶端（你的瀏覽器）傳送至一台伺服器。這種機制由 HTML 的「表單」（form）標籤＜form＞... 及 ＜/form＞ 提供，在一個 ＜form＞ 裡，你可以包含常見的用戶介面元素，例如文字輸入區、按鈕、勾選方塊等等。若 ＜form＞ 裡有一個「提交／送出」（submit）按鈕，按下它，就會把表單中的資料傳送給伺服器，

同時傳送的還有一個請求——請求使用這些表單資料來執行某個程式。

表單有限制：它們只支援幾種介面元素；表單資料無法被驗證，除非是撰寫 JavaScript 程式或傳送至伺服器處理。表單中有一個密碼輸入欄位，你會看見你輸入的密碼字符被星號（*）取代，但這其實並不提供資安，因為密碼在未加密之下被傳輸及儲存。儘管如此，表單是全球資訊網中的一個重要部分。

10.3 Cookie

HTTP 協定是**無狀態**（stateless）的，這個術語的意思是：一台 HTTP 伺服器不被要求記住有關於用戶請求的任何東西，一旦伺服器把用戶請求的資訊傳送給用戶端後，它就可以丟棄這筆請求的所有記錄了。

設若伺服器需要記住一些資訊，例如，記住你已經提供了一個用戶名稱及密碼，因此，不需要在後續的互動中再詢問這些資訊。這要如何做到呢？問題在於第一次造訪和第二次造訪可能相隔了多少小時或幾週，甚至可能從未有第二次造訪，這是滿長的一段時間，伺服器得碰運氣地去留住資訊。

1994 年，網景公司發明了一個解決方法，名為「cookie」，這是一個裝萌、但已經廣為接受的程式設計師用語，用來指稱在程式之間傳送的一小片資訊。當一台伺服器傳送一個網頁給一個瀏覽器時，它可以包含要讓瀏覽器儲存起來的另外文本區塊（每一區塊的大小限制在 4,000 位元組左右），每一區塊稱為一個 cookie。當瀏覽器再次向相同的伺服器請求資訊時，它將回傳那些 cookies。實際上，伺服器使用用戶端的記憶體去記住用戶上次造訪此網頁時留下的一些資訊。伺服器通常是指派一個獨特的識別號碼給這個用戶，並且把這識別號碼包含在一個 cookie 裡頭，永久資訊和那個識別號碼儲存在伺服器的資料庫裡，這些資訊可能是登入狀態、購物車內容、用戶喜好等等。用戶每次再造訪此網站時，伺服器可以使用此 cookie 來辨識他（她）是曾經造訪過的人，開始準備或存入資訊。

我通常不允許所有的 cookies，因此，當我造訪亞馬遜網站時，初始

頁面會用「Hello」問候我。但若我想購買東西，我必須登入，把品項加入購物車，此時，我就必須准許亞馬遜使用 cookies 了。此後，若我沒有刪除那些 cookies，我每次造訪亞馬遜網站時，它就會問候我：「Hello, Brian」。

每個 cookie 有一個名稱，一台伺服器可能對每次造訪儲存了多個 cookies。一個 cookie 並不是一個程式，它也沒有主動式內容（active content），cookies 是完全被動的：它們只是被儲存起來以供後續回傳的字符串，這些都是伺服器生成的資訊，回傳 cookies 時，不會有非伺服器生成的資訊被回傳，cookies 只是被回傳到生成它們的網域。Cookies 有一個失效日，過了失效日，瀏覽器就會刪除它們，也沒有規定說瀏覽器必須接受或還回它們。

在你的電腦上，很容易看到 cookies；瀏覽器本身會向你展示它們，或者，你可以使用別的工具去看它們。舉例而言，我最近一次造訪亞馬遜網站，就被存入六個 cookies，透過 Firefox 的擴充套件「Cookie Quick Manager」，可以看到它們，如＜圖表 10-3 ＞所示。可以注意到，亞馬遜顯然已經偵測到我使用廣告封鎖軟體。

基本上，這一切聽起來滿良性的，使用 cookie 的原意也確實是如此，但俗話說：「好心沒好報」，cookie 已經被用來做不是那麼良善之事了。最常見的是，在人們瀏覽時，用 cookie 來追蹤他們的足跡，記錄他們造訪過哪些網站，然後用這些資訊來投放針對性廣告（targeted advertisements）。我們將在下章討論如何做這個，以及其他追蹤你的全球資訊網足

圖表 10-3　來自亞馬遜的 cookies

跡的方法。

▍10.4 網頁上的主動式內容

　　全球資訊網的原始設計並未特別利用一個事實：用戶端是一台強大的電腦，是一個通用型可編程器材。最早的瀏覽器可以為用戶向伺服器發出請求，傳送表單上的資訊，並在助手程式的輔助下，顯示那些需要特殊處理的內容如相片及聲音。但是，很快地，能力增強的瀏覽器使你能夠從網頁下載程式及執行它，這有時被稱為「**主動式內容**」（active content）。一如預期，主動式內容帶來顯著影響，有些是好影響，有些是壞影響。

　　網景領航員瀏覽器的早期版內含一種在瀏覽器內跑 Java 程式的方法。在當時，Java 是一種比較新的程式語言，Java 程式必須被安裝在有起碼水準的電腦運算能力的環境中（例如家電），因此，在瀏覽器中內含一個 Java 直譯器，在技術上是可行的。這就使得有望能夠在瀏覽器內做重大的運算，或許能取代傳統程式如文書處理及試算表，甚至還可能取代作業系統本身。這概念對微軟公司構成相當大的擔心，促使該公司採取一系列行動去阻撓使用 Java。1997 年，Java 的開發者昇陽電腦公司對微軟提起訴訟，纏訟多年後，兩方達成和解，微軟支付昇陽超過十億美元。

　　基於種種原因，Java 程式在成為瀏覽器擴充套件方面從未能起飛。Java 被廣為使用，但它與瀏覽器的整合受限，現今，它鮮少被用於這角色。

　　網景公司創造了一種專門用於其瀏覽器的新程式語言 JavaScript，於 1995 年推出。取這個名稱是基於行銷理由，實際上，JavaScript 跟 Java 無關，只是，如第五章所述。這兩者都是表面上相似於 C 程式語言。兩者都是使用一種虛擬機實作，但有明顯的技術性差異。Java 原始碼是在其創造之處編譯成適合讓機器執行的「**目的碼**」（object code），傳送給瀏覽器去直譯；你無法看到 Java **原始碼**的模樣。JavaScript 原始碼被傳送至瀏覽器，在瀏覽器那裡進行編譯，因此，接收端可以看到要執行的 JavaScript 原始碼，可以研究它、修改它、執行它。

現今的網頁幾乎全都內含一些 JavaScript 程式，用以提供圖形效果，驗證表單中的資訊，彈出有用或惱人的視窗等等。JavaScript 也被用於彈出式廣告，但現在瀏覽器中內含的彈出式視窗攔截器可以相當程度地封阻這類廣告，但是，使用 JavaScript 程式來追蹤監視的情形非常普遍。JavaScript 程式無處不在到致使我們很難在沒有它的情況下使用全球資訊網，NoScript 及 Ghostery 之類的瀏覽器擴充套件讓我們可以部分地控管准許或不准許執行哪些 JavaScript 程式。有點諷刺的是，這些擴充套件本身也是用 JavaScript 撰寫的。

總的來說，JavaScript 是利大於弊，但我有時也會持相反看法，尤其是想到有那麼多使用 JavaScript 撰寫的程式軟體在追蹤我們的足跡（我們將在第十一章討論這個）。我經常用 NoScript 去禁止所有 JavaScript 程式的執行，但之後，我必須選擇性地對我要使用的網站解禁。

瀏覽器也處理其他語言及內容，可能是瀏覽器本身的程式，或是 Apple QuickTime 及 Adobe Flash 之類的**外掛程式**。外掛程式通常是第三方撰寫的軟體，動態地在需要時載入瀏覽器裡。當你造訪一網頁，其內容格式是你的瀏覽器無法處理的，它可能會讓你去安裝一種外掛程式，這意味的是，你將把一套新程式下載到你的電腦上，讓它和瀏覽器合作。

一個外掛程式能做什麼？基本上，它想做什麼，就做什麼，因此，你形同被迫去信任這外掛程式的供應商，要不就看不到這網頁的內容。外掛程式是一種編譯程式，使用瀏覽器提供的應用程式介面，作為瀏覽器的一部分來執行，執行時，它實際上就變成瀏覽器的一部分。Adobe Flash 是常見的瀏覽器外掛程式，被廣泛用於播放影片及動畫；用於 PDF 文件的 Adobe Reader 是另一種常見的外掛程式。若你信賴外掛程式的供應商，你可以使用它們，其危險就跟一般程式差不多，就是有漏洞，以及可以監視你的行為。但 Adobe Flash 向來在重大資安方面很脆弱，這導致它現在已經被大大減少使用。HTML5 提供減少對外掛程式需求的瀏覽器性能，尤其是在影片及圖形方面，不過，外掛程式大概還會存在滿長一段時間。

如同我們在第六章看到的，瀏覽器就像專門性質的作業系統，可以擴充

去處理更多及更複雜的內容，以優化你的瀏覽體驗。好消息是，使用一個在瀏覽器中運行的程式，可以做很多事，若運算是在本機中執行，互動將會更快。不利的一面是，這將需要你的瀏覽器去執行別人撰寫的程式，你鐵定不了解那些程式的屬性，在你的電腦上執行不知來歷的程式，那可是很危險的事。「我總是倚賴陌生人的善良」——這不是審慎的資安政策。在一份標題為《資安十鐵律》（10 Immutable Laws of Security）的微軟規章中，第一鐵律是：「若一個壞傢伙能說服你在你的電腦上跑他的程式，這就不再是你的電腦了。」[96] 在准許 JavaScript 及外掛程式方面，請審慎以對。

10.5 其他地方的主動式內容

主動式內容也出現在網頁以外的地方。以電子郵件為例，郵件抵達後，將由一個郵件閱讀程式（mail reader，或譯郵件閱讀器）顯示，郵件閱讀器當然得顯示文本，問題是，它將解譯多少郵件中可能包含的其他種類內容呢，因為這對隱私及資安是件大事。

郵件訊息中的 HTML 呢？有關於字型及大小的標籤，沒啥害處，用紅色大字體顯示一部分郵件訊息，這沒什麼風險，只不過可能令收件人不高興罷了。郵件閱讀器應該立即顯示圖像嗎？這樣可能更易於觀看，但也可能因此開啟更多的 cookies——若內容來自其他源頭的話。我們可以封鎖電子郵件 cookies，但無法阻止一個寄件人在郵件中包含一個 1×1 透明像素的小圖像（透明指的是你看不到這圖像內容），這小圖像的 URL 編碼了有關於郵寄訊息或收件人的資訊。這類看不到的小而透明圖像有時被稱為「**網路信標**」（web beacon），網頁上經常暗藏它們。當你的 HTML 賦能的郵件閱讀器請求這圖片時，發出此圖像的網站就知道你在一個特定時間閱讀了那特定的郵件訊息。這提供一種容易的追蹤方法，用以追蹤電子郵件何時被閱讀，並且可能揭露你希望保密的資訊。

若一封郵件訊息中內含 JavaScript 程式，怎麼辦呢？若一封郵件中內含一份 Word 或 Excel 或 PowerPoint 文件呢？郵件閱讀器應該自動執行那

些程式嗎？它應該讓你點擊郵件訊息中的某處，很容易地執行那些程式嗎？它應該讓你直接點擊郵件訊息中的鏈結嗎？這很容易誘使受害人去做愚蠢之事。PDF 文件可能內含 JavaScript 程式（我初次看到這個時，相當驚訝），應該讓郵件閱讀器自動觸發的 PDF 閱讀器去自動執行那程式嗎？

在電子郵件中附加文件、試算表和簡報投影片，這是很便利的事，也是多數環境中的標準作業程序，但是，這類文件可能帶有病毒（參見下節），盲目地點擊開啟它們，是散播病毒的一條途徑。

若郵件訊息中包含可執行的檔案，例如視窗的「.exe」檔案或其他同類檔案，情況更糟。點擊這類可執行檔案，就啟動程式，那程式將損害你或你的系統的可能性很高，壞傢伙使用種種花招去促使你執行這類程式。我有一次收到一封電子郵件，聲稱裡頭有一張俄羅斯網球員安娜·庫妮可娃（Anna Kournikova）的相片，鼓勵我點擊它，檔案名稱是「kournikova.jpg.vbs」，但「.vbs」這個延伸被隱藏（這是微軟視窗系統的一個容易引人誤入歧途的功能），隱匿了事實——這不是一張相片，而是一個 Visual Basic 程式。所幸，我當時使用的是 Unix 系統上的一個老舊過時的純文本電子郵件程式，不能直接點擊它，因此，我把那「相片」儲存於一個檔案中，供稍後檢視。

▌10.6 病毒，蠕蟲，木馬

那張安娜·庫妮可娃「相片」其實是個病毒，我們來談談病毒及蠕蟲吧。這兩者都是指從一個系統傳播至另一系統的程式（通常是惡意為之），技術上有些區別，但不是很重要，病毒需要傳播上的協助——只有當你做了什麼而啟動它時，它才會傳播到另一系統，而蠕蟲不需要你的協助，就能自行傳播。

雖然，這類程式的潛力早已為人所知，第一個登上新聞的例子是羅伯·莫里斯（Robert T. Morris）在 1988 年 11 月創造的「網際網路蠕蟲」（Internet worm），遠早於我們謂之為現代網際網路紀元的開始。莫

里斯創造的這個蠕蟲使用兩個不同的機制，從一個系統自我複製到另一系統上，鑽那些被廣為使用的程式本身的漏洞，再加上使用一個字典式攻擊（dictionary attack，嘗試以常用字作為可能的密碼）來登入。

莫里斯創造這蠕蟲，並非出於邪惡意圖，他是康乃爾大學電腦科學研究所學生，想進行一個實驗，測量網際網路的規模。不幸的是，一個編程上的錯誤使得蠕蟲傳播速度遠遠快於他的預期，導致許多機器被多次感染，無法應付通訊，必須切斷和網際網路的連結。莫里斯被判嚴重違犯當時才開始實施不久的《電腦詐欺及濫用法》（Computer Fraud and Abuse Act），必須繳交罰金，以及執行社區服務。

有段期間，病毒經由遭感染的磁片傳播是很普遍的事，在網際網路被廣為使用之前，磁片是在個人電腦之間交換程式與資料的一種標準媒體。一片感染了病毒的磁片被插入一台電腦上時，磁片上的病毒程式就會開始自動運行，病毒程式複製到這台電腦上，後續插入此電腦的磁片就會遭病毒感染。

以 Visual Bsic（簡稱 VB）驅動程式語言撰寫的微軟 Office 套裝軟體在 1991 年問世後，病毒的傳播變得更加容易，尤其是 Word 文書處理軟體，多數版本的 Word 軟體內含一個 VB 直譯器，以及可以含有 VB 程式的 Word 文件（.doc 檔案），Excel 和 PowerPoint 檔案等等也可以。撰寫一個在開啟一文件時接管一切的 VB 程式太容易了，由於 VB 程式能夠連結至整個視窗作業系統，它可以為所欲為。通常的程序是，病毒會自行安裝到本機上（若本機上還不存在此病毒的話），然後安排把自己傳播至其他系統。一種常見的傳播模式是，一個遭感染的文件被開啟時，病毒就會把一份自己的複本外加一則無害或誘人的訊息，寄給這個受害人的電子郵件通訊錄上的每個人（安娜庫妮可娃病毒就是使用這種方法）。若收件人開啟文件，病毒就把自己安裝到新系統，接著重複相同的流程。

1990 年代中期至末期，有許多這樣的 VB 病毒。由於當時的 Word 軟體的預設是不先徵詢許可就盲目地跑 VB 程式，病毒干擾迅速散播，大公司必須關閉它們的所有電腦，逐一掃清病毒。VB 病毒現在仍然存在，只不過，Word 及類似程式的預設行為改變，大大降低了 VB 病毒的影響力。此外，

現在的多數郵件系統在郵件送達收件人之前，先清除 VB 程式和其他可疑內容。

VB 病毒太容易創造了，就連沒什麼經驗的程式設計者也能撰寫，這類人被稱為「腳本小子」（script kiddies）。不過，創造一個病毒或蠕蟲去執行工作而不被抓到，就比較困難了。2010 年末，一個名為「震網」（Stuxnet）的先進蠕蟲在一些流程控制電腦上被發現，它的主要攻擊對象是伊朗的鈾濃縮設備。震網蠕蟲的方法很詭詐：它導致離心機運轉速度波動，導致看起來像尋常磨損的損害或毀壞，在此同時，它告訴監控系統，一切沒問題，因此無人注意到問題。無人站出來承認為此蠕蟲的創造者，但一般相信是以色列及美國。[97]

特洛伊木馬（Trojan horse，通常簡稱 Trojan）是偽裝成有益或無害、但實際上做有害之事的程式，受害者被引誘去下載或安裝特洛伊木馬程式，因為它看起來是有用的東西。一個典型的例子是提供在一系統上進行安全性分析，實際上是在這系統上安裝惡意軟體。

多數特洛伊木馬經由電子郵件抵達，<圖表 10-4 >中的郵件訊息（已稍微編輯過）有一個 Word 附加檔案，不留心地在視窗中開啟的話，就會安裝「Dridex」這個惡意軟體。當然，這種攻擊很容易被覺察——我不認識這寄件人，沒聽過這公司，而且，寄件人地址跟那公司無關。就算我不警覺，也沒關係，我使用的是 Linux 上的純文本郵件程式，相當安全，這攻擊針對的是微軟視窗用戶（此後，我收到過至少二十幾封這個郵件訊息或貌似可信的其他變化版本）。

上文提到磁片是一個早期的病毒傳播媒介，現代的一個同等媒介是遭病毒感染的 USB 隨身碟。你可能以為，隨身碟是一種被動器材，因為它只是一個記憶體，但是，一些系統（特別是微軟視窗）提供一個「autorun」（自動執行）功能，把一片 CD、DVD 或隨身碟插入時，就會自動執行硬碟的一個程式。若此功能是開啟狀態，就會在毫無警告或沒有機會干預之下，安裝惡意軟體，造成損害。公司的系統常被這樣感染，儘管，多數公司都有不准把隨身碟插入公司電腦內的嚴格規定。有時候，全新的隨身碟從廠商那裡

出貨時就已經帶有病毒了，這是一種「供應鏈」攻擊。另一種更容易的攻擊是，在公司停車場留下上頭有公司標誌的磁碟，若磁碟中有一個名稱引人好奇的檔案，例如「ExecutiveSalaries.xls」（暗示你，這是公司主管的薪資數據），甚至都不需要 autorun 功能呢。

圖表 10-4　企圖攻擊的特洛伊木馬程式

```
From: Efrain Bradley <BradleyEfrain90@renatohairstyling.ni>
Subject: Invoice 66858635 19/12
Hi,
Happy New Year to you! Hope you have a lovely break.
Many thanks for the payment.  There's just one invoice that hasn't
Been paid and doesn't seem to have a query against it either.
Its invoice 66858635 19/12 ?4024.80 P/O ETCPO 35094
Can you have a look at it for me please? Thank you!
King regards
Efrain Bradley
Credit Control, Finance Department, Ibstock Group
Supporting Ibstock, Ibstock-Kevington & Forticrete
-------------------------------------------------
( +44 (0) 1530 dddddddd

[ Attachment:  invoice66858635.doc  18 KB. ]
```

▌10.7 全球資訊網資安

　　全球資訊網引發許多困難的資安問題，我們可以廣義地把資安威脅區分為三大類：攻擊用戶（就是你），攻擊伺服器（例如線上商店或你的銀行），攻擊傳輸中的資訊（例如窺探你的無線連結，或國安局攔截光纖電纜上傳輸的資訊）。下文逐一討論這些威脅，看看哪裡可能出問題，已經如何減輕問題狀況。

10.7.1攻擊用戶

對你的攻擊包括垃圾郵件與追蹤之類惱人的東西，以及更嚴重的問題，尤其是洩漏私人資訊如你的信用卡及銀行帳戶號碼或密碼，可以讓別人偽裝成你。

下一章將更詳細談到 cookies 及其他追蹤機制如何被用來追蹤你的網路活動，它們偽裝成提供你更切要、因此不那麼惱怒你的廣告。你可以使用禁止**第三方 cookie**（亦即來自非你目前瀏覽的網站的其他網站的 cookies）的功能設定，封阻追蹤器的瀏覽器擴充套件，關閉 JavaScript 等等措施來減少被追蹤，但是，維持你的防護機制是件很麻煩的事，因為當你把你的防護層級升到高度時，你將無法使用很多網站——你得暫時調降你的防護層級設定，事後再記得把它調高回來，但我認為這種麻煩是值得的。瀏覽器供應商現在讓你更易於封鎖一些 cookies 及其他追蹤器，但你可能得調整預設值，此外，外面賣的封鎖器仍然很值得嘗試。

垃圾郵件（spam）——不請自來的郵件，提供致富妙招、股票情報、身體部位增強產品、效能改進法，以及一堆其他你不想要的產品與服務的郵件，已經氾濫到了危害電子郵件的正常用途。我每天大約收到五十至一百封垃圾郵件，數量遠多於真正的電子郵件。垃圾郵件如此氾濫，係因為發送它們近乎免費，幾百萬的收件人中縱使只有極小部分的人回覆，也仍然有利可圖。

垃圾郵件過濾器試圖去蕪存菁，做法是分析文本，辨識已知型態（例如：看到「美味飲品，消除多餘脂肪」，八九不離十是推銷東西了，這詞兒最近鐵定出現一大批）、不太可能的名字、奇怪的拼字（例如 VI/-\GR/-\），或垃圾郵件發送者喜愛的地址。光一個標準是絕對不夠的，因此，都會結合使用多個過濾器。過濾垃圾郵件是**機器學習**的一項重要應用，把貼上垃圾郵件標籤或非垃圾郵件標籤的一群郵件當成訓練例子，餵給一套機器學習演算法去練習區分，這演算法成為過濾器之後，它會根據郵件與之前訓練資料集中「垃圾」或「非垃圾」特徵的相似性，區別垃圾郵件及正常郵件。第十二章

將對機器學習有更多的討論。

　　垃圾郵件是「軍備競賽」的一個例子，防禦方學習如何應付一種垃圾郵件，進攻方找出一種新方法，防禦方又學習如何應付這新種垃圾依舊，雙方你來我往。垃圾郵件的源頭隱藏得很好，因此難以就源封鎖，很多垃圾郵件是由中毒的個人電腦發出的，那些電腦往往是使用微軟視窗作業系統的電腦。資安漏洞及用戶的鬆散管理使得電腦很容易被安裝危害或干擾系統的**惡意軟體**，有一類惡意軟體在收到上游控管程式發出的指令後，就開始散播垃圾郵件，那上游控管程式可能又被另一台電腦控管，層層往上，愈往上層走，愈難找到始作俑者。

　　另一種攻擊是**網路釣魚**（Phishing），試圖說服收件人自願地交出可被用於盜竊的私人資訊。你一定收到過「奈及利亞詐騙信」（Nigerian scam letter），無法相信有任何人會對如此難以置信的東西做出回應，但顯然仍有人做出回應了。很奇怪的是，過去幾封寄給我的奈及利亞詐騙信是以法文撰寫的，如<圖表 10-5 >所示。

圖表 10-5　來自法國的網路釣魚

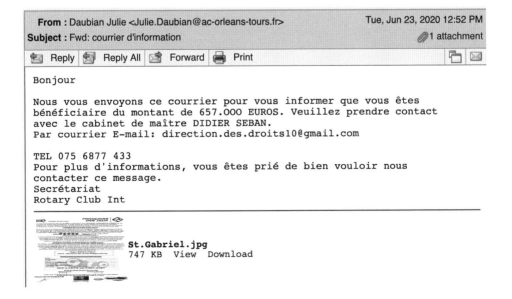

多數的網路釣魚攻擊更詭詐。一封貌似可信的郵件抵達，偽裝成發自一個正當機構或一位朋友或同事，要你去造訪一個網站，或閱讀一份文件，或驗證一些憑證。若你真的照要求去做了，你的敵人現在已經在你的電腦上安裝了東西，或是已經取得了有關於你的資訊；不論哪種情形，他都可以盜取你的錢或盜用你的身分，或攻擊你的雇主。所幸，這類郵件中的文法或拼字錯誤可能透露其可疑性，把滑鼠移到鏈結上，也往往會顯露它們連結至可疑處。

編造貌似官方的郵件訊息很容易，因為可以直接從真實網站上複製公司標誌之類的格式或圖像，回覆地址並不重要，因為你無從核實寄件人的正當性。跟垃圾郵件一樣，網路釣魚的成本近乎零，因此，就算極小的成功率，也賺夠了。

<圖表 10-6 >是一份始於電子郵件的針對性攻擊的腳本（已編輯過），偽裝成來自一位同事，我稱呼他為 JP。由於我在幾週前看到過一個相似的攻擊，郵件地址是矇混的，弄成看起來像「jp.princeton.edu@gmail.com」的變化版本，我決定和他們玩玩。

圖表10-6　一個很弱的網路釣魚攻擊

```
JP: Are you available for a quick task?
BK: what's up
JP: Okay, I'm in a meeting, I need ebay gifts card
purchased, let me know if you can quickly stop by the
nearest store so I can advise the quantity and the
denomination to procure. Turn in the expense for
reimbursement later.
Thanks.
BK: what kind of store? Nearest one is a liquor store.
JP: Okay, Pick up 5 ebay gifts card at $200/each = $1000.You
can get the at any store around around Scratch-off silver
each cards once purchased. Can you go take care of this
now?
BK: I don't think the liquor store has that kind of card,
and I normally just buy some beer. Any other suggestions?
```

那些歹徒最終放棄，他們一定是盯上我了。這攻擊有少許說服力，因為它是針對我，並且使用一個同事兼朋友的名字。這種針對特定對象的瞄準攻擊有時被稱為「**魚叉式網路釣魚**」（spear phishing），它是一種**社交工程**（social engineering）：偽裝成有私人關係，例如一個共同友人，或聲稱任職同一公司，誘騙受害人去做蠢事。你在臉書或領英（LinkedIn）之類的社交媒體上顯露愈多有關於你的生活的資訊，就愈容易成為網路釣魚犯罪者瞄準的對象。社交媒體助長社交工程。

推特在 2020 年 7 月遭到一個難堪的網路釣魚攻擊，一些知名人士如比爾・蓋茲（Bill Gates）、傑夫・貝佐斯（Jeff Bezos）、伊隆・馬斯克（Elon Musk）、歐巴馬、喬・拜登（Joe Biden）等人的推特帳戶被盜用，發出類似這樣的訊息：「送我們 $1,000 美元的比特幣，我們將回送 $2,000 美元。」很難相信有人會被這騙到，更遑論有能力送出比特幣的人了，但是，在推特官方關閉這攻擊之前，有數百人已經受騙上當。推特官方後來發布聲明：[98]

> 2020 年 7 月 15 日發生的社交工程透過手機魚叉式網路釣魚，瞄準一小群員工。成功的攻擊需要攻擊者得以進入我們的內部網路，並且取得特定員工的身分認證，使他們能夠取得我們的內部支援工具。不是所有一開始被瞄準的員工都擁有可使用我們的帳戶管理工具的授權，但攻擊者使用他們的身分認證進入我們的內部系統，取得有關於我們的流程的資訊，這些資訊使他們得以瞄準其他被授權可以使用我們的帳戶支援工具的員工。

從這份聲明可以發現一點：攻擊者能夠從無權使用帳戶管理工具的員工著手，再進一步去瞄準擁有此授權的員工。

該攻擊的幕後主嫌很快就被查出，是佛羅里達州的一名十七歲青少年，另外還有兩名年輕人也被指控參與其中。

偽裝成公司執行長或其他高階主管的魚叉式網路釣魚或社交工程攻擊，

似乎特別有成效。一個特殊案例發生於所得稅申報的幾個月前，攻擊者偽裝成公司執行長，要求被瞄準的攻擊對象傳送每位員工的稅務資訊，例如美國的 W-2 表格，這表格中含有一個納稅人的真實姓名、住址、薪資及社會安全號碼，攻擊者可以使用這些資訊來申請詐欺性質的退稅。等到員工和稅務當局發現時，歹徒早已拿到錢，逃之夭夭了。[99]

間諜軟體（spyware）指的是在你的電腦上執行、把有關於你的資訊傳送至某處的程式，有些間諜軟體顯然是惡意的，但有些間諜軟體只不過是商業性窺探。舉例而言，目前的作業系統大都會自動檢查已安裝軟體有無更新版本，你可以說這是好功能，因為這鼓勵你更新軟體以修補漏洞，防止資安問題；但這也可以被稱之為一種侵犯隱私，你使用什麼軟體是你個人的事，別人無權插手。若把軟體更新強加於你，可能構成問題：有太多的例子是，較新版本的程式更大，但未必更好，而且，新版本可能打破你的現行行為，或增加了新漏洞。我本身盡量避免在學期中更新重要軟體，因為這可能會改變我授課需要的東西。

另一種常見的攻擊是，攻擊者在個人的機器上安裝「**殭屍／傀儡**」（zombie），這種程式等著你連結網際網路後被喚醒，被指示去執行惡意行動，例如發送垃圾郵件。這類程式常被稱為「肉雞」（bot），感染了它們而受到命令控制的網路被稱為「**殭屍網路**」（botnet）。任何一個時點，有數千個已知的殭屍網路和數百萬個殭屍可被喚醒，執行工作，把殭屍賣給潛在的攻擊者是一門欣欣向榮的生意。

攻擊者可以攻擊一台用戶電腦，直接就源盜取資訊——去檔案系統中尋找，或偷偷地安裝**鍵盤側錄程式**（key logger），記錄用戶輸入的密碼或其他資料。鍵盤側錄程式監視用戶的所有鍵擊，得以記錄你輸入的密碼，因此，加密術也幫不了忙。惡意軟體也可以開啟電腦上的麥克風及相機。

惡意軟體可能對你的電腦上的內容加密，你得付錢取得解密的密碼，才能再使用那些內容，這種攻擊被稱為「**勒索軟體**」（ransomware）。2020年6月，加州大學聖地牙哥分校醫學院遭到這樣的攻擊，學校在發表的聲明中說：

被攻擊者加密的那些資料對於我們這所大學為了公眾福祉而進行的一些學術研究很重要，因此，我們做出困難決定，向這惡意軟體的攻擊者支付贖金的一部分，約為 114 萬美元，以換取工具，解鎖被加密的資料，以及歸還他們取得的資料。[100]

這事件過後不久，我收到一封我隸屬的一個科學機構發出的電子郵件，說一樁勒索軟體攻擊很可能內含關於我的資料。這科學機構使用一家名為「Blackbaud」的公司提供服務（雲端運算），以下是這封電子郵件的部分內容：

Blackbaud 也通知我們，為保護資料，降低身分被盜用的可能性，它支付了網路犯罪者要求的贖金。Blackbaud 告訴我們，它已經獲得網路犯罪者及第三方專家的保證，說那些資料已經被銷毀了。

我們繼續與 Blackbaud 溝通，以了解為何從它發現攻擊者入侵，到它通知我們，這之間存在時間上的延遲。

這「延遲」長達約兩個月，Blackbaud 在這期間支付贖金；這科學機構又延遲了兩週才通知我（大概其他會員也是被延遲告知）。我也好奇來自那些壞傢伙的「保證」，說他們已經銷毀了那些資料。這是否使你想起那些承諾要銷毀盜取的相片的勒索者呢？

一種較簡單版本的勒索軟體則是在你的螢幕上彈出一個威脅訊息，聲稱你的電腦已經被惡意軟體感染，但你可以清除它：別做任何事，打這免付費電話號碼，付點錢，你就能獲得解救。這是所謂的「**恐嚇軟體**」（scareware），我的一個親戚就被恐嚇軟體騙了，付了幾百美元，所幸，信用卡公司止付這筆錢，但不是人人都如此幸運。若你支付的是比特幣，萬一壞傢伙不守信用，你完全無從追索。

若你的瀏覽器或其他軟體有漏洞，讓歹徒可以把他們的軟體安裝在你的機器上，風險更高。瀏覽器是大而複雜的程式，它們有無數的漏洞可讓歹徒

利用,對用戶發動攻擊。更新你的瀏覽器是防禦措施之一,此外,改變組態設定,使它不揭露不必要資訊,或不許下載勒索軟體。例如,設定你的瀏覽器偏好,讓瀏覽器每次在開啟 Word 或 Excel 文件之類的內容前,都先徵詢你的確認。審慎於你下載的東西,當一個網頁或程式要求你這麼做時,絕對別立即點擊。後文將討論到更多的防禦措施。

在手機上,最可能的風險是下載了將把你的私人資訊輸出的行動應用程式。應用程式能夠存取手機上的所有資訊,包括聯絡人、位置資料、通話記錄,這些資訊可被輕易用來攻擊你。手機軟體慢慢地變得更善於幫助你保護自己,例如,讓你對准許及授權有更多細微的控管,但請注意,重點字是「慢慢地」!

10.7.2 攻擊伺服器

伺服器遭到攻擊,不是直接對你的攻擊,因此,你本身沒什麼辦法可應付這類攻擊,但這絕非意味著你不會受害。

伺服器的編程與架構必須非常小心,使得用戶端的請求(不論多麼聰明地雕琢的請求)無法導致伺服器釋出未經授權的資訊,或准許未經授權的存取。伺服器執行龐大且複雜的程式,因此很常存在漏洞及組態錯誤(configuration error),這兩者都可被利用。伺服器通常由透過一種名為「結構化查詢語言」(structured query language,SQL)的標準介面來存取的資料庫支援,一種常見的攻擊名為「**SQL 隱碼攻擊**」(SQL injection),若伺服器與資料庫之間的存取介面未審慎地定義與限制,聰明的攻擊者便能提出查詢,揭露資料庫結構,或取得未經授權的資訊,甚至在伺服器上執行攻擊者的程式,攻擊者的程式可能接管整個系統。資安領域已經很熟知這類攻擊,也有防禦措施,但這類攻擊仍然經常發生。

一旦系統遭到攻擊,就很難縮限損害,尤其是若攻擊者已經取得「根權限」(root access)——亦即最高層級的管理特權——的話。不論遭到攻擊對象是伺服器,抑或個人家中的電腦,都是如此。此時,攻擊者可以肆意破壞一網站或損毀一網站的外觀,張貼難堪的內容如仇恨言論,下載具破壞作

用的程式，或儲存及散播非法內容如兒童色情及盜版軟體，資料可能被成批地從伺服器上盜取，或是從個人器材上被適量盜取。

這類入侵現在已經是近乎家常便飯事件，有時規模甚大。2017年3月，美國三大消費者信用報告公司之一的易速傳真（Equifax）有1.5億人的個資遭盜取。易速傳真這樣的機構在其資料庫中儲存了巨量的敏感資訊，因此，這是一個潛在的嚴重問題，易速傳真怠忽其資安程序——沒有針對已知的脆弱性，更新其系統。而且，被盜事件發生後，該公司的應對措施也不佳，該公司直到9月才公開揭露此龐大個資被盜事件，在此之前，該公司的一些高階主管已經出售手中的公司持股。[101]

2019年12月，美國的娃娃便利連鎖店（Wawa）宣布，惡意軟體入侵其銷售點終端機，盜走約3,000萬信用卡資訊。後來，那些資訊已開始在暗網（dark web）上被出售。[102]

2020年2月，提供人臉辨識服務（主要客戶是司法機關，但也有其他單位及個人客戶）的美國明視人工智慧公司（Clearview AI）的客戶資料庫被駭，客戶名單被盜。該公司聲稱，包括相片及搜尋記錄等其他資料均未被盜取，但當時的新聞報導暗示，也有相片被盜。[103]

同樣是2020年2月，飯店連鎖集團萬豪國際（Marriott International）宣布，超過500萬住客的資訊被盜，這些資訊包括合約細節和其他個人資訊如出生日等等。[104]

伺服器也可能遭到**阻斷服務攻擊**（denial of service attack），駭客對一網站導入龐大流量，導致該網站癱瘓。這種攻擊往往與殭屍網路結合：殭屍入侵的機器被命令在一特定時間對一特定網站發出請求，形成一股湧入該網站的洪水。從多源頭同時發動的攻擊被稱為「**分散式阻斷服務攻擊**」（distributed denial of service attack，DDoS），例如，2020年2月，亞馬遜網路服務公司的雲端服務成功應付它稱之為有史以來最大的DDoS，該攻擊在最高峰時的流量為2.3 Tbps。[105]

雖然，阻斷服務攻擊通常大且針對大型伺服器，但小規模的這種攻擊也是有可能發生。舉例而言，我的雇主最近把自家開發的一套很便利的會面行

程安排系統改換成另一種外面一家公司供應的系統，這新系統進入用戶的線上行事曆，找出空檔時段，該公司稱此為「無痛行程安排」。你連結至一個網站，登入你的用戶身分識別，點擊一個空檔時段，提供一個確認的電子郵件地址，就完事了。但是，它**沒有**提供任何檢查機制，所以，若我能猜出你的身分識別，我就能匿名填滿你的所有空檔時段。它也不需要驗證電子郵件地址，因此，我可以使用這行事曆系統作為一個媒介，發送匿名騷擾訊息給任何人。若我的學生計畫組群在作業中創造出這麼一個隱私與資安漏洞，我會非常失望，更何況這系統是個昂貴的商業產品，應該做得更好點吧。

10.7.3 攻擊傳輸中的資訊

攻擊傳輸中的資訊大概是最不受到關切的攻擊類型，但它們仍然是夠嚴重，也夠常見，在無線系統普及之下，這種情形可能會改變，但不是朝更好的方向。想偷錢的人可以竊聽你和你的銀行之間的通訊，收集你的帳戶號碼及密碼，但若你和你的銀行往來的通訊加密，歹徒就無法了解這些通訊內容了。在任何提供開放式無線連結的地方，程式就能窺探未加密的連結，並且可以讓攻擊者偽裝成你，相當難以察覺。有一樁信用卡資料盜竊案涉及竊聽商店終端機之間的未加密無線通訊，竊賊把車停放在商店外，擷取傳輸中的信用卡資訊。

HTTPS 是 HTTP 的加密版，對 TCP/IP 通訊雙向加密，使竊聽者不可能讀取內容或偽裝成通訊的每一方。HTTPS 的使用快速成長，但還未變得普遍。

還有所謂的「**中間人攻擊**」（man-in-the-middle attack），攻擊者攔截傳輸中的訊息，修改訊息後再傳送，彷彿它們是直接發送自來源端（第八章談到的《基度山恩仇記》裡的故事，就是中間人攻擊的一個例子）。適當的加密也可以防止這類攻擊。國家樹立的防火牆是另一種中間人攻擊，通訊被減緩，或搜尋結果被改變。

虛擬私人網路（virtual private network，VPN）在兩台電腦之間建立一條加密途徑，從而形成安全的雙向資訊流。企業往往使用 VPN 來讓員工

得以從家中或從那些通訊網路無法被信賴的國家工作，個人在咖啡店或其他提供開放式 Wi-Fi 的地方工作時，使用 VPN 可以更安全些。但是，請小心那些經營 VPN 的業者的素質，以及當面對政府施壓揭露它們的用戶資訊時，它們將能多大程度地對抗此壓力。

事實上，小心 VPN 業者的基本誠實度與能力。2020 年 7 月，一些聲稱不記錄用戶活動資訊的「零記錄」（no-logging）免費 VPN 服務業者的伺服器遭駭後被發現，它們實際上暗中蒐集用戶資料，並記錄用戶活動資訊，存放於欠缺安全保護的伺服器上。伺服器遭駭導致超過 1 TB 的資料外洩，包括被記錄的用戶活動資訊、活動日期、時間、IP 位址及未加密的密碼外洩。[106]

Signal、WhatsApp、iMessage 之類的安全即時通應用程式（secure messaging apps）提供用戶之間的加密語音、影像及文本通訊，所有通訊都是端對端加密，亦即在訊息來源端加密，在接收端解密，使用只存在於端點的金鑰，金鑰不在服務供應商手上，因此，基本上是無他人可以竊聽，也不會遭到中間人攻擊。臉書的即時通（Facebook Messenger）不是端對端加密，但提供用戶「加密」選擇。除非加密，否則較易遭到攻擊。

Signal 是開放源碼軟體，WhatsApp 是臉書的一項產品，而 iMessage 來自蘋果公司。愛德華・史諾登為 Signal 背書，稱它是安全通訊的較佳系統，他本人也使用這款應用程式。

我們許多人現在使用的 Zoom 視訊會議系統聲稱提供端對端加密，使用 256-bit 先進加密標準（AES），但美國聯邦貿易委員會（US Federal Trade Commission）在 2020 年起訴 Zoom，指控 Zoom 實際上留有加密金鑰，只使用 AES-128，並且悄悄安裝軟體，繞過 Safari 瀏覽器的安全性警告機制。[107]

10.8 自我防護

自我防護是相當艱難的事，你得防禦種種可能的攻擊，但攻擊者只需找

出一個弱點，攻擊者總是站在優勢的一方。儘管如此，你可以提高你的成功可能性，尤其是若你務實地評估潛在威脅的話。[108]

你的自我防護，該做些什麼呢？當有人諮詢我的建議時，我會告訴他們下述內容。我把防禦區分為三類：第一類是很重要的防禦措施，第二類是謹慎提防措施，第三類是取決於你有多偏執（我是很偏執的那端，多數人不會那麼偏執）。

●重要措施

細心選擇密碼，別讓任何人能猜到，而且，就算有人使用電腦去嘗試一堆可能性，也不可能快速找到。別使用單字詞、你的生日、家人或寵物或重要的其他人的名字，尤其別使用「password」這個字的變化版——有太多人這麼做，多到令人驚訝。[109] 包含大小寫字母、數字及特殊符號構成的密碼，是兼顧安全性與易用性的不錯選擇，一些網站會為你評估你提出的密碼的強度。傳統智慧之見是，你應該每隔一段時間就更改密碼，但我是不認同啦，經常更改密碼可能適得其反，尤其是若你被迫在不方便之時去更改密碼的話，你往往會做出明顯俗套的更改，例如在最後面增加一個字或數字或符號。

絕對別在重要的網站（例如你的銀行和你的電子郵件網站）上使用相同於你在線上新聞及社交媒體網站上使用的密碼，絕對別在工作上使用相同於你在私人帳戶中使用的密碼。別使用單一網站（例如臉書或谷歌）來登入其他網站，萬一出了問題，那可就全軍覆沒——技術領域所謂的「單點故障」（single point of failure），你的所有資訊都會外洩。你可以在「haveibeenpwned.com」網站查詢一個特定的密碼是否已被破解，這個網站收集被駭的資訊。

LastPass 之類的密碼管理工具為你的所有網站生成及儲存安全的隨機密碼，你只需記住一個主密碼就行了。當然啦，萬一你忘了你的主密碼，或是為你儲存所有密碼的公司或軟體遭駭或遭到壓迫，那也會全軍覆沒。

若可以選擇的話，使用雙要素驗證（two-factor authentication）。雙

圖表 10-7　RSA SecurID 雙要素器材

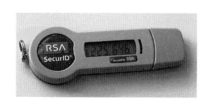

要素驗證要求一個密碼和一個屬於用戶所有的實體器材，這比只有一個密碼更安全，因為它要求用戶知道一個東西（密碼），並且擁有一個東西（一個器材）。這器材可能是一個手機應用程式，生成一個號碼，這號碼必須相同於伺服器端的相同演算法生成的一個號碼；它也可能是發送到你的手機上的一個訊息；或者，它可能是一個像＜圖表 10-7 ＞中那樣的特殊用途器材，這器材顯示一個新生成的隨機號碼，你必須把這個號碼及你的密碼一起提交。

諷刺的是，製造＜圖表 10-7 ＞中這款被廣為使用的雙要素驗證器材「SecurID」的 RSA 公司在 2011 年 3 月遭駭，資安資訊被盜，使一些 SecurID 器材變得脆弱。

別開啟來自陌生人的附加檔案，別開啟來自朋友或同事的非預期中的附加檔案。別准許 Microsoft Office 中的 Visual Basic 巨集程式；看到請求時，絕對別自動接受／同意、點擊或安裝。別下載出處可疑的程式，謹慎於下載及安裝任何軟體，包括防護性擴充功能，除非是來自可靠的來源，不論你的電腦或手機，都要遵循此原則。

別在提供開放式 Wi-Fi 的場所做任何重要之事，例如，別在星巴克咖啡店上網辦理銀行事務。在這類場所，務必確認使用 HTTPS 連結，但切莫忘了，HTTPS 只對內容加密，傳輸路徑上的任何人都能看到寄件人和收件人是誰，這類元資料很能幫助辨識人們。

使用防毒軟體，並且保持更新。別點擊提供對你的電腦進行安全性檢查的彈出窗口。對瀏覽器及作業系統之類的軟體保持更新，因為它們經常修補資安漏洞。

定期把你的資訊備份至一個安全之處，使用自動備份服務如蘋果的「時

光機」（Time Machine），或者，若你是個謹慎勤勞的人，你可以手動做備份工作。定期備份是個明智的實務，萬一硬碟壞了，或惡意軟體破壞它或對它加密而勒索你，你蒙受的損失將遠小得多。若你使用雲端服務儲存珍貴文件及相片，也別忘了做你自己的備份，以防雲端服務供應商被駭而停擺或破產而停止營運。

●謹慎提防措施

關閉第三方 cookies，每個瀏覽器被儲存了 cookies 是惱人的事，所以，你使用的每種瀏覽器都必須建立防護機制。每種瀏覽器的這種防護機制細節不同，但費點工夫去了解與建立此防護是很值得的。

使用 Adblock Plus、uBlock Origin 及 Privacy Badger 之類的擴充套件來過濾與阻擋廣告及追蹤以及它們可能植入的惡意軟體，使用 Ghostery 來消除多數的 JavaScript 追蹤。Adblock 及類似的擴充套件檢視 HTTP 請求的 URLs，過濾掉那些被列於黑名單（廣告網站封鎖表列）上的 URLs，刊登廣告者聲稱廣告攔截應用程式的使用者是在作弊或欺騙（譯註：意思是，使用者免費觀看媒體平台的內容，而廣告客戶是媒體平台的收入來源，使用者不應該封鎖廣告），但不可否認的是，廣告是惡意軟體植入用戶端的主要媒介之一，只要這種情形繼續存在，阻擋廣告就是良好的防禦行為，而且，你將會發現，阻擋了廣告，你的瀏覽器似乎也運轉得更快。[110]

開啟「無痕瀏覽」（private browsing）或「無痕模式」（incognito mode），每次瀏覽網頁後，刪除 cookies，不過，這只會影響你的電腦，你仍然可能在線上被追蹤。「請勿追蹤」（Do Not Track）這功能設定沒多大用處，還可能使你更容易被辨識。

關閉你手機上的「位置」服務，除非你需要地圖或導航。

關閉你的郵件閱讀器中的 HTML 及 JavaScript。

關閉你不使用的作業系統。例如，我的 Mac 讓我可以共用列印機、檔案及器材，容許從其他電腦登入，遠距管理我的電腦；視窗也有類似的設定，我都把它們關閉。

防火牆是監視進出網路連結、並封鎖那些違反存取規則的連結的程式，

開啟你的電腦上的防火牆功能。

使用密碼去鎖住你的手機和筆記型電腦，若有指紋辨識功能，使用它。

●偏執措施

在你的瀏覽器上使用「NoScript」擴充功能，以減少執行 JavaScript 程式。

關閉所有 cookies，你列為白名單的網站除外。

若只是暫時性註冊，使用假的電子郵件地址。當一些網站堅持要我提供一個電子郵件地址，才讓我使用某個服務或存取資訊時，我使用「mailinator.com」或「yopmail.com」提供的臨時電子郵件地址。

不使用手機時，關閉它。對你的手機加密，較新版本的 iOS 自動加密，安卓系統也提供此功能。也對你的筆記型電腦加密。

使用洋蔥瀏覽器（Tor Browser，Tor 是 The Onion Router 的簡稱），執行匿名瀏覽（參見第十三章的更多討論）。

使用 Signal、WhatsApp 或 iMessage，這些是比較安全的即時通應用程式，但若你不謹慎，它們仍然有可能傳遞惡意軟體。

手機已經愈來愈成為攻擊對象，因此必須更加提防，尤其要小心你下載的應用程式及其他內容。2018 年 5 月，亞馬遜創辦人貝佐斯的手機被沙烏地阿拉伯政府雇用的駭客入侵，方法是透過一則 WhatsApp 訊息，內含植入惡意軟體的一個影片。[111]

物聯網也有類似問題，但這方面較難提防，因為你無法控管物聯網器材。資安專家布魯斯‧施奈爾（Bruce Schneier）的著作《物聯網生存指南》（*Click Here to Kill Everybody*）對於物聯網的危險性有精闢的分析。[112]

▌10.9本章總結

全球資訊網從 1990 年時的無足輕重，成長到成為我們現今生活中不可或缺的一部分，它改變了商業面貌，尤其是在消費者層面，搜尋、線上購物、評

等制度、比價及產品評價網站蓬勃發展。它也改變了我們的行為，包括我們如何尋找朋友、尋找志趣相投的人、甚至尋找對象。它左右我們如何了解這世界，去何處取得新聞；若我們只從一些迎合我們的興趣與觀點傾向的源頭去取得新聞與意見，那可不是好事。事實上，「**過濾氣泡**」（filter bubble）一詞反映出全球資訊網在形塑我們的思想與意見方面的影響力有多大。[113]

全球資訊網帶來了無數機會與好處，也帶來了問題與風險，因為它對遠距行為與行動賦能——位於遠處、我們從未見過的人可以看到及傷害我們。

全球資訊網引發了尚未解決的管轄權爭議。舉例而言，在美國，許多州在州內對購買行為課徵銷售稅，但線上商店往往未向購買人收取銷售稅，其理由是若它們並未在該州設立實體店，就不需要作為該州稅務機關的課稅代理人。照理說，購買人應該申報外州購買，對這些消費繳交銷售稅，但沒有購買人這麼做。

誹謗是另一個引發管轄權爭議的部分。在一些國家，縱使被指控在一網站上做出誹謗言論的人從未現身受理誹謗控告的國家，但因為在該國可以看到這網站（雖然主機位於別處），因此是可以提出誹謗控告的。

一些活動在某個國家是合法的，但在另一個國家是非法的；色情、線上賭博、批評政府，這些都是常見的例子。當公民使用網際網路和全球資訊網從事在本國屬於違法的活動時，這個國家的政府要如何執法呢？一些國家只提供有限數量的網際網路進出其國家的途徑，因此能夠使用這些有限途徑來封鎖、過濾或減緩它們不准許的網路通訊，中國的防火長城是最著名的例子，但不是僅有的例子。

另一種方法是規定人們在網際網路上出示真實身分，亦即實名制。這聽起來像是個防止濫用匿名及騷擾的好方法，但也對行動主義及異議造成寒蟬效應。我們該如何在限制匿名酸民（trolls）及網路機器人（bots）的同時，也在適當的時候提供匿名制？

臉書及谷歌等公司試圖強制其用戶使用實名，但遭到強烈抵制，這是有其好理由的。線上匿名雖有許多缺點，例如發表仇恨言論、霸凌、酸民引戰（trolling），但讓人們能夠自由表達而不需畏懼於遭到報復，這也很重要。

我們還未能找到適當的平衡——若真存在所謂適當平衡的話。

　　個人、政府（不論是否受到人民支持的政府）及企業（企業利益往往超越國界）之間的正當利益將總是存在拉鋸。當然，犯罪者並不怎麼關心司法管轄權或他方的正當利益。網際網路使這一切問題變得更錯綜複雜。

資料

　　本書第四部探討資料。本書的第一版區分為三部，有關於資料方面的探討被納入「通訊」那個部分，但是，過去幾年，資料已經變得重要到必須專闢第四部來討論它。

　　「資料」（data）這個名詞現在常被用於有資格或條件的專門東西——大數據，資料探勘，資料科學，以及資料科學家這個新職稱，有不少關於這些主題的書籍、教學、線上課程，甚至大學學位。以下非正式、扼要地解釋它們。

　　大數據（big data）僅指我們面對及應付大量的資料，這當然是夠真確的事實，有關於這世上有多少資料的估計，不斷地增大。曾經，我們可以用艾位元組（exabyte，10^{18}）來表示這估計，但那早已是過去式，現在，我們需要使用皆位元組（zettabyte，10^{21}）來表示，可以相當有把握地預測，不久的將來就得使用佑位元組（yottabyte，10^{24}）估計了。在國際單位制（International System of Units，SI）中，「佑」（yotta）是最大的單位詞頭，最終，「佑」也將不夠大，我們得再增加一些詞頭，就像蘇斯博士

（Dr. Seuss）在《超越斑馬》（*On Beyond Zebra!*）一書中增加了二十個字母，[114] 我們也得「超越佑」。

資料探勘（data mining）是從大數據中尋找與萃取出潛在寶貴資訊與洞察的過程。**資料科學**（data science）是應用統計學、機器學習，及其他方法與技巧來試圖了解資料，從中萃取意義，並據以做出預測的一門學科，**資料科學家**（data scientist）自然就是做此事的人，或可從這時髦且重要的工作領域獲取優渥薪酬。

所有這些資料來自何處？我們能拿它們來做什麼？若我們不想貢獻有關於自己的資料，該如何做？

第十一章討論各種資料來源：我們的線上行動及線外行動如何貢獻於有時被稱為「資料廢氣」（data exhaust）的種種資料——我們在世上的種種行動，產生了有關於我們的龐大資訊。

第十二章探討人工智慧與機器學習，這是對龐大的資料加以利用的一個領域。這其中有些對我們有益，例如影像辨識及電腦視覺、語音辨識及語音處理、語言翻譯以及其他有用的應用，這些全都是因為有那麼多的資料可供機器學習，才得以實現。但壞處是，有關於我們的很多東西可以被得知、分析及利用，而且往往是我們不想讓任何人知道或至少不想被利用的私人資訊。

大量使用機器學習也引發嚴重疑慮，來自資料的推論可能被用以支持種族主義、歧視及其他道德問題。人們往往以為機器學習是一個客觀指引，但在許多情況下，機器學習得出的結論只是被用來掩飾權威者隱含的偏見。

第十三章討論防護：我們可以如何限制我們在不知情之下提供的資料，以及減少對這些資料的利用。想要完全不被收集資料或完全安全，那是不可能的，但你可以顯著改進你的個人隱私與安全。

第 11 章

資料與資訊

「當你看著網際網路時，網際網路也在回看你。」

——改寫自尼采的名句：「當你凝視深淵時，深淵也在凝視你。」
尼采（Friedrich Nietzsche），《善惡的彼岸》
（*Beyond Good and Evil*），1886 年

　　你用你的電腦、手機或信用卡做的任何事，幾乎全都會生成有關於你的資料，這些資料被小心地收集、分析、永久儲存，且往往被賣給你都不知道的其他組織。

　　就拿一個普通的互動為例吧，你使用你的電腦或手機搜尋要購買的一個東西，要去造訪的一個地方，或想了解的一個主題，搜尋引擎記錄你何時搜尋了什麼，你在哪裡，你點擊了什麼搜尋結果，若可能的話，它們明確地把它和你關聯起來。廣告客戶使用這資訊，對你發送有關於它們的供應品的針對性訊息。

　　我們全都搜尋、購物，以及用線上電影及電視節目娛樂自己，我們透過電子郵件、簡訊，甚至偶爾透過電話來和親友通訊，我們使用臉書或映思（Instagram）來和朋友及認識的人保持聯繫，使用領英（LinkedIn）來維持潛在的工作人脈，可能也使用約會網站來找尋戀愛機會。我們閱讀銳遞（Reddit）、推特及線上新聞，以跟進時勢；我們在線上管理我們的錢，支付帳單。我們隨身攜帶手機，手機知道我們二十四小時的所在位置，我們的車子知道我們現在置身何處，並把這資訊傳遞給他人，當然啦，無所不在的攝影機也知道我們的車子在何處。連網恆溫器、保全系統以及智慧型家電等

等住家系統觀看我們的一舉一動，知道我們是否在家，以及我們在家時做些什麼。

這私人資料流的點點滴滴全都被收集，網路硬體製造商思科系統公司（Cisco Systems）在 2018 年預測全球網際網路資訊年流量將在 2021 年時超過 3 皆位元組（zettabyte，ZB），[115]「zetta」這個詞頭是 10^{21}，那可是很多很多的位元組。這些資料來自何處，它們被如何使用？答案令人警醒：那些資料絕大部分是關於我們的資訊，但不是讓我們使用的，資料愈多，陌生人就對我們知道得愈多，我們的隱私及安全就降低得愈多。

我將從全球資訊網搜尋（以下簡稱網路搜尋）談起，因為大量的資料收集是從搜尋引擎開始的，這引領出第二個討論主題：追蹤——你造訪過哪些網站，以及你造訪這些網站時，做了什麼。接下來討論人們自願提供或是為了換取娛樂或一項便利服務而提供的個人資訊。那些資料儲存於何處？這引領出後續討論主題：資料庫——被種種各方收集的資料集，以及資料整合（data aggregation）與資料探勘，因為資料的價值有很大部分來自當資料與其他資料結合而得出新洞察時。但這也是出現重大隱私問題之處，因為把來自多源頭的有關於我們的資料結合起來，太容易得知我們不想讓他人知道、且他人無權觸及的資訊。最後，我將討論雲端運算，我們把一切交給那些提供儲存服務、並在它們的伺服器上處理的公司，而不是在我們自己的電腦上儲存與處理。

▎11.1 搜尋

網路搜尋始於 1995 年，以現在的標準來看，當時的全球資訊網規模還非常小，但接下來幾年，網頁數量及查詢數量快速上升。謝爾蓋·布林（Sergey Brin）與賴利·佩吉（Larry Page）合撰的論文〈解析一部大規模超文本全球資訊網搜尋引擎〉（The anatomy of a large-scale hypertextual web search engine）發表於 1998 年初，文中說，1997 年末時，AltaVista（最成功的早期搜尋引擎之一）每天處理 2,000 萬筆查詢，

他們並且正確預測，到了 2000 年，全球資訊網將有 10 億個網頁，每天將有幾億筆查詢。[116] 有一個估計指出，2017 年時，每天有 50 億筆查詢。[117]

搜尋是個大商業，在不到二十年間，從零到成長為一個大產業。舉例而言，谷歌創立於 1998 年，在 2004 年公開上市，2020 年時市值一兆美元，遠低於蘋果公司（超過兩兆美元），但遠大於歷史悠久的企業如埃克森美孚石油（Exxon Mobil）及 AT&T，這兩家公司市值不到 2,000 億美元。谷歌非常賺錢，但競爭也很多，所以，誰也不知道會發生什麼（在此適當揭露：我是谷歌的兼職員工，我在此公司有很多朋友，但本書中沒有任何內容是谷歌公司對任何事的觀點）。

搜尋引擎如何運作呢？從使用者的角度來看，在一網頁的一個表單上輸入一個查詢，幾乎瞬間就出現一份鏈結及片斷內容的名單。從伺服器這邊來看，那就遠遠複雜得多了，伺服器生成內含查詢文字的網頁名單，依照關聯性大小順序整理它們，加上以 HTML 建立的網頁的內容片斷，回傳至發送查詢的瀏覽器。

但是，全球資訊網太浩大了，不可能讓每個使用者查詢都觸發一次在網路上進行新搜尋，因此，搜尋引擎的一大部分工作是為查詢做好準備，把頁面資訊儲存及整理於伺服器上：使用**網路爬蟲**（web crawler），掃描網頁，把切要內容儲存於一資料庫裡，以便能夠快速回應後續的查詢。這種爬取是一個巨大規模的快取例子：搜尋結果是根據一個預先運算的快取頁面資訊索引，不是即時的網際網路頁面搜尋。

＜圖表 11-1 ＞是這結構的大致圖示，其中包括把廣告插入搜尋結果頁面。

問題在於規模，全球有數十億使用者，有不計其數的網頁，谷歌曾經不定時報告它爬取多少網頁以建立它的索引，但在網頁數超過 100 億後，就不再發布了。若一個普通的網頁是 100 KB，儲存 1,000 億網頁就需要 10 拍位元組（petabyte，PT）的磁碟空間。雖然，全球資訊網有部分是好幾個月或好幾年都無改變的靜態網頁，但有相當多快速變化的網頁（例如新聞網站、部落格、推特訊息等等），因此，網路爬蟲必須持續且高效率地工作，

圖表 11-1　　一部搜尋引擎的結構

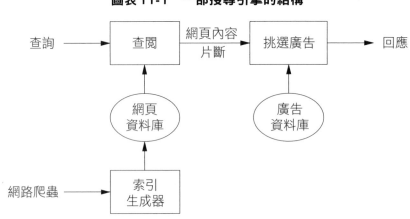

不能停歇，以免索引資訊變得過時。搜尋引擎每天處理數十億筆查詢，每一筆查詢都需要去掃描一個資料庫，找出相關網頁，把它們整理成適當順序，也會從廣告資料庫中挑選出廣告，插入搜尋結果頁面，並且在幕後記錄查詢者的一切活動，以便有資料供改善搜尋品質，在競爭中保持領先，銷售更多的廣告。

　　從我們的立場來看，搜尋引擎是應用演算法的一個好例子，但以龐大的查詢量來看，簡單的搜尋或排序演算法絕對不夠快。

　　有一類演算法處理爬取工作：決定接下來要爬取哪個網頁，從中摘取可作為索引的資訊（文字、鏈結、圖像等等），把這些傳送至索引生成器（index builder），摘取網頁的 URLs，去除重複及無關的資訊，把剩下資訊加在一張表單上以供檢視。更增添複雜度的是，一個網路爬蟲不能太頻繁造訪一個網站，因為這可能增加該網站伺服器的負載，惹它討厭，網路爬蟲甚至可能被一些網站拒絕存取。由於網頁內容變化速度不一，演算法若能正確評估網頁變化頻率，並且較常造訪那些快速變化內容的網頁，效能更佳。

　　建立索引是下一個重要工作：從網路爬蟲存取的網頁中摘取每頁的切要內容，對每個部分以及它的 URL 及頁面位置建立索引。這流程的細節取決於要建立索引的內容：文字、圖像、試算表、PDFs、影片等等，全都需要

不同的處理方式。實際上，索引生成器為一網頁上出現的文字或其他可索引的項目建立一張網頁與位置表，用可以快速檢索任何特定項目的網頁表單的格式儲存起來。

最後一個工作是對一筆查詢配置出一個回應，其基本概念是取得這筆查詢的所有字，使用索引清單，快速找到符合的 URLs，然後，快速挑選出最符合的 URLs。這流程的細節可說是搜尋引擎營運商的核心競爭力所在，在網上查看，你將不會看到多少有關於這工作的技能。同樣地，這部分的工作主要受到規模的影響：任何一個查詢字可能出現於數百個網頁上，兩個字組成的一個詞可能仍然是出現於數百個網頁上，為回應查詢，必須快速篩選出最佳的十個左右。搜尋引擎愈能把正確的項目排列到最上方，它的回應就愈快，使用者就愈加偏好使用這搜尋引擎，勝過其他競爭者。

最早的搜尋引擎只是展示含有搜尋詞的網頁表單，但隨著全球資訊網的成長，那些搜尋引擎產生的搜尋結果是一大堆無關的網頁。谷歌原始的「**網頁排名**」（PageRank）演算法對每個網頁給予一個品質指標，被更多其他網頁連結，或是被排名高的其他網頁連結的那些網頁將獲得較高權值（亦即在搜尋結果頁面上將排得更前面），其理論是，被更多的其他網頁或排名高的其他網頁連結，代表這些網頁切合查詢的可能性愈高，如同布林和佩吉所言：「直覺上，在網路上被許多地方引用的網頁是值得一看的。」當然啦，要產生高品質的搜尋結果，遠非只靠這個，搜尋引擎公司持續不斷地致力於改進它們相較於競爭者的搜尋結果。

要面面俱到地提供優良的搜尋服務，需要投入龐大資源──數百萬台處理器，數兆位元組的主記憶體，數拍位元組的輔助儲存器，每秒多 GB 的頻寬，數十億瓦的電力，當然還需要很多人員。這些資源得花錢，通常是由廣告收入來支應。

在最基本層級，廣告客戶對展示於每個網頁上的每個廣告付費，價格取決於多少人及什麼樣的人瀏覽這網頁。價格可能是以網頁瀏覽量（page views，亦即「印象率，只有當廣告出現於網頁上時才計入」來計算；或是以點擊次數（clicks，點擊了廣告的瀏覽者）來計算；或是以轉化數

（conversions，最終購買了廣告客戶的產品／服務的瀏覽者）來計算。可能對廣告感興趣的瀏覽者顯然是寶貴的，因此，在最常見的模型中，搜尋引擎公司對搜尋詞進行即時競標，廣告客戶競標把廣告展示於特定搜尋詞搜尋結果頁面的權利，當瀏覽者點擊廣告時，搜尋引擎公司就賺得這筆錢。

谷歌廣告（Google Ads，原名 Google AdWords）讓廣告客戶易於對一個提案的廣告活動進行實驗，舉例而言，該公司的估計工具（參見＜圖表 11-2 ＞）說，搜尋詞「kernighan」及一些相關詞如「unix」及「c programming」的可能成本是每一點擊 5 美分，每當有人搜尋這些詞當中的一個、然後點擊我的廣告時，我將支付谷歌 5 美分。谷歌也估計，我挑選的這些搜尋詞每天將有 194 次點擊，平均每天的預算是 10 美元（一個月的平均），但當然啦，我們都不知道有多少人會點擊我的廣告，讓我支付廣告費，我從未做過實驗去看看可能的結果。

廣告客戶能否付費以使搜尋結果偏好它們呢？這是布林和佩吉的一個疑慮，他們在那篇原始的論文中寫道：「我們預期，靠廣告收入的搜尋引擎將本質上偏心廣告客戶，而不是把消費者的需求擺在優先。」谷歌的大部分收入來自廣告，雖然，它跟其他主要搜尋引擎一樣，堅稱把搜尋結果和廣告區

圖表 11-2　谷歌廣告對「kernighan」及相關詞的搜尋估計

Ad group name

Ad group 1

kernighan
unix
c programming
c language
c programming language
the c programming language
c programming book
c programming examples
c programming language book
best c programming book

Daily estimates

Estimates are based on your keywords and daily budget　⑦

∿ Ad group 1		∧
Clicks/day	Cost/day	
194	$10.00	
Avg. CPC		
$0.05		

分開來，但已有無數揚言訴諸法律的指控聲稱不公平或谷歌偏心自家產品，谷歌的回應是，搜尋結果並未偏心而不利於競爭者，完全是根據演算法來反映人們認為最有用的東西。

另一種可能的偏向形式發生於當表面上中立的廣告結果，基於可能的種族、宗教或族群而微妙地偏向特定群體。例如，從一些姓名可以預期這些人的種族或族群背景，因此，當搜尋詞是姓名時，廣告客戶可以針對性地瞄準或迴避此族群。[118]

在美國，暗示種族、宗教或性別偏好的廣告是違法的。臉書的收入也幾乎全來自廣告，它為廣告客戶提供使用種種標準來做針對性廣告的工具，這些標準大都簡單明瞭，例如所得水準、教育程度等等，但一些標準是明顯違反，還有一些標準是歧視性瞄準。該公司在 2019 年和一椿指控其廣告平台容許歧視性廣告的官司告訴人達成和解。[119、120]

有沒有可能搜尋網路而不被如此仔細地追蹤呢？ DuckDuckGo 搜尋引擎承諾它不會保留你的個人搜尋史，也不會遞送個人化廣告。它本身做一些搜尋，並且彙總來自大量搜尋引擎及其他源頭的結果，它也靠廣告賺錢，但使用者可以用 Adblock 之類的應用程式封鎖廣告。DuckDuckGo 也提供一些有關於如何更隱私且安全地瀏覽及使用手機的實用建議。[121]

▎11.2 追蹤

上一節內容是討論搜尋領域，但相同的考量當然也適用於任何類型的廣告：能夠瞄準得愈精準，就愈可能引起瀏覽者做出廣告客戶期望的反應，廣告客戶就更願意付費。在線上追蹤你──你搜尋什麼，你造訪哪些網站，你造訪那些網站時做些什麼等等，將揭露大量有關於你是誰及你做什麼的資訊。現今大多數追蹤行動的目的是想更有效地向你銷售更多東西，但不難想像如此詳盡的資訊可能被用於其他用途。這一節的內容主要聚焦於追蹤機制：cookie、網路臭蟲〔web bug，亦即網路信標（web beacon）〕、JavaScript、瀏覽器指紋採集（browser fingerprinting）。

我們使用網際網路時，有關於我們的資訊被收集，這是無可避免的事，在線上，做任何事都很難不留下足跡。使用其他電腦系統時也一樣，特別是手機，只要處於開啟狀態，手機就知道我們身處的位置。所有智慧型手機都有 GPS 功能，你出門在外時，它通常知道你將行動的方圓十公尺內範圍，因此能夠在任何時候報告你身處的位置。一些數位相機也有 GPS，這讓相機能夠在拍攝的每張照片中記錄地理位置，這叫「**地理標籤**」（geo-tagging），相機能夠使用 Wi-Fi 或藍牙上傳相片，因此，你的相機沒有理由不能被用來追蹤你。

當這類追蹤資料被多源頭收集時，它們就描繪出我們的活動、興趣、財務、往來對象，及許多其他生活層面的詳細面貌。最無害的情況是，這些資訊被用來幫助廣告客戶更準確地瞄準我們，使我們能看到我們可能做出反應的廣告。但這些追蹤資料也可以被用於遠非如此單純、無害的用途，包括歧視、財務損失、盜用身分、監視，甚至身體傷害。

《紐約時報》在 2019 年和 2020 年刊登一系列有關於隱私與資安的報導，[122] 其中最發人省思、最令人不安的報導之一是調查一個資料庫，這資料庫有來自美國幾個大城市 1,200 萬人的手機的 500 億筆手機位置記錄。[123] 資料是由匿名源頭提供的，很可能是來自任職一家資料仲介公司的某人。《紐約時報》的這篇報導寫道：

> 那些收集你的所有這些行動資訊的公司用以下三點來為它們的業務辯護：人們同意被追蹤，資料是匿名的，資料很安全。
>
> 這些理由，沒有一個成立。

藉由把事件、住家與工作地址等等記錄關聯起來，《紐約時報》能夠辨識出相當多個人的身分。這是有高達 500 億筆記錄的資料庫，但《紐約時報》說，那些公司收集的位置資料遠非只是每天的手機位置記錄，還有很多其他資訊，包括大量的人口結構資料，因此使得關聯與辨識工作更加容易。理論上，這所謂的「匿名」資料應該沒有可辨識個人的資訊，但實際上，很容易

做出辨識個人的關聯分析，尤其是當把資料來源結合起來時。這篇報導非常引人憂心，整個系列報導也是。

你的資訊是如何被收集的呢？你的瀏覽器發出的每一個請求，都會自動地傳送一些有關於你的資訊，包括你的 IP 位址、你正在瀏覽的網頁〔「參照位址」（referrer）〕、你的瀏覽器版本〔「使用者代理」（user agent）〕、作業系統，以及你的語言偏好。你對此只有有限的控管權。＜圖表 11-3 ＞展示被瀏覽器傳送出去的一些資訊，經過空白編輯。

圖表 11-3　瀏覽器傳送出去的一些資訊

```
HTTP_ACCEPT text/html,application/xhtml+xml,application/xml;
        q=0.9,image/webp,*/*;q=0.8
HTTP_ACCEPT_ENCODING gzip, deflate
HTTP_ACCEPT_LANGUAGE en-US,en;q=0.5
HTTP_ACCEPT_CONNECTION keep-alive
HTTP_DNT 1
HTTP_HOST [...].Princeton.edu
HTTP_REFERER http://[...].princeton.edu/env.html
HTTP_USER_AGENT Mozilla/5.0 (Windows NT 10.0;
        rv:68.0) Gecko/20100101 Firefox/68.0
QUERY_STRING [...]
REMOTE_ADDR 128.112.139.195
TZ America/New_York
```

此外，若有來自伺服器的網域上次放進來的 cookies，瀏覽器也會把那些 cookies 傳回給那個網域的伺服器。如上一章所述，cookies 只會回到它們源自的網域，那麼，一個網站如何使用 cookies 來追蹤你對其他網站的造訪呢？

答案無疑地在於鏈結的運作方式。網頁上含有連結至其他網頁的鏈結——這是超連結的本質，我們熟悉那些必須點擊以產生連結動作的鏈結，但是，圖像與腳本（script）鏈結不需要被點擊，當網頁被下載時，它們會被自動地從它們的源頭下載。若一網頁上內含參照一個圖像，那圖像將從指

明的網域載入。通常，圖像的 URL 將編碼請求載入此圖像的那個網頁的身分；所以，當我的瀏覽器去取得這圖像時，提供此圖像的網域知道我存取了哪個網頁，那個網域也可以在我的電腦或手機上放進 cookies，以及檢索之前造訪時放進的 cookies。同理也適用於 JavaScript 腳本。

這是追蹤的核心，所以，下文將更具體說明。為了實驗，我把我的所有防護關閉，使用 Safari 瀏覽器去造訪「toyota.com」。第一次的造訪從超過 25 個不同網站下載了 cookies，並從廣泛的網站載入 45 個圖像，以及超過 50 個 JavaScript 程式，總計超過 10 MB。

只要我繼續待在「toyota.com」這個網頁上，這網頁就會持續做出網路請求，事實上，它做了太多的幕後運算，以至於 Safari 對我發出了有關於它的警告，參見＜圖表 11-4 ＞。

圖表 11-4　網頁持續在幕後執行運算

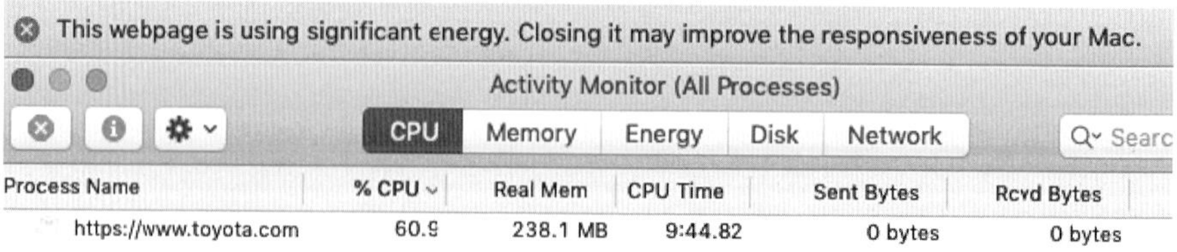

這可資解釋為何當我要求我的學生計算他們的電腦或手機上的 cookies 時，他們回報他們有數千個 cookies。這也解釋何以這類網頁可能載入得很慢（你可以自行做實驗，你可以去瀏覽器的「歷史記錄」及「隱私設定」之類的地方查到關於 cookies 的資訊）。我沒有在手機上做這樣的實驗，因為這會在我的審慎資料計畫中留下重大汙點。

我把我常用的防護機制——Ghostery、Adblock Plus、uBlock Origin、NoScript、關閉 cookies、關閉本機資料儲存——開啟後，就完全沒再收到 cookies 或腳本了。

這個網頁上的不少圖像就像＜圖表 11-5 ＞顯示的圖像。豐田汽車公司

的這個網頁內含連結至臉書以取得一個圖像的鏈結,豐田網頁上顯示的這圖像是 1×1 像素,而且是透明的,因此完全看不見。

圖表 11-5　用於追蹤的一個單項素圖像

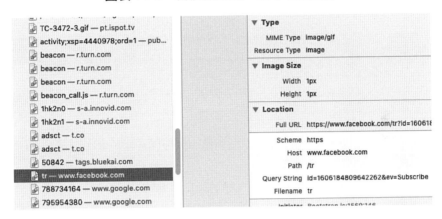

　　這類單像素(single-pixel)圖像常被稱為**網路臭蟲**(web bugs)或**網路信標**(web beacons)它們的唯一用途是追蹤。當我的瀏覽器請求來自臉書的這圖像時,臉書就得知我正在瀏覽豐田汽車公司的一個網頁,若我容許的話,臉書的伺服器可以在傳送此圖像時,在我的電腦中放進一個cookie。當我造訪其他網站時,每個追蹤的公司可以得知我在瀏覽什麼,若我瀏覽的網頁大都跟車子有關,那些公司可以通知潛在的廣告客戶,接下來,我就會開始在我瀏覽的頁面上看到有關於汽車經銷商、汽車貸款、汽車零件的廣告。若我瀏覽的網頁大都跟車禍事故及止痛藥有關,我可能會看到更多來自汽車維修服務商、律師及治療師的廣告。

　　谷歌、臉書以及無數其他公司收集有關於人們曾經造訪哪些網站的資訊,並用這些資訊來銷售廣告版面給豐田之類的廣告客戶,廣告客戶可以使用這些資訊來做針對性廣告,可能還加上除了我的 IP 位址以外的其他有關於我的關聯性資訊。我造訪的網頁愈多,追蹤公司就生成更詳盡的、有關於我的個性及興趣等方面的資料庫,最終還能歸結出我是男性、已婚、超過六

十歲、擁有幾輛車、居住於紐澤西州中部、任職普林斯頓大學。它們對我這個人了解得更多，它們的客戶愈能準確瞄準它們的廣告。當然啦，瞄準**本身**不等同於識別，但到了某個時點，應該很容易辨識出我是誰，雖然，多數這類公司說它們不會這麼做。但是，若我在同一個網頁上提交我的姓名或電子郵件地址，難保這資訊不被到處傳遞。

《華盛頓郵報》（*The Washington Post*）在 2016 年刊登一系列有關於隱私的報導，其中一篇標題為〈臉書用來對你做針對性廣告的 98 個個人資料點〉（98 Personal Data Points that Facebok Uses to Target Ads to You）。[124] 這 98 個資料點包括位置、年齡、性別、語言、教育程度、所得與淨財富等等很顯然的資訊，但還有敏感的資料，例如「族群傾向」（ethnic affinity），這可被用於違法的歧視。[125]

網際網路廣告是個複雜的市場。當你向你的瀏覽器請求一個網頁時，那個網頁的出版者通知一個廣告交換中心——例如 Google Ad Exchange 或 AppNexus，告知它們這網頁有一個可供刊登廣告的版面，並提供可能的瀏覽者的資訊，例如可能是一位居住於舊金山的 25 至 40 歲單身女性，喜歡科技和好餐廳。廣告客戶競標這廣告版面，得標者的廣告被插入那網頁，這一切在幾百毫秒間發生與完成。

若你不喜歡被追蹤，你可以顯著減少被追蹤，但得付出一些代價。瀏覽器讓你可以阻擋所有的 cookies，或是阻擋第三方的 cookies，你可以隨時刪除 cookies，或者，在關閉瀏覽器時，自動移除 cookies。一些大型追蹤公司提供一個選擇退出機制：若它們在你的電腦上遇到一特定的 cookie 時，它們將不追蹤你的互動需求以提供給針對性廣告使用，不過，它們很可能仍會在自己的網站上追蹤你。

有一種半官方的「請勿追蹤」（Do Not Track，程式指令把它簡稱為 DNT）機制，但這機制言過其實了。瀏覽器有一個勾選方塊，通常是在隱私與安全性選單上，名為「請勿追蹤」，若你勾選了這設定，瀏覽器把你請求一個網頁的訊息傳送至目的端的伺服器時，就會多加上一個 HTTP 標頭。（＜圖表 11-3 ＞中有一行這樣的指令：HTTP_DNT 1。）尊重「DNT」

的網頁將不會把有關於你的資訊轉傳給其他網站，但這網頁可以保留此資訊供它自己使用。不論如何，是否尊重造訪者的意願，全憑各網站本身，多數網站根本不理會造訪者的這個偏好設定，例如，網飛公司的隱私政策說：「目前，我們不回應網路瀏覽器發出的『請勿追蹤』訊號。」[126]

「**無痕瀏覽**」（private browsing 或 incognito mode）是用戶端機制，告訴瀏覽器在關閉瀏覽器時去清除瀏覽歷史、cookies 及其他瀏覽資料，這可以防止你的電腦的其他使用人得知你做了什麼（因為這點，此功能又被稱為「色情模式」），但這不影響你造訪過的網站記住有關於你的資訊，那些網站很可能能夠再次認出你。儘管你可以設定「無痕瀏覽」，一些網站若偵測到你使用此瀏覽模式，將拒絕提供內容。

各種瀏覽器的防護機制並未標準化，甚至同一款瀏覽器的不同版本的防護機制也相異，預設值通常是未啟用防護功能。

不幸的是，若造訪者不許使用 cookie，許多網站就不運轉，但大多數網站能夠在造訪者不許第三方 cookies 之下運轉，因此，你應該總是拒絕第三方 cookies。一些使用 cookies 的情況是合情合理的，例如，一個網站必須知道你已經登入了，或是想記錄你的購物車中的品項；但 cookies 常被用於追蹤，這令我相當火大而不願意光顧這種商家。

JavaScript 是一項主要的追蹤工具，當一部瀏覽器遇上原始 HTML 檔案中的任何 JavaScript 程式，或從一個 URL 載入東西時，其 <script> 標籤中有「src="name.js"」的 JavaScript 程式時，瀏覽器都會去執行這些程式。那些觀看造訪者如何瀏覽特定網頁的「分析工具」重度使用這個，例如，當我造訪科技新聞網站「Slashdot.org」時，我的瀏覽器下載該網頁本身（約 150 KB），但同時也下載來自三個其他網站的 JavaScript 分析腳本（約 115 KB），其中包括來自谷歌的這個：

```
<script>
    src="https://google-analytics.com/ga.js">
</script>
```

（註：由於我使用 Adblock 及 Ghostery 之類的擴充套件去封鎖它們，因此，實際上，我造訪 Slashdot 網站時，這些分析腳本並未被下載。我只是在此列舉若你未採取封鎖措施下的情形。）

JavaScript 程式能夠設定並檢索來自其源頭網站的 cookies，它能存取瀏覽器造訪過的網頁史等資訊。它也能持續監視你的滑鼠的位置，把這資訊回報至一伺服器，讓此伺服器據以推論你可能對一網頁上哪些部分的內容感興趣或不感興趣。它也能監視你點擊或凸顯了哪些地方，縱使這些地方並不是像鏈結這樣的敏感區域。

＜圖表 11-6 ＞的 JavaScript 程式將顯示你移動滑鼠時的滑鼠所在位置，只要再加上幾行指令，就能把這資訊傳送給你正在瀏覽的這個網頁的供應商，外加你的其他活動，例如你在何處輸入、點擊或拖曳。滑鼠遊戲網站「clickclickclick.click」是基於相同概念而建立的，但遠遠更精鍊且具高度娛樂性質。

圖表 11-6　JavaScript 程式顯示你移動滑鼠時的滑鼠座標

```html
<html>
<script>
function move(event) {
   document.getElementById("body").innerHTML =
      "position: " + event.clientX + " " + event.clientY;
}
</script>
<body>
   <div id="body" style="width:100%; height: 500px;"
      onmousemove="move(event)">
   </div>
</body>
</html>
```

瀏覽器指紋採集（browser fingerprinting）使用你的瀏覽器的個別特徵來辨識你，通常是獨自使用此方法，不需要 cookies。作業系統、瀏覽器、

版本、語言喜好、安裝的字型及外掛程式，這些結合起來，提供了大量具有鑑別作用的獨特資訊。使用 HTML5 的新功能，有可能使用名為「**畫布指紋識別**」（canvas fingerprinting）的技術來看出個別瀏覽器如何提交特定的字符串。[127] 不管個別使用者的 cookie 設定如何，只需一些這類識別訊號就足以區別及辨識出他們。廣告客戶及其他組織當然會樂得有這種精確的個人辨識工具囉，這麼一來，就不必去管使用者是否設定阻擋 cookies 了。

電子前哨基金會（EFF）提供一項名為「Panopticlick」的服務，這個名稱取自十八至十九世紀英國社會改革家傑瑞米・邊沁（Jeremy Bentham）提出的「圓形監獄」（Panopticon）設計，這種設計旨在持續監視囚犯、但不讓他們知道他們何時被監視。造訪網頁「panopticlick.eff.org」，這工具將會告訴你，你的瀏覽器指紋相較於最近的造訪者的瀏覽器指紋的獨特程度，愈獨特，代表你愈容易被辨識。縱使有良好的防護措施，你的瀏覽器指紋很可能獨特而使你可被辨識，或至少接近可被辨識。很有可能在你下次造訪時，它們就能辨識出你。

非營利組織 The Markup 免費提供一種檢查工具「Blacklight」（你可以在 themarkup.org/blacklight 取得），它模擬一部無防護的瀏覽器，然後回報一網站載入的追蹤器（包括那些試圖入侵廣告過濾封鎖器的追蹤程式）、第三方 cookies、滑鼠與鍵盤監視，以及其他迂迴追蹤實務。有時候，看到那麼多的追蹤，令人膽戰心驚，另一方面，找找最惡劣的追蹤侵犯者，也是滿有趣的事。舉例而言，造訪烹飪網站「epicurious.com」，它會在你的電腦上載入 136 個第三方 cookies 及 44 個廣告追蹤器材，並且監視你的鍵擊與滑鼠點擊，還把你的造訪報告給臉書及谷歌。

追蹤機制不限於瀏覽器，郵件閱讀器及其他系統也會使用。若你的郵件閱讀器解譯 HTML，它將會「顯示」那些讓他人追蹤你的單像素圖像。Apple TV、Chromecast、Roku、TiVo，以及亞馬遜的 Fire TV Stick，全都知道你在觀看什麼。所謂的「智慧電視」（smart TV）也知道你在觀看什麼，而且可能會把你的語音回傳給製造商，甚至從它們的攝影機把影像回傳給製造商。亞馬遜 Echo 之類的語音驅動器材把你說的話回傳給廠商，

供它們分析之用。[128]

前文提到過，每一個 IP 封包從你的電腦傳輸至目的地的途中行經 15 至 20 個閘道器，傳回的封包也一樣。這途中的每一個閘道器都可以查看每一個封包的內容，甚至對封包做出修改，此稱為「**深度封包檢查**」（deep packet inspection），因為它不僅檢查資訊的標頭，還查看其實際內容。這通常發生於你的網際網路服務供應商（ISP），因為那是你的身分最容易被辨識出來的地方。這不僅限於網路瀏覽，你和網際網路之間的所有通訊都可能受到這種深度封包檢查。

深度封包檢查可被用於正當用途，例如清除惡意軟體，但也可能被用於更準確的針對性廣告，或是用於監視或干預進出一國家的網路通訊，例如中國的防火長城，或美國國安局在美國網路通訊中置入的竊聽器。

對於深度封包檢查，唯一的防護方法是對 HTTPs 做端對端加密，保護內容不在傳輸途中被檢查與修改，但這種端對端加密無法隱藏來源端及目的端之類的元資料。

對於哪些可識別個人資訊能被收集，以及這些資訊可被如何使用，各國有不同的治理規範。用過於簡化的方式來說，在美國，什麼都行——任何公司或組織可以收集與散布有關於你的資訊，不需要通知你，不需要提供你選擇不接受的機會。

同樣用過於簡化的方式來說，歐盟國家對隱私的看待更嚴格：在未獲個人的明確准許下，公司收集與使用有關於個人的資料是違法行為。2018 年中開始生效的一般資料保護規範（GDPR）明訂，除非經個人的明確同意，不得處理個人資料；縱使是預設為「選擇退出」的線上表單，也不被視為取得了足夠的個人同意，亦即公司或組織必須主動取得個人「選擇加入」，才能使用個人資料。此外，人們也有權存取他們的個人資訊，以及查看他們的個人資訊如何被使用。個人可以隨時撤回同意，中止公司或組織繼續收集與使用其個人資料。

美國與歐盟在 2016 年建立有關於資料可以如何在兩地區之間傳輸、同時又保護歐盟公民隱私權的協議，但在 2020 年 7 月，歐盟最高法院裁決此

協議未遵守歐盟隱私權，導致目前情況不明朗。[129]

加州消費者隱私保護法（California Consumer Privacy Act，CCPA）於 2020 年 1 月 1 日起生效，其目的與屬性相似於 GDPR，它包含企業或組織必須明確標示一個「不同意販售我的資料」的選項供消費者選擇。雖然，CCPA 只適用於加州居民，我們可以期望它將在美國產生更廣的影響，加州人口佔美國總人口超過 10%，且該州在社會議題上往往走在傾向前沿。

不過，現在仍然太早，無法看出 GDPR 和 CCPA 是否良好地運作。

▌11.3 社交網路

追蹤我們造訪的網站，並不是收集有關於我們的資訊的唯一途徑。事實上，社交網路的用戶**自願**放棄了大量的個人隱私，以換取娛樂，以及和他人保持聯繫。

多年前，我在網路上看到一則貼文，大意如下：「在一次應徵工作面試時，他們詢問我關於我的履歷表上沒有提及的事，他們查看我的臉書後得知這些的，這太過分了，臉書上的東西是我的私生活，跟他們無關吧。」這實在太天真無知了，我猜想，至少有一些臉書用戶也有類似的被侵犯感，可是，眾所周知，雇主及大學招生辦公室經常使用搜尋引擎、社交網路及類似的源頭去獲取對應徵者的更多了解。在美國，法律規定不得詢問工作應徵者的年齡、族群、宗教信仰、性傾向、婚姻狀態及其他種種私人資訊，但是，到社交網路上搜尋，很容易就能悄悄得知這些資訊。

搜尋引擎和社交網路為我們提供有用的服務，而且是免費的，有啥不好呢？可是，它們總得賺錢啊，你應該記住，若你不對一產品付錢，那你就是產品！社交網站的事業模式是收集大量有關於用戶的資訊，把這些資訊嘗試給廣告客戶，所以，理所當然會有隱私問題。

在問世後的短期間內，社交網路的規模及影響力就已經急遽壯大。臉書創立於 2004 年，2020 年時，每月活躍用戶超過 25 億，約為全球人口的三分之一（WhatsApp 及 Instagram 都隸屬於臉書旗下，它們全都共享資

訊）。臉書的年營收 700 億美元，幾乎全來自廣告。如此急遽的成長速度，使得臉書沒多少時間去審慎思考其政策，也沒有時間供它從容地發展堅實的電腦程式。每一個社交網站都有以下問題：經由思慮不周的功能洩漏私人資訊；用戶對隱私設定感到困惑，且這些設定經常改變；軟體錯誤；整個系統存在固有的資料暴露問題。[130]

　　身為最大、最成功的社交網路，臉書的問題自然最醒目。一些問題的發生是因為臉書提供一個應用程式介面，讓第三方撰寫供臉書用戶下載使用的應用程式，那些應用程式可能洩漏違反該公司隱私政策的私人資訊。當然，不是只有臉書有此問題。[131]

　　地理位置定位（geolocation）服務在手機上顯示用戶的所在位置，讓用戶易於和朋友會面，或是玩位置型遊戲。當可以得知潛在顧客的實體位置時，針對性廣告特別有成效：比起在新聞中閱讀到一家餐廳，當你本人就站在這餐廳門前或附近時，你更容易對它的廣告做出反應。另一方面，當你得知在商店裡頭，你的手機被用來追蹤你時，你會有點毛骨悚然吧，但這是真的，商店已經開始使用**店內網路信標**（in-store beacons）。若你選擇同意這樣的系統（通常是在下載一款應用程式時，隱含地同意被追蹤），使用藍牙來和你手機裡的這款應用程式通訊的網路信標就會在店內監視你的位置，若你看起來似乎對某個產品／服務感興趣，它就會向你提供優惠交易。套用一家供應店內網路信標系統的公司的話：「信標引領店內行動行銷革命」。[132]

　　位置隱私權（location privacy，保持你的位置資訊隱私的權利）已經被信用卡、高速公路及大眾運輸付費系統、手機等等系統侵犯，愈來愈難避免讓你去過的每個地方留下足跡了。手機應用程式是最惡劣的侵犯者，它們往往要求存取你的手機中的所有資料，包括你的通話資料、實體位置等等。一款手電筒應用程式真的需要我的位置、聯絡人及通話記錄嗎？[133]

　　我們打從很早以前就知道，情報機關能夠藉由分析誰和誰通訊，就算不知道他們的通訊內容，也能得知很多東西。因此，國安局收集美國境內所有電話通話的元資料──電話號碼，通話時間，通話多久，最初的這種收集行動是獲得授權的──2001 年 9 月 11 日的恐怖攻擊事件的緊急因應之一，

但是，沒人知道這種資料收集的範圍，直到史諾登在 2013 年向一些新聞記者提供的文件被披露。縱使你接受這樣的聲稱：「那些只是元資料，不是交談內容」，但元資料可能暴露非常多的東西。在參議院司法委員會於 2013 年 10 月舉行的一場聽證會上，普林斯頓大學教授愛德華・費爾騰（Edward Felten）解釋元資料可以如何使一個私人事件變得完全公開：[134]

> 雖然，乍看之下，這元資料似乎只不過是「有關於撥打了哪些電話號碼的資訊」，但分析電話的元資料往往可以揭露以往只能藉由檢視通訊內容來取得的資訊。也就是說，元資料往往是內容的代理。
>
> 舉一個最簡單的例子，一些電話號碼只用於單一用途，因此，任何透過這類電話號碼的接觸將顯露打電話的人的基本資訊，往往是敏感資訊。這類例子包括供家暴及強暴受害人撥打的支援熱線；供想自殺者撥打的各種專門熱線，對象包括現場應急反應人員、退伍軍人、青少年同性戀者等等；供各種上癮症者撥打的支援熱線，例如酗酒者、毒癮者、賭癮者。
>
> 同樣地，包括國安局在內，幾乎每個聯邦機構的監察長都設有熱線，供舉報不端行為、浪費公帑、舞弊等情事，而無數的州稅務機關也有專線供舉報逃避納稅的欺詐活動。還有舉報仇恨犯罪、縱火、非法持有槍枝、虐待兒童的熱線。在所有這類例子中，光是元資料就能看出大量有關於電話的內容，甚至不需要更多的資訊。
>
> 若電話記錄顯示某人打了一支性騷擾舉報熱線或稅務詐欺舉報熱線，這當然不會顯露這些電話的實際通話內容；但若電話記錄顯示，一通熱線電話的通話時間長達 30 分鐘，這仍然會顯露幾乎所有人都認為極私密的資訊。

同理也適用社交網路上明顯或隱含的連結。當人們明顯地提供連結時，人際聯繫就更容易，例如，臉書上的按「讚」（Likes）可被用於正確預測

性別、族群背景、性傾向、政治傾向之類的特徵。這顯示社交網路用戶自由地給出的資訊可被用於最初哪些種類的推論。[135]

臉書上的「讚」鈕及推特、領英、YouTube 及其他社交網路上的類似功能使得追蹤及關聯性分析推論更加容易。點擊一網頁上的一個社群圖標，揭露你正在看這網頁，它其實是一個廣告圖像，但不是隱藏的、而是看得見的圖像，這讓供應商有機會傳送一個 cookie。

縱使你不是用戶，你的個人資訊仍然會從社交網路及其他網站外洩。舉例而言，當我收到一位朋友好意發出的一場宴會的電子邀請，那家經營此電子邀請服務的公司就取得了我的電子郵件地址，儘管我並未回覆該邀請，也沒有以任何方式准許該公司使用我的電子郵件地址。

若一位朋友在張貼於臉書上的照片上標註我（亦即 tag 我），那就是在未經我的同意下暴露了我的隱私。臉書提供人臉辨識功能，好讓朋友更易於標註彼此，而其預設值讓人們無需徵得被標註對象的同意下就去標註別人。我唯一的控管方法似乎是，我可以選擇不讓臉書去建議別的用戶標註我，但我無法退出臉書的標註功能本身。根據臉書的標籤功能支援說明：[136]

> 當你開啟你的人臉辨識設定時，我們將使用人臉辨識技術來分析我們認為有你在其中的相片及影片（例如你的大頭貼照，以及已經標註有你的相片及影片），並為你建立一個「樣板」（template）。我們使用你的樣板來辨識你是否出現於臉書上的其他相片、影片以及其他使用相機的地方（例如直播視訊）。
>
> 當你關閉人臉辨識設定時……我們不會使用人臉辨識來建議其他用戶在相片中標註你。也就是說，你仍然能夠被標註於相片中，但我們不會根據人臉辨識樣板來建議其他用戶標註你。

我根本不使用臉書，因此，當發現我竟然有一個臉書網頁時，我非常驚訝，這顯然是從維基百科自動生成的網頁。這令我惱火，但我拿它沒辦法，只能希望人們不要認為我贊同它。

任何有大量用戶群的系統都可以很容易地建立其直接用戶之間互動的「社交圖」（social graph），並在未經間接使用者同意或甚至不知情之下，把他們納入其中。在所有這類情況中，個人無法事先避免問題，而且，一旦資訊被創造，他們也難以移除。我的被建立臉書網頁，就是一個例子。

認真想想，你告訴這世界有關於你的什麼資訊。發送一封電子郵件或一則臉書貼文或一則推特訊息之前，暫停片刻，想想若你的這些文字或相片出現於《紐約時報》頭版，或成為電視新聞節目的重要新聞，你會感到自在嗎？你的電子郵件文本及推特訊息可能被永久儲存，可能在多年後的一個尷尬場景中再現。

▌11.4 資料探勘與資料整合

網際網路與全球資訊網已經導致人們收集、儲存及呈現資訊方式的徹底改變，搜尋引擎及資料庫對每個人具有龐大價值，大到我們已經難以記起我們在網際網路問世之前是如何應付的了。龐大的資料量（「大數據」）為語音辨識、語言翻譯、信用卡詐欺偵測、推薦系統、即時交通資訊，以及許多其他無價的服務提供原料。

但是，線上資料的增生也有重大的不利，尤其是那些可能揭露過多有關我們而令我們感到不安的資訊。

一些資訊顯然是公開資訊，一些資訊收集是為了供搜尋及索引。若我為本書建立一個網頁，使它易於被搜尋引擎找到，這絕對於我有益。

那麼，公共記錄呢？法律上，特定種類的資訊可供大眾申請取得，在美國，這包括法院訴訟程序、房貸文件、住屋價格、地方房地產稅、出生與死亡記錄、結婚許可證、選民名冊、政治獻金等等（註：出生記錄顯示出生日期，可能顯露母親的婚前姓，這常被用來作為驗證一個人的身分的一部分資訊）。

以前，人們得跑一趟當地政府機關去取得這類資訊，所以，雖說這類記錄是「公共」資料，但得費工夫才能取得，尋求資料的人必須親自現身，或

許得驗明正身,可能還得支付影印費。現在,這類資料通常可以在線上取得,我可以在我家舒適、匿名地檢視公共記錄。我甚至可以大量收集它們,把它們和其他資訊結合起來,經營一個事業。知名網站「zillow.com」把地圖、不動產廣告以及公開的房地產與交易資料結合起來,在地圖上顯示房屋價格。對於想買房或賣房的人而言,這是一項有價值的服務,否則,可能會被視為違法的侵犯他人。還有其他類似的網站,例如,有網站增添一社區的現居民與過往居民資訊、選民登記資訊等等,並且嘲弄地暗示潛在犯罪記錄。美國聯邦選舉委員會(Federal Election Commission,網站:fec.gov)的選舉獻金資料庫顯示哪些候選人收到哪些朋友及名人的獻金支持,可能還揭露捐款人的住家地址之類的資訊,這需要在公眾的知權和個人的隱私權之間取得不易拿捏的平衡,但比較側重前者。

什麼資訊應該被如此易於取得呢?這個疑問很難回答。政治獻金是應該公開,但捐款人的住家地址或許應該被模糊化編輯。美國社會安全號碼之類的個人身分識別絕對不該被公諸網上,因為它們太容易被用於盜用身分。逮捕記錄及照片有時被公開,有網站展示此資訊,這些網站的事業模式是:你付錢,我就刪除照片!現行法律並不總是禁止公開這類資訊,而且,很多時候是木已成舟,一旦資訊在網路上被公開,可能就永遠留在網路上了,就算補救式地下禁令,也為時已晚。

當來自可能看似彼此獨立的多個源頭的資料被結合起來時,有關於可自由取得資訊的疑慮就變得更加嚴重。舉例而言,提供網路服務的公司記錄了大量有關於它們的用戶的資訊,搜尋引擎記錄所有的查詢,以及查詢端的 IP 位址和前次造訪時留下的 cookie。

2006 年 8 月,美國線上(AOL)出於善意釋出一大筆搜尋記錄的樣本供研究之用,這樣本包含 65 萬名用戶在三個月期間的 2,000 萬筆查詢記錄,釋出前已經過匿名化處理,所以,理論上已經完全移除了可以辨識出個別用戶的資料。雖是出於良善意圖,但事實很快證明,這些記錄並不像美國線上以為的那麼匿名化。每個用戶被給予一個隨機、但獨特的身分號碼,這使得有心人可以辨識出同一個用戶查詢過什麼,並進而可能辨識出至少一些

個人。人們搜尋過自己的姓名、地址、社會安全號碼及其他個人資訊，這些搜尋的關聯性分析揭露的資訊超出美國線上的想像，當然也遠超出這些用戶會同意的程度。美國線上快速從其網站上移除這些查詢記錄，但當然是太遲了，資料早已散播世界各地。

查詢記錄內含可被用於經營一個事業及改善服務的寶貴資訊，但它們顯然也內含可能敏感的個人資訊，那麼，應該讓搜尋引擎保留此資訊多久呢？這存在矛盾衝突的外部壓力：基於隱私理由，應該只能保留一段短期間 vs. 基於執法用途，應該保留一段長期間。它們應該在內部對資料做多少的處理，以達到更加匿名化呢？一些公司聲稱移除了每一筆查詢的 IP 位址的一部分，通常是移除最右邊的位元組，但這可能不足以對用戶去識別化。應該讓政府機關可以取得此資訊嗎，若是，多大程度？對於民事訴訟中，可以揭露多少查詢記錄資訊呢？這些疑問的答案遠不明朗。美國線上公開的查詢記錄中有一些很嚇人，例如有人查詢如何殺死配偶，因此，或許可以在一些限定的情況下，讓執法機關取得查詢記錄，但是，該如何畫出這分界線呢，這是最難以確定的部分。另一方面，一些搜尋引擎說它們不保留查詢記錄，其中，DuckDuckGo 最被廣為使用。

美國線上的故事例示了一個普遍的問題：很難確實對資料匿名化。移除可辨識資訊的做法往往抱持狹隘觀點：這資料中沒什麼可供辨識出特定個人的東西，所以一定無害啦。但是，在真實世界中，還有其他資訊來源，結合多源頭的資訊，往往有可能推論出原資料供應者完全不知道、甚至後來才浮現的資訊。

一個著名的早年例子可以鮮明地凸顯這個再識別（re-identification）問題。1997 年，當時的麻省理工學院博士班學生拉坦雅‧斯維尼（Latanya Sweeney，現今為哈佛大學教授）分析 135,000 名麻州政府員工的醫療記錄，這些表面上看起來已經去識別化的記錄是麻州的保險委員會釋出以供研究之用的資料，甚至還出售給一家私人公司。每筆記錄內含許多資訊，當中包括出生日期、性別、目前的郵遞區號。斯維尼發現，其中六人的生日是 1945 年 7 月 31 日，當中有三名男性，只有一人居住於劍橋。把此資訊和

公開的選民登記名單結合起來，她可以辨識出此人為當時的麻州州長威廉·魏爾德（William Weld）。[137]

這些可不是不尋常的個別事件。紐約市計程車委員會（New York City Taxi and Limousine Commission）在 2014 年釋出該市 2013 年的全部 1.73 億筆計程車搭載記錄匿名化資料集，但這匿名化做得不好，因此可以對匿名化流程進行逆向工程，根據計程車車牌號碼，把有關於哪輛計程車執行了哪趟行程的資訊給重新銜接回去。此時，一名企業資料科學實習生發現，若能看到車牌號碼的話，他可以找出名人乘客進入計程車的照片。這已經足以重建十幾趟搭載的細節，細到連乘客給了司機多少小費都能得知。[138]

人們往往以為，沒有人能夠發現秘密，因為他們知道的不夠多。這些例子顯示，藉由結合原本不是要供彙總起來檢視的多個資料集，往往有可能得知很多資訊。敵人知道的東西可能已經遠多於你的想像，就算他們現在不知道，假以時日，他們將能取得更多資訊。

▎11.5 雲端運算

回想第六章中敘述的電腦運算使用模式，你有一台或好幾台個人電腦，你讓個別應用程式執行不同的工作，例如用 Word 製作文件，用 Quicken 或 Excel 做你的個人財務，用 iPhoto 管理你的相片。這些程式雖可能連結網際網路以取得一些服務，但它們在你的電腦上運轉，你可以不時地去下載一個修補了漏洞的新版本應用程式，偶爾可能得購買一個升級版以取得新功能。

這個模式的本質是，程式和資料都在你自己的電腦上。若你在一台電腦上修改了一個檔案，然後在另一台電腦上需要這檔案，你必須自己做轉移。若你在辦公室或外出旅行途中需要一個儲存於你家中一台電腦上的檔案，那就麻煩了。若你需要在一台視窗個人電腦和一台麥金塔電腦上都有 Excel 或 PowerPoint，你必須為兩台電腦各買一個程式。上面說的這些情況，還沒把你的手機包含在內哦。

　　另一種不同的模式愈來愈普及：使用瀏覽器或手機去存取及操作儲存於網際網路伺服器上的資訊。Gmail 或 Outlook 之類的郵件服務是最普遍的例子，你可以從任何一台電腦或手機存取你的電子郵件，可以上傳一封在本機上撰寫的郵件訊息，或是下載郵件訊息至本機檔案系統，但多數時候，你把資訊留在提供服務的伺服器上。你不需要做什麼軟體更新，但不時會有新功能出現。你通常是在臉書上跟朋友保持聯繫或觀看他們的照片，但交談及照片儲存在臉書，不是儲存在你自己的電腦上，這些服務是免費的，唯一可見的「成本」是當你閱讀你的郵件或查看你的朋友在做什麼時，你可能會看到廣告。

　　這種模式通常被稱為「**雲端運算**」（cloud computing），因為網際網路被比喻為「雲」（參見＜圖表 11-7 ＞），沒有特定的實體位置，資訊被儲存於「雲端」的某處。電子郵件和社交網路是最常見的雲端服務，但還有很多其他的雲端服務，例如多寶箱（Dropbox）、推特、領英、YouTube、線上行事曆等等。資料不是儲存於本機，而是儲存於雲端，亦即雲端服務供應商的伺服器上：你的電子郵件及行事曆儲存於谷歌的伺服器，你的相片儲存於多寶箱或臉書的伺服器，你的履歷表儲存於領英的伺服器等等。

　　雲端運算的問世，得力於多個因素的匯聚。個人電腦變得愈來愈強大的同時，瀏覽器也是，瀏覽器現在能夠有效率地執行顯示要求很高的大程式，儘管使用的程式語言是直譯式的 JavaScript。對多數人而言，現在的頻寬及用戶端與伺服器端之間的延遲（等候時間）遠優於十年前，這使得資料的傳

圖表 11-7　雲[139]

送與接收更快，甚至在你輸入搜尋詞時，當即反應你的鍵擊，在你還未輸入完之前，就列出一些建議的搜尋詞。結果是，以往需要一個單獨的程式去處理的絕大多數使用者介面操作，用瀏覽器就能搞定，在此同時，使用一台伺服器去承載大量資料，執行任何複雜運算。這種組織方式也在手機上運作得很好：不需要再下載一款行動應用程式。

以瀏覽器為基礎（browser-based）的系統的反應速度可以媲美以個別電腦為基礎（desktop-based）的系統，並且讓你可以從任何地方存取資料。以來自谷歌的雲端「office」工具為例，它提供文書處理器、試算表，以及簡報程式，讓眾多使用者可以同時存取使用及更新（譯註：以瀏覽器為基礎的系統又稱為 web-based，或稱「brower-server model」，簡稱 B/S 模式，指的是透過瀏覽器去使用網路上的軟體來執行各種工作；以個別電腦為基礎的系統又稱為 client-based，或稱為「client-server model」，簡稱 C/S 模式，指的是必須在每台電腦上安裝各種軟體來執行各種工作）。

一個受到關心的議題是，這些雲端工具會不會最終運轉得夠好而完全取代以個別電腦為基礎的版本。你大概可以想像得到，微軟非常關心這個，因為 Office 軟體佔該公司營收的相當比重，而 Office 主要在視窗作業系統上執行，微軟的其餘營收大都來自視窗作業系統。以瀏覽器為基礎的文書處理及試算表不需要來自微軟的任何軟體，因此將威脅到微軟的 Offic 及視窗作業系統這兩大核心業務。目前，谷歌文件（Google Docs）及其他類似系統還不具備 Word、Excel 及 PowerPoint 的所有功能，但科技進步史中充滿這樣的例子——明顯較差的系統問世，搶走認為此系統已經夠好的新使用者，漸漸侵蝕在位者的市場佔有率，並且持續改進本身的功能。微軟顯然很清楚這問題，實際上，為因應此問題，該公司已經推出雲端版本的 Office 365。

以網路為基礎（web-based，亦即以瀏覽器為基礎）的服務其實對微軟及其他供應商具有吸引力，因為易於採用訂閱收費模式，用戶必須持續付費以取得服務。但是，消費者可能偏好一次性購買軟體，必要時再付費升級。我目前仍然在我的較舊的麥金塔電腦上使用 2008 年版本的 Microsoft

Office，它運作得很好（在此應該稱讚微軟），而且，它仍然偶爾獲得安全性更新，因此，我並不急於升級。

　　雲端運算仰賴用戶端的快速處理及大量記憶體，以及伺服器端的高頻寬。用戶端的程式是用 JavaScript 語言撰寫的，通常錯綜複雜。JavaScript 程式重度要求瀏覽器更新及快速顯示圖形資料，敏捷反應使用者的動作（例如拖曳）及伺服器的動作（例如更新的內容），這已經夠難了，難上加難的是，瀏覽器版本與 JavaScript 版本之間的不相容性，需要雲端服務供應商找出傳送程式給用戶端的最佳方法。不過，伴隨電腦運算速度愈來愈快，以及更加遵從標準，這些都在進步中。

　　雲端運算可以在「於何處執行運算」和「處理過程中把資訊寄存於何處」這兩者之間做出取捨，例如，使 JavaScript 程式與特定瀏覽器脫鉤的方法之一是，在程式本身裡頭包含測試，譬如：「若瀏覽器是 Firefox 75 版，就執行這個；若瀏覽器是 Safari 12 版，就執行那個；若為其他瀏覽器版本，執行別的。」這樣的程式比較大，意味的是，需要更多頻寬來把 JavaScript 程式傳送至用戶端，而且，程式中增加的測試可能使瀏覽器運轉得較慢。另一種方法是，伺服器可以詢問用戶使用的是哪種瀏覽器，然後傳送針對這款瀏覽器撰寫的程式，這程式可能更簡潔，執行得更快，不過，對於原本就小的程式，差異可能不大。

　　網頁內容可以用不壓縮形式傳送，這樣，用戶端及伺服器端需要處理的工作較少，但需要較多的頻寬來傳輸；或者，用壓縮形式來傳送網頁內容，傳輸時需要的頻寬較少，但兩端需要增加處理工作。有時候，只有一端做壓縮處理，大型 JavaScript 程式經常被壓縮，移除所有不必要的空白，讓變數及函式使用一或兩個字母的名稱，壓縮後的程式是人類看不懂的，但用戶端電腦不在意。

　　儘管有技術性挑戰，若你總是能連上網際網路的話，雲端運算的優點很多。它們供應的軟體總是最新的，資訊儲存於專業管理的、有大容量的伺服器上，客戶資料隨時都有備份，幾乎沒有遺失的可能。一份文件只有一種版本，不會發生同一份文件在不同的電腦上可能有不一致版本的情形，而且，

很容易即時共享文件及通力合作。雲端服務的價格很便宜，個人消費者往往可以免費取得，但企業客戶可能得付費。

另一方面，雲端服務也衍生出困難的隱私與資安疑問。誰擁有儲存於雲端的資料？誰能存取，在什麼情況下可以存取？若資訊意外外洩，是否需要承擔責任？如何處理離世者在雲端的帳戶？誰能強迫公開資料？例如，在什麼情況下，你的電子郵件服務供應商將自動地或在法律訴訟的脅迫下，把你的通信交給政府機關或法院作為訴訟的呈堂證據？若供應商這麼做，你會得知嗎？在美國，若服務供應公司收到所謂的「國家安全信函」（National Security Letter，譯註：不需經過法官同意、由聯邦政府簽發的行政傳票，以國安為由，要求公司提供有關於其客戶的資訊）後，公司不得告訴客戶他們成為政府蒐集資訊的對象。此問題的答案與你的居住地的關係有多大？若你是歐盟國家的居民，歐盟對個人資料的隱私有更嚴格規範，但若你的雲端資料儲存在位於美國的伺服器上，並受制於《美國愛國者法》（Patriot Act）之類的法律呢？

這些並非假設性問題，身為大學教授，出於必要，我能存取透過電子郵件送達或儲存於大學電腦上的學生私人資訊——這當然指的是學生的成績，但偶爾也涉及敏感的個人與家庭資訊。若我使用微軟的雲端服務來儲存我的學生成績檔案及通信，這是否合法呢？若出於我這部分的意外，導致此資訊被拿來與外界分享，會怎樣呢？若微軟公司收到一份政府機關傳票，要求提供一名學生或一群學生的資訊呢？[140] 我不是律師，我不知道這些疑問的答案，但我擔心這些事會發生，因此，我盡量避免使用雲端服務來儲存學生的記錄與通信。我把所有這類資料儲存於學校提供的電腦上，因此，萬一因為他們的疏忽或錯誤而導致學生的私人資訊外洩，我應該可以免責。當然啦，若疏忽或犯錯方是我本身，那麼，資料儲存於何處大概不是問題關鍵。

誰能閱讀你的郵件，以及什麼情況下可以這麼做？這有部分是技術問題，有部分是法律問題；法律部分的答案取決於你居住於什麼司法管轄區。在美國，我的了解是，若你受雇於一家公司，你的雇主可以在不告知你的情況下，任意閱讀你在公司帳戶上的電子郵件，不論是否為公事相關的郵件。

理由是，既然是雇主提供的設備，它有權確定這些設備被用於公事，並且遵守公司及法律規定。

我的電子郵件內容通常不是很有趣，但若我的雇主在無嚴重理由之下閱讀它們，縱使他們有權這麼做，我會惱怒。若你是學生，多數大學認為學生的電子郵件是私人的東西，就跟學生的紙本郵件一樣。根據我的經驗，學生不會使用他們的大學電子郵件帳戶，只會把這帳戶當成中繼站，他們把所有郵件轉寄到 Gmail。在默認此事實下，許多大學（包括我任教的大學）把學生電子郵件服務外包給外面的服務供應商，這些帳戶被刻意地和其他一般郵件服務區分開來，受限於有關學生隱私的規範管制，因此不會有廣告，但資料仍然儲存在服務供應商那裡。

若你使用網際網路服務供應商或雲端服務作為你的私人電子郵件帳戶，就跟多數人一樣（例如 Gmail、Outlook、Yahoo 等等），隱私就只涉及你和它們。通常，這類服務採取的公開立場與說法是，顧客的電子郵件是私人資訊，在無法律要求下，沒有他人會閱讀或揭露它們，但是，它們通常不會談論它們是否會堅定拒絕那些似乎太廣義或隨便地以「國家安全」為理由而發出的傳票。你得仰仗你的服務供應商對抗強大壓力的意願。在 911 恐怖攻擊事件之前，為了打擊組織犯罪，在 911 恐怖攻擊事件之後，為了對抗恐怖行動，美國政府想要更容易地取得電子郵件，這種取得電子郵件的施壓持續升高，在任何恐怖攻擊事件後，施壓力度特別大。

這裡舉一個例子，2013 年時，為客戶提供加密的安全電子郵件服務的小公司拉瓦比特（Lavabit）被下令在公司網路上安裝監視器，讓美國政府可以存取電子郵件。美國政府也下令該公司交出加密的金鑰，並告訴該公司業主拉達爾·雷文森（Ladar Levison），他可以告知客戶，政府所做的這些事。雷文森拒絕了，說這不符正當法律程序。最終，他選擇關閉他的公司，而非讓其客戶的電子郵件可被外人存取。[141] 最終，有證據顯示，美國政府對拉瓦比特做出這些要求，僅是為了取得一個帳戶的資訊：愛德華·史諾登的電子郵件帳戶。[142]

現在，你可以選擇使用 ProtonMail，這家總部設於瑞士的公司承諾保

護客戶隱私,選擇設在瑞士,當然是為了不理會來自其他國家的資訊提供要求。不過,不論位於何處,任何公司都可能遭到政府機關的施壓和承受商業財務的壓力。

撇開隱私與資安疑慮不談,亞馬遜或其他雲端服務供應商承擔什麼責任呢?設若某個組態錯誤,導致亞馬遜網路服務延遲了一天,其客戶該向誰索賠?服務合約有針對此類問題的標準條款,但合約不保證好服務,只提供當發生嚴重問題時訴諸法律行動的一個基礎。

一個服務供應商對其顧客有何責任?它何時會捍衛其顧客,何時可能屈服於法律脅迫或來自「當局」的悄悄要求?這類疑問多不勝數,但少有明確答案。政府及個人將總是想要更多有關於他人的資訊,但同時又致力於減少他們自身資訊的被揭露量。包括亞馬遜、臉書及谷歌在內,一些重量級公司現在公布「透明度報告」,大致敘述來自政府的移除資訊、提供有關於用戶的資訊、撤下侵犯版權的內容等要求,以及其他類似行動。從這些報告可以看出這些大公司有多常推拒這類請求,以及基於什麼理由。舉例而言,谷歌在2019年收到來自政府的超過16萬件對大約35萬個用戶帳戶的資訊請求,針對這其中約70%的請求,該公司揭露了「一些資訊」。臉書的透明度報告顯示相似的請求件數與揭露程度。[143]

▍11.6 本章總結

在我們使用科技的同時,我們創造了龐大數量且詳細的資料流,遠遠大於我們的想像。這些資料被收集以供商業使用:分享、結合、研究及出售,這些遠遠超出我們所知的程度,這是使用我們視為理所當然的免費服務——搜尋、社交網路、手機應用程式、無限線上儲存空間等等——所需付出的代價。大眾愈來愈意識到資料收集的程度(雖然,這種意識覺醒仍遠遠不足),現在,使用廣告過濾攔截器的人已經多到足以引起廣告客戶的關注。由於廣告網路往往在無意中成為惡意軟體的供輸者,封鎖廣告是明智之舉,不過,若人人開始使用 Ghostery 及 Adblock Plus 的話,將會發生什麼,那就不

得而知了。一旦沒了廣告收入，我們所知的全球資訊網會不會因此停擺呢？會不會有人發明別種事業模式來支持谷歌、臉書及推特的繼續營運呢？

　　資料也被收集以供政府使用，長期而言，這方面的害處似乎更甚。政府握有商業企業沒有的權力，因此更難以抗拒。可以如何改變政府行為呢？這明顯因國家而異，但不論如何，了解真相是有益的第一步。

　　AT&T 在 1980 年代初期曾推出一句很具成效的廣告詞：「敞開自己，接觸他人」（Reach out and touch someone），全球資訊網、電子郵件、簡訊、社交網路、雲端運算，這些全都使接觸與聯繫他人變得更加容易。有時候，這是好事，你可以在遠遠更大的社群中結交朋友與分享興趣。有時候，敞開自己的行動使你被全世界看見與接近，但不是人人都把你的最佳利益擺在心中，你向垃圾郵件、詐騙、間諜軟體、病毒、追蹤、監視、盜用身分、失去隱私、失去錢財等等敞開了大門。小心至上！

第 12 章

人工智慧與機器學習

「若一台電腦能思考、學習及創造，那將是因為一個程式賦予了它這些能力……那將是一個程式分析自己的表現，診斷自己的失敗，並做出提升其本身未來效能的改變。」

——經濟學家暨電腦科學家赫伯·賽蒙
（Herbert Simon，中文名「司馬賀」），《新管理決策學》
（*The New Science of Management Decision*），1996 年

「我的同事們研究人工智慧，我研究天然愚蠢。」

——現代行為經濟學先驅阿莫斯·特沃斯基（Amos Tversky，1937-1996），
摘自 2019 年 4 月號《自然》（*Nature*）期刊

若我們把不斷增強的電腦運算力與記憶體應用於巨量的資料，再加入一些複雜的數學，就有可能解決人工智慧領域存在已久的許多問題：使電腦能夠展現一般認為只有人類才具有的能力與行為。

有效能的人工智慧雖根源於 1950 年代，但它算是滿新的東西，現在，這個領域是時髦語、噱頭、癡心妄想，以及許多實現成就的混合物。人工智慧（AI）、機器學習（ML）、以及自然語言處理（NLP）很成功的領域包括：賽局（在西洋棋及圍棋比賽中，程式擊敗了最優秀的人類棋手）；語音辨識與合成（例如 Alexa 和 Siri）；機器翻譯；影像識別與電腦視覺；機器人系統（例如自駕車）。網飛及好書網（Goodreads）使用的推薦系統向人們推薦新電影與書籍，亞馬遜向顧客推薦的相關品項清單無疑地增進該公司的銷售業績。垃圾郵件偵測系統做得還不錯，只不過，要跟進抗衡日益精進

的濫發垃圾郵件是件無止境的苦差事。

影像辨識系統非常善於區分相片成分，進而辨識那些是什麼東西，雖然，它們也常被騙。醫療影像處理在辨識癌細胞、視網膜疾病以及其他疾病方面的表現有時絲毫不遜色於一般臨床醫師，雖然，還是比不上多數專家。人臉辨識系統在解鎖手機與門方面的表現算是夠好了，但它可能（應該說是經常）被商業及政府拿來濫用。

這個領域有很多行話，一些明顯不同的東西有時被混淆在一起，因此，在進入正文之前，先對一些術語做出扼要解釋。

人工智慧（artificial intelligence）的範疇很廣，它泛指使用電腦去做我們通常認為只有人類能做的事：「智慧」是我們認為人類才具有的東西，「人工」意味的是，電腦也會做。

機器學習（machine learning）是人工智慧的一個子集，指的是一大類方法，被用於訓練演算法，以使它們能夠自行做出決策，從而執行一些我們稱之為「人工智慧」的工作。

機器學習跟統計學是不同的東西，但兩者有重疊的部分。[144] 在此非常過度簡化地說明它們的異同：在統計分析中，我們使用一個機制模型來產生一些資料，然後嘗試找出這模型中與資料最吻合的母數（parameter，參數）；反觀機器學習並不使用一個模型，而是試圖在資料中找出關係。機器學習系統通常應用於較大的資料集。統計學與機器學習都是機率性質：它們得出的答案有可能是正確的，但不能保證必然正確。[145]

深度學習（deep learning）是機器學習的一種，使用相似於人腦的神經網絡的運算模型。深度學習的實作大致模仿人腦的處理方式：一群神經元偵測到低階特徵（low-level features），它們的輸出訊號成為其他神經元的輸入訊號，後面這些神經元根據前面神經元偵測到的低階特徵來辨識更高階的特徵；以此類推。伴隨系統的學習，一些連結增強，其他連結減弱。

深度學習是一種非常有成效的方法，尤其是在電腦視覺方面。這是機器學習研究中最活躍的領域之一，有大量不同的深度學習模型。

探討這些主題的書籍、科學論文、通俗文章、部落格與教學，多不勝數，

就算你在生活中啥都不做，只閱讀這些，也難以跟上它們產生的速度。本章是快速概述，希望能幫助你了解一些術語，機器學習的用途，重要系統如何運作，它們的成效如何，以及它們可能在哪些方面失敗。

12.1 歷史背景

在電腦發展之初的二十世紀中期，人們開始思考可以如何用電腦來執行通常只有人類才能做到的事情，一個明顯的目標是玩西洋跳棋和西洋棋之類的棋盤遊戲，因為這領域有個優點，那就是有完全明確的規則，並有一大群感興趣且有資格稱為專家的人。另一個目標是把一種語言翻譯成另一種語言，這顯然困難得多，但更為重要，例如，在冷戰時期，從俄文到英文的機器翻譯是很要緊的事。其他的應用包括語音辨識與生成，數學與邏輯推理，做決策，及學習過程。

這些主題的研究很容易取得資助，通常是來自美國國防部之類的政府機構。我們已經在前文中看到，美國國防部對早期網路研究的資助有多珍貴，它引領出網際網路的發展。人工智慧的研究也同樣受到激勵及慷慨資助。

我認為，把 1950 年代及 1960 年代的人工智慧研究形容為「天真的樂觀」，應該是公允的。當時的科學家覺得突破就快到來，再過個五或十年，電腦就能正確地翻譯語言，在西洋棋比賽中擊敗最優的人類棋手。

我當時只是個大學生，但我著迷於這個領域和潛在成果，大四時的畢業論文就以人工智慧為主題。可惜，那篇論文早已被我搞丟了，我也想不起當年的我是否也抱持相同於當時普遍的樂觀態度。

但是，事實證明，幾乎每個人工智慧的應用領域都遠比設想的要困難得多，「再過個五或十年」總是一次又一次被端出來。成果很貧乏，資金用罄了，這領域休耕了一、二十年，那段期間被稱為「人工智慧之冬」。到了 1980 年代和 1990 年代，這個領域開始用一種不同的方法復耕了，這方法名為**專家系統**（expert systems）或**規則式系統**（rule-based systems）。

專家系統是由領域專家寫出很多規則，程式設計師把這些規則轉化為程

式，讓電腦應用它們來執行某個工作。醫療診斷系統就是一個著名的應用領域，醫生制定研判一名病患有何問題的規則，讓程式去執行診斷、支援、補充，或理論上甚至取代醫生。MYCIN 系統是早期的一個例子，用於診斷血液感染，它使用約 600 條規則，成效至少跟一般醫生一樣好。這系統是由專家系統先驅愛德華・費根鮑姆（Edward Feigenbaum）發展出來的，他因為在人工智慧領域的貢獻，於 1994 年獲頒圖靈獎。[146]

專家系統有一些實質性的成功，包括顧客支援系統、機械維修系統以及其他焦點領域，但最終看來也有重大限制。實務上，難以彙集一套完整的規則，而且有太多例外情況。這種方法未順利擴大應用於大量主題或新問題領域，需要隨著情況變化或了解的改進，更新規則，舉例而言，想想看，在 2020 年遇上一名體溫升高、喉嚨痛、劇烈咳嗽的病患時，診斷規則該如何改變？這些原本是一般感冒的症狀，或許有輕微的併發症，但很可能是新冠肺炎，具有高傳染性，且對病患本身及醫療人員都非常危險。

▍12.2 典型的機器學習

機器學習的基本概念是對一種演算法給予大量的例子，讓它自行學習，不給它一套規則，也不明確地編程讓它去解決特定問題。最簡單的形式是，我們為程式提供一個標記了正確值的訓練集（training set），例如，我們不試圖建立如何辨識手寫數字的規則，而是用一個大樣本的手寫數字去訓練一套學習演算法，我們對每個訓練資料標記其數值，這演算法使用它在辨識訓練資料時的成功及失敗來學習如何結合這些訓練資料的特徵，得出最佳辨識結果。當然，所謂的「最佳」，並不是確定的：機器學習演算法盡力去提高得出好結果的機率，但不保證完美。

訓練之後，演算法根據它從訓練集學到的，對新的資料進行分類，或是預測它們的值。

使用有標記的資料（labeled data ／ tagged data）來學習，此稱為**監督式學習**（supervised learning）。大多數監督式學習演算法有一個共通的

架構，它們處理大量標記了正確類別（正確值）的例子，例如，這文本是不是垃圾郵件，或者，這照片中的動物是哪種動物，或者，一棟房子的可能價格。演算法根據這個訓練集，研判能讓它得出最佳分類或做出最佳預測的參數值；其實就是讓它學習如何從例子做出推斷。

我們仍然得告訴演算法，哪些「特徵」能幫助做出正確研判，但我們不對這些特徵給予權值或把它們結合起來。舉例而言，若我們試圖訓練演算法去過濾郵件，我們需要與垃圾郵件內容有關的特徵，例如類似郵件用詞（「免費！」）、已知的垃圾郵件主題、怪異字符、拼字錯誤、不正確的文法等等。這些特徵單獨來看，並不能研判一份郵件就是垃圾郵件，但給予足夠的標記資料，演算法就能開始區別垃圾郵件與非垃圾郵件——至少，在濫發垃圾郵件者做出進一步調整之前，這演算法具有此過濾成效。

手寫數字辨識是一個眾所周知的問題，美國國家標準與技術研究院（National Institute of Standards and Technology，NIST）提供一公開測試組，有 60,000 個訓練圖像集和 10,000 個測試圖像集，<圖表 12-1 >是其中一個小樣本。機器學習系統對此資料的辨識成效很好，在公開競賽中，錯誤率低於 0.25%，亦即平均 400 個字符中只有一個錯誤。

圖表 12-1　NIST 的手寫數字樣本（取自維基百科）

機器學習演算法可能因種種因素而失敗，例如，「過度擬合」（overfitting），演算法對其訓練資料的表現很好，但對新資料的表現遠遠較差。

或者，我們可能沒有足夠的訓練資料，或是我們提供了錯誤的特徵集，或者，演算法產生的結果可能確證了訓練集內含偏誤。這在刑事司法應用系統（例如判刑或預測再犯）中是特別敏感的問題，但在使用演算法來對人們做出研判的任何情況，也會造成問題，例如信用評等、房貸申請、履歷表篩選。

垃圾郵件偵測及數位辨識系統是**分類型演算法**（classification algorithms）的例子：對資料項做出正確分類。**預測型演算法**（prediction algorithms）則是試圖預測一數值，例如房子價格、運動比賽得分、股市趨勢。舉例而言，我們可能試圖根據位置、年齡、客廳面積與房間數等主要特徵來預測房子價格，更複雜的模型——例如 Zillow 使用的模型——會加入其他特徵，例如相似房屋之前的售價、社區特色、房地產稅、當地學校素質。

不同於監視式學習，**非監督式學習**（unsupervised learning）使用未加入標記的訓練資料，亦即沒有對資料加上任何標記或標籤。非監督式學習演算法試圖在資料中找出型態或結構，根據資料項的特徵，把它們分組。有一種盛行的演算法名為「k 群集分析」（k-means clustering），演算法盡力把資料分成 k 群，讓每一群中的資料項相似性最大化，並且各群之間的相似性最小化。舉例而言，為研判文件的作者，我們可能假設有兩名作者，我們選擇可能的關聯性特徵，例如句子的長度、詞彙量、標點符號風格等等，然後讓分群演算法（clustering algorithm）盡它所能地把文件區分成兩群。

非監督式學習也適用於在一群資料項中辨識離群項（outliers），若大多數資料項以某種明顯方式群集，但有一些資料項不能如此群集，可能代表必須進一步檢視這些資料項。舉例而言，設若＜圖表 12-2 ＞中的人工資料代表信用卡使用情形的某個層面，多數資料點分別群集於兩大群之一，但有一些資料點無法群集於這兩群中的任何一群，或許，這些資料點沒什麼問題——群集分析不需要做到完美，但它們也可能是詐欺或錯誤的情況。

非監督式學習的優點是不需要做可能滿花錢的訓練資料標記工作，但它不能應用於所有情況。使用非監督式學習，必須思考出與各群集相關的一些可用的特徵，當然，對於可能有多少個分群，也需有一個起碼的概念。我曾經做過一個實驗，使用一個標準的 k 群集分析演算法來把約 5,000 個臉孔影

圖表 12-2　群集分析以辨識異常值

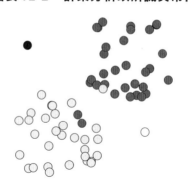

像區分為兩群，我天真地期望這演算法或許能區分出性別。結果是，它的正確率約 90%，我不知道它是根據什麼來下結論的，我也無法從那些錯誤的情況中看出什麼明顯型態。

12.3 神經網路與深度學習

若電腦能夠模擬人腦的運作，它們就能在智能性質的工作上表現得與人類一樣好。這是人工智慧的聖杯，這個領域的研究人員已經對此方法嘗試了多年。

人腦的運作是以神經元彼此間的連結為基礎，神經元是特殊細胞，它們是碰觸、聲音、光，或來自其他神經元的輸入訊號等等刺激做出反應。當一個神經元接收到的輸入刺激夠強時，它就會「放電」（fires），在它的輸出區送出一個訊號，這可能導致其他神經元做出反應（這當然是過於簡化的描述）。

電腦神經網路是這種根據人工神經元以正規型態連結的模式的簡化版本，如＜圖表 12-3 ＞所示。每個神經元循著一個規則去結合它接收到的輸入訊號，每個邊緣（edge）有一個權值，這權值將和加在資料上，一起傳輸出去。

圖表 12-3　有四層神經元的人工神經網路

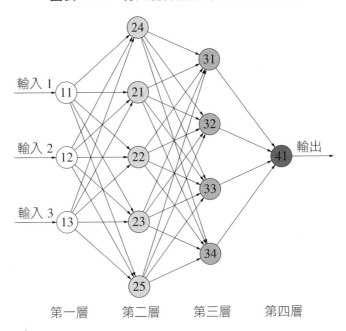

神經網路並不是一個新概念，但早期的人工神經網路研究沒有產生夠實用的成果，後來，這個領域的研究就失寵了。不過，在 1980 年代和 1990年代，一些研究人員繼續研究它們，出乎意料之外的是，到了 2000 年代，人工神經網路在影像辨識之類的工作上表現得比最佳的既有技術還要好。機器學習領域的近期進展，大都是基於神經網路。2018 年的圖靈獎頒發給三位堅持在人工神經網路領域耕耘的科學家：約書亞・班吉歐（Yoshua Bengio）、吉奧弗瑞・辛頓（Geoffrey Hinton）、楊恩・勒昆（Yann LeCun，中文名楊立昆）。[147]

人工神經網路的核心概念是，較早接收到輸入訊號的神經元層辨識低階特徵（例如辨識像素型態，可能是一影像的邊緣），後面的神經元層辨識較高階特徵（例如物體、色區），最後的神經元層辨識整個實體（例如車子或臉孔）。深度學習的「深度」指的是有多層神經元，視演算法而定，可能只有幾層，也可能有十幾層或更多。

　　<圖表 12-3 >並未顯示人工神經網路內部執行的運算的複雜性，也未顯示一個事實——資訊不僅往前流，也會往回流，因此，藉由迭代它在每個節點的處理和更新權值，整個網路可以改進它的每一層的辨識成效。

　　人工神經網路藉由重複處理輸入訊號及生成輸出訊號來學習，這種迭代次數非常多。每次迭代時，演算法衡量人工神經網路所做的事和我們想要它做的事這兩者之間的落差，修改權值，嘗試在下次迭代時減少這落差。當訓練時間結束時，或是權值未改變多少時，迭代就停止。

　　關於人工神經網路的一個重要觀察是，不需要給予它們一組特徵供它們去尋找與辨識，它們會自行找出特徵，這是它們學習過程的一部分。這就引領出人工神經網路的一個潛在缺點：它們不解釋它們辨識了什麼「特徵」，因此也不對它們產生的結果做出解釋或理解。這也是我們必須審慎而不能盲目地仰賴它們的原因之一。

　　深度學習在與電腦視覺有關的工作方面特別成功，亦即讓電腦去辨識影像中的物體，有時則是去辨識特地的東西，例如人臉。舉例而言，谷歌地圖辨識並模糊街景圖中的人臉、車牌，有時也模糊房子的門牌號碼。這是辨識特定面孔的一般問題中遠遠更容易解決的問題，因為去模糊不是人臉的東西，沒什麼害處。

　　電腦視覺是一些機器人學應用領域的要素，尤其是自駕車，它們顯然必須能夠非常快速地解讀周遭情形。

　　在此同時，人臉辨識特別引發大量的疑慮，最顯著的疑慮是可能會大大增加監視，但人臉辨識也會造成微妙的歧視。大多數的人臉辨識系統對有色人種的辨識正確度不是那麼理想，因為用於訓練演算法的影像資料集多樣性不足。[148] 2020 年，在全球性的種族歧視抗議聲中，一些大公司宣布打算完全退出人臉辨識系統這個領域（IBM），[149] 或是暫停供應人臉辨識技術給執法機關（亞馬遜、微軟）[150]。這些公司全都不是人臉辨識系統領域的大咖，因此對它們的事業沒有多大影響，但或許具有象徵意義。

　　深度學習的最大成功之一，是創造出能夠把最困難的人類遊戲（例如西洋棋與圍棋）玩得比最優秀的人類玩家還要強的演算法，這些演算法不僅擊

敗人類，還靠著自己和自己玩，學會如何在幾小時內擊敗人類。

由深智公司（DeepMind，後來被谷歌收購）發展出來的 AlphaGo 程式是第一個擊敗專業級圍棋棋手的程式，很快地，AlphaGo Zero 問世，棋技更強。接著問世的 AlphaZero 不僅玩圍棋，還玩西洋棋，以及難度相近的日本將棋。AlphaZero 藉由自己和自己對弈來學習，僅僅經過一天的訓練，就能擊敗最優秀的傳統西洋棋程式 Stockfish，在 100 局比賽中，AlphaZero 以 28 勝、0 敗、72 和的成績擊敗 Stockfish。

AlphaZero 是基於一種名為「**強化學習**」（reinforcement learning）的深度學習形式，使用來自外部環境的反饋（在比賽中，這外部環境反饋指的是它贏了或輸了），持續改進自己的表現。它不需要訓練資料，因為環境告訴它它是否做對了或至少是往對的方向。

若你想對自行機器學習做些實驗，谷歌的「teachablemachine.withgoogle.com」讓你很容易對影像及聲音辨識之類的工作做實驗。

▋12.4 自然語言處理

自然語言處理（NLP）是機器學習的一個子領域，設法讓電腦去處理人類語言——如何了解一文本的意思，摘要它，把它翻譯成另一種語言，把它轉換成語音（或把語音轉換成文字），或生成看起來像出自一個人類的有意義文本。現在，我們看到的語音啟動系統如 Siri 和 Alexa，都是使用自然語言處理技術，辨識語音內容，把它轉換成文本，理解提問的問題，搜尋切要的回答，再合成出一個自然聲音的回應。

電腦能告訴我們一份文件的主旨、含義，或它與我們正在做的事情有何關聯嗎？電腦能從一份很長的文件，創造出一份它的正確摘要或梗概嗎？電腦能找出切要或相關的文本（例如對相同的新聞的不同立場與觀點），或可能相似的法律案件嗎？電腦能可靠地偵測出抄襲內容嗎？若電腦更善於理解語言，上述這些疑問都可以獲得解決。

情感分析（sentiment analysis）是使用自然語言處理演算法來獲取理

解的一個有趣領域，它試圖研判文本中的一段內容基本上是正面的意見抑或負面的意見。情感分析被應用於評估顧客反饋及評論、問卷調查回答、新聞報導等等。

　　你可能會想，只要數數正面詞彙（例如：好極了、優秀、可靠、妙啊），以及負面詞彙（例如：可怕、愚蠢），就足以顯示區別了。但是，這種方法還未開始能掌握語言的細微差別，就連否定句（例如：「他既不可靠，也不聰明」）對它而言都具有挑戰性，諷刺或挖苦句（例如：「他離優秀還差得遠呢」），那就更難了。

　　另一個人工智慧挑戰是讓電腦進行一場顯得像是人類之間的交談，這就要重提本書第三章最後談到的圖靈對電腦智慧的測試了。智能交談需要理解談話內容，並且能夠產生適切的回應。

　　使用自然語言來和電腦互動的最早嘗試之一是名為「愛莉莎」（Eliza）的程式，它模擬一名病患和一名羅傑氏心理治療法（Rogerian Psychotherapy，以病患為中心的治療法）心理治療師 Eliza 之間的談話。「愛莉莎」是麻省理工學院教授約瑟夫‧魏增鮑姆（Joseph Weizen-baum）在1966年開發出來的，效果出奇地好——至少，第一次交談是如此。網路上有很多愛莉莎模擬器，跟它們玩個幾分鐘還滿有趣的，儘管，很快就能明顯看出它們的缺點。<圖表 12-4 >是和其中一款愛莉莎模擬器交談的部分內容。[151]

圖表 12-4　與愛莉莎的「交談」

```
Eliza: How do you do. Please tell me your problem.
You:   Writing a book is a hard work.
Eliza: What does that suggest to you?
You:   Maybe I should do something different?
Eliza: Can't you be more positive?
You:   Definitely I should do something different.
Eliza: That's quite interesting.
You:   Is it?
Eliza: That is interesting. Please continue.
```

自 1966 年以來，聊天機器人已經有了改進，但是，就算經驗不多的人也能看出它們的限制。你是否常致電一家公司，然後與一個錄製的語音進入類似以下的「對話」？

「請用簡單幾個字告訴我，我可以如何協助你。你可以說，帳單，修理，訂單或其他。」

語音辨識軟體在你的回應中尋找關鍵字，然後把你送入這惱人流程的下一步；但是，它沒有確實理解，所以，若你的問題不符合任何一個關鍵字，它就無法趨同。多數時候，面對這種語音系統，我根本連試都不試，直接重複按「0」，繞過整個「對話」程序，這通常會幫我接通一個真人，真人遠遠更能幫上忙。

更進步的系統是基於受過大量文本訓練的語言模型，可以產生更好的輸出，但這些視窗不是對特定人的互動回應。一個有趣的例子是「Talk to Transformer」，你向它提供一句話，它會開始生成貌似有理的接續「文章」。[152] 這系統是基於一個內含 800 萬個網頁的資料庫來生成文章的，它根據從所有前面的詞彙衍生出的型態，預測接下來的詞彙。這系統生成的結果起碼貌似有理，有時還相當好呢。以下是我提供了初始句子「Writing a book is hard work.」後，這個系統得出的兩種結果：

Writing a book is hard work. Try to come up with something that makes sense, be unique, and that has your name and your vision on it. The copyright holder can argue that you're copying their book without their permission and even going as far as filing a lawsuit. You have to be able to handle all that and still write the best book possible. （**寫書是件辛苦的事兒**。試圖寫出有道理、獨特的東西，有你的姓名和你的憧憬在上頭。可能有著作權人會說你在未經許可之下抄襲他們的書，他們甚至可能告你，你必須能夠應付這一切，而且仍然盡力寫出最好的書。）

Writing a book is hard work. And it's important to do this right. So many writers don't get it. I spent years of my life trying to produce The Book I Want to Write. Over the past year, my new book, Getting It Right the First Time, has been a passionate success. I've received notes from my editors and readers with gratitude and encouragement. （**寫書是件辛苦的事兒**。而且，必須把這做對，太多作者做不好。我花了多年嘗試寫出我想寫的書，去年，我的新書《第一次就做對》非常成功，我收到我的編輯和讀者表達感謝與鼓勵的評論。）

緣於一些情況的奇怪結合，我在 2020 年春季共同教授一門「詩與電腦運算」的課程。我們辯論的疑問之一是，電腦能不能寫詩寫得像人類那樣好，這是一個窄領域的一種圖靈測試。答案取決於種種定義不周的條件，所以，我也無法說得決然，不過，我們來做點有趣的，＜圖表 12-5 ＞有三首詩供你評鑑：人寫的，抑或電腦程式寫的？本章最末揭曉答案。

讓電腦從一種人類語言翻譯成另一種人類語言，這是個老問題了。1950 年代，人們很有信心地預測，到了 1960 年代，這問題就解決了；1960 年代，人們又預期這問題將在 1970 年代解決。很遺憾，我們至今還未解決這問題，但情況已經比當年好很多，這都得感謝大量的電腦運算力，以及大量的文本收集可供訓練機器學習演算法。

一個經典挑戰是把英文「the spirit is willing but the flesh is weak」（心有餘而力不足）翻譯成俄文，再翻譯回英文；據說，當年的機器翻譯得出的結果是：「the voska is strong but the man is rotten」（伏特加很烈，但男人弱爆了）。今天的谷歌翻譯（Google Translate）提供的翻譯順序如＜圖表 12-6 ＞所示，好多了，但離完美還差得遠，很顯然，機器翻譯仍然是個未解的問題（谷歌的演算法經常改變，所以，等到你自己去嘗試時，得出的結果很可能不同）。

現在的機器翻譯可幫助得出文本的大概意思，尤其是若你完全不懂原文

圖表12-5　三首詩，哪些是程式寫的？哪些是人寫的？

Illegibility of this
World. All twice-over.
Robust Clocks
agree the Cracked-Hour,
hoarsely.
You, clamped in you Deaths,
climb out of yourself
for ever.

Listening to find
she hides deep within her
yet in mortal reach.

WHAT was the use of not leaving it there where it would hang what was the use if there was no chance of ever seeing it come there and show that it was handsome and right in the way it showed it. The lesson is to learn that it does show it, that it shows it and that nothing, that there is nothing, that there is no more to do about it and just so much more is there plenty of reason for making an exchange.

本的語言或字符集的話，還是實用的。但細節通常是錯的，細微差別更是完全被忽略掉。

圖表12-6　從英文翻譯成俄文，再翻譯回英文（谷歌翻譯）

the spirit is willing but the flesh is weak.	×	дух желает, но плоть слаба.
дух желает, но плоть слаба.	×	the spirit desires, but the flesh is weak.

12.5 本章總結

機器學習萬靈丹，有關於它的效能，仍然存在許多懸而未解的疑問，尤其是關於如何解釋它得出的結果。＜圖表 12-7 ＞的 xkcd 漫畫描繪得很貼切。

圖表 12-7　xkcd.com/1838，關於機器學習

人工智慧與機器學習為我們帶來電腦視覺、語音辨識與生成、自然語言處理、機器人學及許多其他領域的突破，在此同時，它們也衍生出有關於公平性、偏誤、當責、合乎道德的科技使用等方面的嚴重疑慮。或許，這其中最重要的問題是，機器學習系統得出的答案可能「看起來是對的」，但這僅僅是因為它們反映了一開始用於訓練它們的資料本身的偏誤。

訓練資料是人為的東西，有可能具有誤導作用。舉例而言，有一個老故事說，在一項研究中，演算法在辨識訓練集照片中的坦克車時，表現得很優

異，但在實務中卻表現得很糟糕。原因在於大多數的訓練照片是在晴朗天氣下拍攝的，所以，演算法學習辨識好天氣，不是辨識坦克。不過，這故事只是個有趣的都市傳說罷了，獨立研究者葛溫·布蘭文（Gwern Branwen）在其網站「www.gwern.net/Tanks」上對此有詳細的解說。但縱使這故事不是真的，仍然是個有用的提醒：別被一些不相關的人為物給誤導了。

機器學習演算法能做得比它們的訓練資料還要好嗎？亞馬遜廢除了該公司用於招募人員的一項內部工具，因為它明顯對女性應徵者有不利的偏見。亞馬遜的模型藉由觀察過去十年間向該公司提交的應徵履歷表的型態來評估現在的應徵者，但那些應徵者大都是男性，因此，訓練資料不能代表現在的應徵人才池，使用此訓練資料導致這系統學會偏好男性應徵者。一言以蔽之，沒有任何人工智慧或機器學習系統能夠做得比其訓練資料還要好，這類系統有很大的可能性只是確證了訓練資料本身固有的偏誤。

舉例而言，電腦視覺系統能辨識臉孔，有時正確率還滿高，這可被用於正面之事，例如解鎖你的手機或辦公室，但也可被用於可能引發爭議或麻煩的用途。智慧型門鈴系統如亞馬遜的Amazon Ring可監視你家周遭的情況，當發現可疑之事時，向你及當地警局發出警報。但是，若在多數居民為白人的社區，這系統開始把有色人種標記為「可疑」，這就有種族歧視之嫌了。

這類問題已經導致亞馬遜在 2020 年中暫停授權警察使用其人臉辨識軟體 Rekognition，此舉發生於美國各地抗議警察施暴及種族偏見之時。[153] 過沒多久，明視人工智慧公司遭到多起控告，該公司從網路上取得數十億張照片，建立一個人臉資料庫，並向執法機關提供此資料。該公司辯稱，收集公開可得的資訊的行為受到美國憲法第一修正案的言論自由條款的保護。[154]

電腦視覺系統被用於種種監視用途，究竟有無底線？當軍方搜尋恐怖分子頭目的系統已經明顯辨識到此人時，這系統應該啟動無人機攻擊嗎？對於類似這樣的決策機械化，我們應該設定怎樣的界限？更廣泛地說，我們應該如何處理自駕車、自動駕駛儀、工業控制系統以及許多其他高度涉及安全性的系統的機器學習？當沒有決定性的行為可供審查或稽核時，我們如何確保不會發生一個模型選擇災難性行動的情況，例如突然加速一輛自駕車，或向

群眾發射一枚飛彈？[155]

機器學習模型有時被刑事司法系統用於預測犯罪被告是否有再犯的可能性，這預測可能會影響保釋或判刑決定。問題在於，訓練資料反映現況，資料本身很可能反映了對種族、性別及其他特徵的系統性不公，如何消除這類資料的偏見，是個困難的問題。

在很多方面，我們仍然處於人工智慧與機器學習的早期發展階段，它們將繼續帶來益處，但也會帶來缺點與害處，我們必須警惕於辨察及控管後者。

揭曉答案：＜圖表 12-5 ＞中的第一及第三首詩是人作的，作者分別是保羅・策蘭（Paul Celan）及葛楚・史坦（Gertrude Stein）；第二首詩是雷蒙・庫茲維爾（Raymond Kurzweil）開發的「Cybernetic Poet」程式生成的，取自 botpoet.com 網站。[156]

第13章

隱私與資安

「反正，你沒有任何隱私，就想開點吧。」

——昇陽電腦公司執行長史考特·麥尼利（Scott McNealy），1999 年

「科技如今已經促成了一種無所不在的監視，在過去，只有最富想像力的科幻作家才能想像出這樣的情境。」

——新聞從業者暨專欄作家葛倫·格林華德（Glenn Greenwald）
《政府正在監控你》（*No Place to Hide*），2014 年

　　數位科技帶給我們無數的益處，沒有它，我們的生活將更辛苦。在此同時，數位科技也對個人隱私及資安造成很大的負面影響，而且，在我看來，這種負面影響愈來愈嚴重。個人隱私的侵蝕，有些與網際網路及其相關的應用程式有關，有些則是數位設備體積愈來愈小、便宜及快速之下的副產品。處理能力、儲存容量及通訊頻寬的提升結合起來，使得更易於擷取與儲存來自許多源頭的資訊，有效率地彙總與分析資訊，廣為散播，而且，這一切只需很小的成本。

　　隱私的一種解釋是：保有個人的生活不被他人得知的權利與能力。我不想讓我往來的政府或公司知道我購買的每樣東西、我和誰通訊、我去哪裡、我閱讀了哪些書籍、我玩什麼娛樂，這一切是我個人的事，只有在我明確同意下，才能讓他人得知這些。並不是我有什麼難堪之事需要保密，我需要保密之事不會多於一般人，但我需要確定地知道，我的私人生活及習慣不被揭露給他人，尤其是不揭露給那些想賣我更多東西的商家，不揭露給政府機

關——不論它們的意圖有多良善。

人們有時說：「我不在意，我沒啥可隱瞞的」，這是既天真，又愚蠢。你願意讓隨便的任何人可以看到你家地址、電話號碼、納稅申報表、電子郵件、信用評等報告、醫療記錄、你走過或開車去過的所有地方、你和誰通過電話及簡訊嗎？我認為你不想，但是，可能除了你的納稅申報表和醫療記錄，其他前述資訊可能被提供給資料仲介商，他們可以轉賣給他人。

政府使用「安全」（security）一詞，代表的是「國家安全」，亦即保護整個國家，對抗恐怖攻擊及其他國家的威脅。企業使用「安全」一詞，意指保護它們的資產，免於遭到犯罪者及其他公司的侵害。對於個人，「安全」一詞常和「隱私」合用，因為若你的個人生活的多數層面被廣為知道或容易被查到，你很難感到安全且安心無慮。網際網路尤其對我們的個人安全（這裡的安全性是財務性質多過人身性質）有重大影響，因為它使得人們容易從許多地方收集私人資訊，它使得我們的生活向電子入侵者敞開。

若你關心你的個人隱私及線上安全，你必須比多數人更了解科技，若你對科技有基本的了解，你將比那些對科技了解甚少的朋友更受益。本書第十章討論了如何管理瀏覽器及手機的一些方法，本章將討論更廣泛的反制措施，個人可以使用這些措施來減緩對他們的隱私的侵犯，改善他們的資安。不過，這是一個大主題，因此，本章探討的只是部分措施，不是全部。

▎13.1 密碼術

從許多方面來看，密碼術（cryptography）——暗藏機密的書寫方法——是防禦我們的隱私遭到攻擊的最佳方法。若做得好，密碼術既富有彈性，也極具功效。可惜，要做到優秀的密碼術，困難複雜，且太常被人為錯誤搞砸。

密碼術被用於和他人私密通信，已有數千年的歷史了。凱撒大帝使用一種簡單的加密方法〔被稱為凱撒密碼（Caesar cipher）〕：把他的秘密訊息中的每個字母向左移動三個位置，A 變成 D，B 變成 E，以此類推。因此，

「HI JULIUS」這個訊息經過加密後，變成「KL MXOLXV」。這種演算法被名為「ROT 13」的程式使用，每個字母向左移動十三個位置，為此字母的對應碼。ROT 13 被用於新聞群組，以避免劇透或冒犯性內容被外界人士意外看到，並不是為了任何密碼用途（你可以想想，為何左移十三個位置對英文文本很方便）。

　　密碼術的歷史悠久，生動有趣，但有時候，對於那些以為加密就能確保機密安全的人來說，非常危險。蘇格蘭人的女王瑪麗（Mary, Queen of Scots）就因為糟糕的密碼術而在 1587 年掉了腦袋，她和那些想要推翻英國女王伊莉莎白一世、讓瑪麗登上王位的陰謀者通信，但他們的密碼術被破解，一個「中間人的攻擊」揭露了陰謀以及共謀者的姓名，他們被殘酷的斬首示眾。二次大戰期間的日本海軍聯合艦隊司令長、海軍大將山本五十六在 1943 年被殺係因為日本的密碼系統不安全，美國情報部門截獲並破解山本五十六的飛行計畫，使美國軍機得以擊落山本的座機。有人說（但這種設法並未獲得普遍認同），因為英國使用艾倫·圖靈的運算法及專長，破解了德軍使用恩尼格瑪密碼機（Enigma machine，參見＜圖表 13-1 ＞）加密的通訊，顯著加快二次大戰的終結。[157]

　　密碼術的基本概念如下：愛麗絲和鮑伯想交換訊息，並且內容保密，雖然敵對者可以讀到這些訊息，但無法得知內容。為此，愛麗絲和鮑伯需要某種共享的機密，以把訊息弄得混亂，再把訊息恢復原狀（解密），使彼此能夠理解訊息，但他人無法理解。這機密被稱為「**金鑰**」（key），例如，在凱撒密碼中，金鑰就是字母移動的位置數目，也就是「向左移動三個位置」，所以，A 被 D 取代，以此類推。對於恩尼格瑪密碼機之類複雜的機械式加密器材，金鑰是幾個碼盤和一組插口的線路連接所組成。對於現代的電腦加密系統，金鑰是一個大的秘密數字，提供給把位元轉換成訊息的演算法使用，不知道這個秘密數字，就無法解密，把位元還原成訊息。

　　密碼術演算法可能遭到幾種方法的破解。頻率分析（frequency analysis）是計算每個符號發生的次數，對於破解凱撒密碼和報紙填字遊戲的代換式密碼（substitution cipher）相當管用。為防禦頻率分析法破解密

圖表13-1 德軍使用的恩尼格瑪密碼機[158]

碼，密碼演算法必須把所有符號的出現頻率安排得平均，使得沒有加密型態可供分析。另一種破解方法是「利用已知明文攻擊法」（exploit known plaintext attack）：攻擊者取得部分明文，以及與之對應的密文，兩者對照，破解其加密型態（亦即得出金鑰），從而破解其他部分的密文或後面的密文。或是「利用選擇明文攻擊法」（exploit chosen plaintext attack）：攻擊者選擇幾段明文，傳送給擁有金鑰的加密演算法系統去執行加密，攻擊者獲得密文後，拿來和明文對照，破解其加密型態（亦即取得金鑰）。一套優秀的演算法必須能夠避開所有這類攻擊。

你必須假設攻擊者知道且非常了解你使用的密碼系統，因此，所有的安全完全仰賴金鑰，只要金鑰未被洩漏或破解，就應該可以保持安全，此稱為「**透明式資安**」（security through transparency。或者是假設攻擊者不知道你使用什麼密碼系統，或是不知道此密碼系統的運作方式，此稱為「**隱晦式資安**」（security by obscurity，或 security through obscurity），但

這不可能長久行得通，甚至完全行不通。事實上，若有人告訴你，他們的密碼系統徹底安全牢靠，卻不告訴你這密碼系統是如何運作的，那麼，你可以確定，這不是一個安全的密碼系統。

密碼系統的開放發展很重要，因為密碼系統的發展需要借助於盡可能更多的專家，以試探其脆弱性。[159] 但就算如此，也很難確定密碼系統的安全性。演算法在發展出來、並開始執行分析工作好一段期間後，可能會出現弱點，程式可能有蟲子——被無意間或惡意地植入的。此外，還可能有人或組織刻意弱化密碼系統，例如，當美國國安局為一個重要的密碼術標準所使用的一個隨機數字生成器定義重要參數時，似乎就這麼做了。[160]

13.1.1 私鑰密碼術

現今使用的密碼系統區分為基本上不同的兩類，較舊的一類通常稱為**私鑰密碼術**（secret-key cryptography）或對稱金鑰密碼術（symmetric-key cryptography），「對稱金鑰」這個名稱最能形容這種密碼術，因為同一個金鑰被用於加密與解密，但「私鑰」這個名稱更能對比於較新一類的密碼術名稱——**公鑰密碼術**（public-key cryptography，參見下一小節內容）。

在私鑰密碼術中，一則訊息的加密與解密都使用同一個私鑰，因此，想交換訊息的各方必須共用同一個私鑰。假設一密碼演算法被充分了解，且沒有瑕疵或弱點，攻擊者想解密一則訊息的唯一方法是**蠻力攻擊**（brute force attack）——嘗試所有可能的金鑰，尋找被用以加密的那個金鑰。這可能得花很長時間，若金鑰有 N 個位元，費力大約與 2^N 成正比。不過，蠻力並不意味愚蠢，攻擊者會先嘗試較短的金鑰，再嘗試較長的，先嘗試較可能的，再嘗試較不可能的。例如，**字典式攻擊**（dictionary attack）是基於常用字與數字型態，如「password」、「12345」，若你在選擇金鑰時懶惰或草率，這類攻擊就可能很成功。

直到 2000 年代初期以前，多數被廣為使用的私鑰密碼術演算法是資料加密標準（Data Encryption Standard，DES），由 IBM 和美國國安局於 1970 年代初期合作發展的。有人懷疑，國安局安排了一個秘密的後門機制，

使 DES 編程的訊息易於被破解，但這從未獲得證實。不論如何，DES 使用 56 位元金鑰（56-bit key），隨著電腦速度加快，56 位元變得太短，到了 1999 年，蠻力攻擊者使用不昂貴的專門用途電腦，以一天的運算時間就能破解一個 DES 金鑰。使用較長金鑰的新演算法應運而生。

這其中最被廣為使用的是先進加密標準（Advanced Encryption Standard，AES），由美國國家標準與技術研究院（NIST）主辦的全球性公開競賽產生，有來自世界各地的數十種演算法提交參賽，接受大量的公開測試與評價。比利時密碼學家尤安・達蒙（Joan Daemen）和文森・萊蒙（Vincent Rijmen）共同設計的演算法「Rijndael」脫穎而出，在 2002 年成為美國政府官方標準。這演算法放在公有領域，任何人都可取用，不需取得授權，也無需付費。AES 支援三種金鑰長度——128 位元、192 位元、256 位元，因此有大量可能的金鑰，除非有弱點被發現，否則，將有很多年間，蠻力攻擊不太可能破解。

我們甚至可以算算這可能性。若一個專門性質的處理器如圖形處理器（GPU）每秒能執行 10^{13} 個作業，一百萬個 GPU 每秒能執行 10^{19} 個作業，每年大約執行 3×10^{26} 個作業，大約是 2^{90}，這離 2^{128} 還遠得很呢，所以，就算是 AES-128，面對蠻力攻擊，也應該夠安全。

AES 及其他私鑰系統的大問題是**金鑰傳輸**（key distribution）：通訊的每一方必須知道金鑰，因此必須有個安全的方法把金鑰傳輸給每一方。這可能如同邀請所有人來你家吃晚餐般地容易，但若是在敵意環境下，這其中有間諜或異議者，可能沒有任何安全牢靠的傳輸金鑰管道。另一個問題是**金鑰增生**（key prolifieration）的問題：和不相關的各方進行個別秘密交談，你需要分別跟每一方有個金鑰，這使得金鑰傳輸問題更加困難。這些考量促成公鑰密碼術的發展，也就是我們的下一個主題。

12.1.2 公鑰密碼術

公鑰密碼術是完全不同的概念，由史丹佛大學的學者惠特菲爾德・迪菲（Whitfield Diffie）及馬丁・海爾曼（Martin Hellman）使用拉爾

夫・默克爾（Ralph Merkle）提出的一些概念，於 1976 年發明出來的，迪菲與海爾曼因為這項貢獻，於 2015 年獲頒圖靈獎。其實，比這更早幾年，英國情報機構英國政府通訊總部（Government Communications Headquarters，GCHQ）的兩位密碼學家詹姆斯・艾利斯（James Ellis）和克利佛・考克斯（Clifford Cocks）已分別發現這概念，但他們的研究發現被保密到 1997 年，致使他們無法發表，也因此錯失了絕大部分的榮銜。

在公鑰密碼術中，每個人有一**對金鑰**，一個是公鑰，一個是私鑰，這對金鑰在數學上相關，由其中一個金鑰加密的訊息，只能由另一個金鑰解密，反之亦然。若金鑰夠長，攻擊者在運算上無法破解加密訊息，或從公鑰推演出私鑰。攻擊者能使用的最著名演算法需要的執行時間將隨著金鑰長度而成指數型激增。

在使用時，公鑰就真的是公開的，人人可以取得，通常是張貼於網頁上。私鑰就必須嚴密保管，只有這對金鑰的擁有人能知道的機密。

設若愛麗絲想傳送訊息給鮑伯，並且加密，只有鮑伯能讀此訊息，她就去鮑伯的網頁，取得他的公鑰，用來對她要傳送給他的訊息加密。當愛麗絲傳送這加密訊息時，伊芙再偷聽，發現愛麗絲正在傳送訊息給鮑伯，但因為是加密訊息，伊芙無法理解訊息內容。

鮑伯用他的私鑰解密愛麗絲傳來的訊息，只有鮑伯知道這私鑰，也是解密用他的公鑰加密的訊息的唯一方法，參見＜圖表 13-2 ＞。若鮑伯想傳送一個加密的回覆給愛麗絲，他使用愛麗絲的公鑰加密。伊芙能看到鮑伯傳送了加密訊息給愛麗絲，但無法理解內容。愛麗絲用她的私鑰解密鮑伯傳來的回覆，只有愛麗絲知道這私鑰。[161]

這方法解決了金鑰傳輸問題，因為沒有需要傳輸的共同機密。愛麗絲和鮑伯在各自的網頁張貼了各自的公鑰，任何人都可以和愛麗絲或鮑伯進行私密交談，不需要預作安排或交換任何機密，各方也不需要會面。當然啦，若愛麗絲想傳送相同的加密訊息給鮑伯、卡蘿及其他人，她必須對每個收件人一一加密，分別使用每個人的公鑰。

公鑰密碼術是在網際網路上安全通訊的一個重要元件。設若我想在線上

圖表 13-2　愛麗絲發給鮑伯一個加密訊息

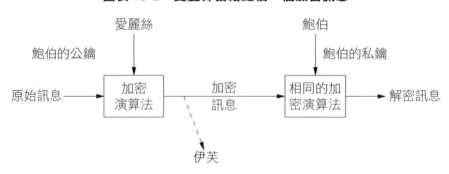

購買一本書，我必須告訴亞馬遜我的信用卡卡號，但我不想明文傳送它，因此，我們需要一個加密通訊管道。亞馬遜和我無法直接使用 AES，因為我們沒有共同的金鑰。為安排一個共同的金鑰，我的瀏覽器生成一個隨機的臨時金鑰，然後使用亞馬遜的公鑰，把這臨時金鑰加密後，安全地傳送給亞馬遜。亞馬遜收到後，使用其私鑰去解密這臨時金鑰，現在，我的瀏覽器和亞馬遜就有一個可以使用的共同金鑰了 —— 就是這個臨時金鑰，它們可以用 AES 去加密資訊，例如我的信用卡卡號。

　　公鑰密碼術的一個缺點是，它的演算法往往速度較慢，可能比 AES 之類的一個私鑰演算法慢上 10 的幾次方。因此，變通的做法是，不是所有東西都使用公鑰加密，改用兩步驟：使用公鑰去建立一個共用的臨時私鑰，然後使用 AES 來傳輸大量資料。

　　這種兩段式方法，每階段的通訊都安全：先用公鑰來建立一個共用的臨時金鑰，再用 AES 來傳送大量資料。若你造訪一個線上商店、一個線上電子郵件服務，以及其他多數網站，你使用的就是這種方法。你可以看到它的運作，因為你的瀏覽器將向你展示你正在與 HTTPS 協定（加密的 HTTP）連結，它顯示一個上鎖的鎖頭圖標，意指這連結是加密的：

多數網站現在都預設使用 HTTPS，這可能使處理慢一點，但不會慢太多，縱使你造訪某個網站時沒有迫切理由需要一個安全的通訊，加密仍然是重要的。

公鑰密碼術還有其他有用的屬性，例如，它可被用於實行**數位簽章**（digital signature）制度。設若愛麗絲想對一個訊息簽章，以便讓收件人可以確定這訊息是來自她，不是來自一個冒充者。若她用她的私鑰加密這訊息後傳送出去，那麼，任何人都可以使用她的公鑰來解密這訊息。假設愛麗絲是唯一知道她的私鑰的人，這訊息就必然是由愛麗絲加密的。很顯然，唯有在愛麗絲的私鑰未被洩漏的情況下，這種方法才有效。

你應該也能看出愛麗絲可以對傳送給鮑伯的加密訊息加上她的簽章，使得除了鮑伯以外，沒有人能閱讀此訊息，而且鮑伯也能確定這訊息是來自愛麗絲。愛麗絲首先使用她的私鑰對這個要傳送給鮑伯的訊息簽章，然後使用鮑伯的公鑰對它加密。伊芙可以看到愛麗絲傳送了東西給鮑伯，但只有鮑伯能解密它。鮑伯用它的私鑰解密外層訊息，再用愛麗絲的公鑰來驗證這訊息是來自她。[162]

當然，公鑰密碼術並未解決所有問題。若愛麗絲的私鑰被洩漏了，所有以往傳送給她的訊息可能被閱讀，所有她以往的簽章都可疑。儘管多數創造金鑰的系統都包含有關於這金鑰是何時創造以及它何時過期的資訊，但實際上，很難撤銷一個金鑰，亦即很難說一個特定的金鑰已經不再有效。一種名為「**前向保密**」（forward secrecy）的方法可以幫上忙：每一個訊息用一個一次性密碼來加密，然後就把這密碼丟棄。若一次性密碼的生成方式非常隨機，使得攻擊者無法再創造出它們，那麼，就算得知一個訊息的密碼，也無法解密以往或未來的訊息，這麼一來，縱使私鑰外洩了，也不必擔心以往及未來的訊息會被閱讀。

最被廣為使用的公鑰演算法是 RSA 加密演算法——以 1978 年在麻省理工學院發明它的三位電腦科學家隆納德·李維斯特（Ronald Rivest）、阿迪·夏米爾（Adi Shamir）及雷納德·艾德曼（Leonard Adleman）來命名。RSA 加密演算法係以對極大的合數進行因數分解的困難度為基礎，

其運作方式是：生成一個很大的整數——至少有 500 位數（十進制數字）那麼長的整數，而且，這整個是兩個很大的質數的乘積，每一個質數大約是這乘積長度的一半，把這兩個質數拿來分別作為公鑰與私鑰的基礎。知道這些因數的人（也就是持有私鑰的人）能夠快速解密一個加密的訊息，反觀其他想得知私鑰的人就必須對極大的整數做因數分解，這在運算上是辦不到的。李維斯特、夏米爾及艾德曼因為發明了 RSA 加密演算法，於 2002 年獲頒圖靈獎。

　　金鑰的長度很重要，就我們所知，把由兩個很大的質數相乘得出的一個很大的整數拿來做因數分解，所需要的運算工作量將隨著這整數長度的增長而快速增加，做因數分解是辦不到的。先前持有 RSA 專利權的公司 RSA 實驗室（RSA Laboratories）舉辦一項因數分解挑戰賽，從 1991 年到 2007 年，它提出一張列有許多合數的表單，並祭出獎金給率先對每一個合數完成因數分解的人。這表單上的合數長度遞增，最小的合數長度約 100 位數，這些合數的因數分解相當快就被完成。當這挑戰賽於 2007 年結束時，被完成因數分解的最大數字為 193 位數（640 位元），獲頒 2 萬美元獎金；2019 年，RSA-240（240 位數，795 位元）被完成因數分解。若你想試試的話，仍然可以在線上找到這張表單。

　　由於公鑰演算法速度較慢，通常不直接對文件簽章，而是使用從原始訊息中以無法被偽造的方式產生的一個遠遠較小的值，這較短的值被稱為「**訊息摘要**」（message digest）或「**密碼雜湊值**」（cryptographic hash）。運作方法是：使用一個演算法把原始訊息的位元打亂後，再混合出一個固定長度的序列位元，亦即「摘要」或「雜湊值」，它具有的特性是：極不可能從兩個不同的輸入訊息運算產生相同的摘要／雜湊值，而且，輸入訊息的極細小改變，將使得產生的摘要／雜湊值的近半數位元改變。因此，把收到的文件的摘要／雜湊值拿來和原始的摘要／雜湊值相比對，就能有效率地看出這文件是否被竄改過（譯註：愛麗絲要以數位簽章與加密方式傳送訊息給鮑伯時，她的演算系統用她要傳送的訊息產生一個摘要／雜湊值，然後愛麗絲用她的私鑰對這雜湊值及訊息加密，傳送給鮑伯，鮑伯用愛麗絲的公鑰解

密這訊息，然後，鮑伯這邊的相同演算法對這訊息運算產生一個雜湊值，若這雜湊值與愛麗絲傳來的雜湊值相符，就驗證這訊息在傳輸途中未被竄改過）。

這裡舉例說明，在 ASCII 編碼系統中，小寫字母 x 和大寫字母 X 有一個位元的差異：十六進制的話，x 的編碼是 78，X 的編碼是 58；二進制的話，x 的編碼是 01111000，X 的編碼是 01011000。以下是使用名為「MD5」的演算法產生的它們的密碼雜湊值，第一列是 x 的雜湊值的前半部分，第二列是 X 的雜湊值的前半部分，第三及第四列分別是 x 與 X 的雜湊值的後半部分。用手就能數出有多少個位元和正確編碼不同（128 個位元中有 66 個位元不同），但我用程式算出來的。

```
10011101 11010100 11100100 01100001 00100110 10001100 10000000 00110100
00000010 00010010 10011011 10111000 01100001 00000110 00011101 00011010
11110101 11001000 01010110 01001110 00010101 01011000 01100111 10100110
00000101 00101100 01011001 00101110 00101101 11000110 10110011 10000011
```

電腦運算極不可能用另一個輸入值產生相同的雜湊值，也無法用雜湊值去回推出原始輸入值。

有幾種訊息摘要演算法（message digest algorithm）被廣為使用，前面提到的 MD5 是隆納德・李維斯特設計的，產生 128 位元的雜湊值，而美國國家標準與技術研究院（NIST）設計的安全雜湊演算法（Secure Hash Algorithm，或譯「安全散列演算法」）SHA-1 產生 160 位元的雜湊值。MD-5 和 SHA-1 都有弱點，它們的使用價值因此降低，美國國安局開發出來的 SHA-2 系列演算法目前沒有已知的弱點，但國家標準與技術研究院仍然舉辦公開賽（類似於產生 AES 的那種公開賽），想產生一種新的訊息摘要演算法，並於 2015 年發表比賽優勢者——現名「SHA-3」。SHA-2 及 SHA-3 都提供 224 位元至 512 位元的訊息摘要／雜湊值。

雖然，現代密碼術有很棒的屬性，實務上仍然需要可信賴的第三方。舉例而言，我在線上訂購一本書，我如何知道我的交談對象是亞馬遜，而不是

一個高明的冒牌貨呢？當我造訪亞馬遜網站時，亞馬遜為了驗證它的身分，傳送給我一個**憑證**（certificate）——由一個獨立的**認證機構**（certificate authority）發放的一個數位簽章資訊，用以證明亞馬遜的身分。我的瀏覽器使用認證機構的公鑰來驗證這憑證是屬於亞馬遜的，不是別人的。理論上，若認證機構說這是亞馬遜的憑證，我就相信它。

但前提是，我必須信賴這認證機構，若它是冒充的，那我就不能信賴任何使用此認證機構的人或組織了。2011 年，一個駭客入侵荷蘭的一個認證機構 DigiNotar 後，對包括谷歌在內的許多網站創造假憑證；若一個冒充者傳送由 DigiNotar 簽發的憑證，我的瀏覽器將把這冒充者誤當成真實的谷歌。

一台瀏覽器知道很多數量的認證機構——我的版本的 Firefox 知道近八十個認證機構，Chrome 知道超過兩百個認證機構，其中多數是我從未聽過、且位於很遠的地方的組織。

「咱們加密吧」（Let's Encrypt）是一個非營利的認證機構，對任何人或組織提供免費憑證，其基本理念是，若可以很容易取得憑證，最終所有網站都將使用 HTTPS（加密的 HTTP），這麼一來，網際網路上的所有通訊都將是加密的。截至 2020 年初，這個認證機構已經發出了十億個憑證。

▍13.2 匿名

使用網際網路，顯露很多有關於你的資訊。在最低層級，你的 IP 位址是每一次互動時的必要部分，這顯露你的網際網路服務供應商，並且讓所有人可以猜測你位於何處，端視你的網際網路連結方式而定，這猜測可能正確——例如若你是一所小型大學院校的學生的話，或者猜不準——例如若你在一個大型公司網路裡面的話。

使用瀏覽器的話——這是多數人最普遍的上網方式，那就透露得更多了（參見＜圖表 11-3 ＞）。瀏覽器傳送的資訊包括：參照網頁的 URL（亦即你從哪個網頁連結至現在瀏覽器要去請求存取的新網頁），有關於這瀏

覽器的種類與版本等等的詳細資訊，這瀏覽器能處理哪些類型的回應（例如，它能不能處理壓縮資料，或是它將接受哪些類型的圖像）。若有合適的 JavaScript 程式，瀏覽器還會報告載入什麼字型及其他屬性，這些結合起來，別人也許可以在幾百萬人中辨識出特定的使用者。這種瀏覽器指紋採集已經變得愈來愈常見，很難對抗。

第十一章提到，「panopticlick.eff.org」可以讓你評估你瀏覽器指紋的獨特程度，愈獨特，代表你愈容易被辨識。我用我的一台筆記型電腦去評估，當我使用 Chrome 瀏覽器去存取這網站時，我的瀏覽器指紋在最近的 28 萬多個造訪者的瀏覽器指紋中是獨一無二的；當我使用 Firefox 瀏覽器時，這 28 萬多個造訪者中有另一個人的 Firefox 設定和我的相同；當我使用 Safari 時，則有另一個人的 Safari 設定和我的相同（譯註：這裡的意思是，使用 Chrome，可以在這 28 萬多個造訪者中把作者辨識出來，因為在這群人當中作者獨一無二；若使用 Firefox 或 Safari，因為這 28 萬多個造訪者有兩人的瀏覽器指紋相同，因此要辨識出作者，稍微難一點點）。這些值因使用的防護裝置（例如廣告過濾封鎖器）而不同，但大部分差異來自瀏覽器自動傳送的用戶代理標頭（User Agent header，參見＜圖表 11-3 ＞），以及瀏覽器上已經安裝的字型及外掛程式，我對這些幾乎完全沒有管控的力量。瀏覽器供應商大可以減少傳送這類潛在的追蹤資訊，但它們似乎不採取行動以改善情況，令人氣餒的是，若我關閉 cookies 或開啟「請勿追蹤」，反而使我稍稍更獨特些，因此更易於被辨識。

一些網站承諾讓你匿名，例如，Snapchat 用戶可以傳送訊息、相片及影片給朋友，該網站承諾，在用戶指定的一段短時間後，這些內容將消失。Snapchat 能多大程度地對抗法律訴訟的威脅呢？Snapchat 的隱私政策說：「在我們合理認為有必要公布時，我們可能會分享關於你的資訊，以遵守任何有效的法律程序、政府要求，或適用的法律、規則或法規。」[163] 當然，這種條款內容普遍存在於所有的隱私政策中，但這也顯示，你的匿名程度並不是很強，而且，這將因你所處的國家而不同。

13.2.1Tor與洋蔥瀏覽器

設若你是個吹哨人，想要公開一樁違法的事（想想愛德華·史諾登），但不想公開你的身分，也不想讓他人辨識出你。若你是一個高壓政權下的異議分子，或者，你是個同性戀者，但你身處一個迫害同性戀者的國家，或者，你信仰的宗教被你身處的國家認為非法，怎麼辦？或者，你可能跟我一樣，想使用網際網路，但不想被時時監視著。你如何降低自己可被辨識出來的可能性？本書第十章最後提出的那些建議能幫上忙，但有另一種技術也很具成效，只是得付出一些成本。

使用密碼術來對通訊做出夠充分的隱匿，使得一連結的最終接收者不知道這連結的起源，這是有可能做到的。最被廣為使用的這種系統名為「Tor」，此名稱源於「The Onion Router」（洋蔥路由器），比喻一段通訊從一處傳輸至另一處時，有層層的加密包覆，如洋蔥一般。＜圖表 13-3＞的 Tor 標誌暗示其名稱的來源。

圖表 13-1　Tor 標誌

Tor 使用密碼術傳送網際網路通訊，途中行經多個中繼節點，每個中繼節點只知道與它最鄰近的中繼節點的識別。傳輸路徑的第一個中繼節點知道誰是通訊的發送者，但不知道通訊的最終目的地；傳輸路徑的最後一個中繼節點〔出口節點（exit node）〕知道目的地，但不知道這通訊是誰發起的；中間的每一個中繼節點只知道傳來這通訊的中繼節點，以及它要把這通訊傳往的下一個中繼節點，其他一無所知。傳輸路徑的每一步，通訊的實際內容都是加密的。

　　訊息被包覆了多層加密，每一層給一個中繼節點，每一個中繼節點把訊息往前傳送時，移除一層加密——亦即每個中繼節點解密一層，以得知這訊息的下一個目的地／中繼節點，「洋蔥」的比喻就是這麼來的。反向回覆訊息時，也使用相同的技術。通常使用三個中繼，因此，最中間的那個中繼節點既不知道訊息源頭，也不知道訊息最終目的地。

　　在任何時點，全球有大約 7,000 個中繼節點，Tor 應用軟體隨機挑選一組中繼節點，建立傳輸路徑，路徑經常改變，甚至在一次通訊中的傳輸路徑也可能改變。

　　最普遍的方式是透過洋蔥瀏覽器（Tor Browser）使用 Tor 軟體，Firefox 的一個版本已經架構成使用 Tor 技術來傳輸，並且適當地訂定 Firefox 的隱私設定。你可以從「torproject.org」下載及安裝洋蔥瀏覽器，就像任何其他的瀏覽器那樣地使用它，但必須注意它提示你如何安全地使用它。

　　洋蔥瀏覽器的瀏覽體驗與 Firefox 差不多，但可能慢一點，那是因為要行經更多的路由器和加密層，自然會多花點時間。一些網站也歧視 Tor 的使用者，這有時是出於自我防衛，因為不只好人喜歡匿名，攻擊者也喜歡匿名，攻擊者也使用 Tor。

　　對於一般使用者，匿名化看起來是什麼模樣呢？這裡舉一個例子說明。＜圖表 13-4 ＞中，左邊是洋蔥瀏覽器上顯示的普林斯頓天氣，右邊是 Firefox 瀏覽器上顯示的普林斯頓天氣，分別用這兩個瀏覽器去造訪「weather.yahoo.com」，雅虎以為它知道我身處的位置，但當我使用洋蔥瀏覽器時，它顯示的位置是錯的。幾乎我的每一次實驗，出口節點都是在歐洲某地；我隔了一小時後再去載入這頁面，它顯示的地點從拉脫維亞改變為盧森堡。唯一讓我猶豫的是，它報的溫度都是華氏，問題是，美國以外，沒有多少地區使用華氏，雅虎是如何決定的呢？別的天氣網站報的是攝氏。

　　根據 Panopticlick 研究，當我使用洋蔥瀏覽器時，最近的 28 萬多個造訪者中約有 3,200 人的特徵相同於我，因此較難從瀏覽器指紋採集辨識出我。當然，比起使用一個直接的瀏覽器連結，使用洋蔥瀏覽器時的我明顯較不獨特。話雖如此，Tor 絕對不是所有隱私問題的完美解決方案，若你不謹

圖表 13-4　洋蔥瀏覽器呈現的頁面

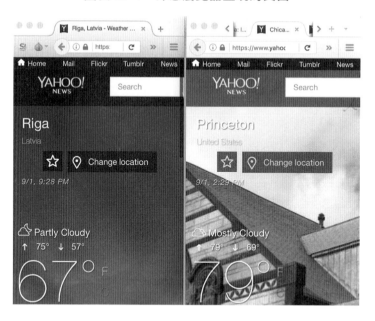

慎地使用它，你的匿名性仍然會被破壞，瀏覽器及出口節點可能被攻擊，被入侵的中繼節點將成為問題。[164] 另外，若你使用 Tor，你的確將鶴立雞群，這也可能是個問題，不過，隨著愈來愈多人使用 Tor，這問題將漸漸改善。

　　Tor 是否能安全避開國安局或其他能幹程度相似的組織呢？[165] 史諾登揭露的文件之一是美國國安局 2007 年的一場簡報說明，其中一張投影片（參見＜圖表 13-5 ＞）上寫道：「我們總是無法成功地辨識出所有的 Tor 使用者。」[166] 國安局當然不會放棄，但截至目前為止，Tor 似乎是普通百姓能夠使用的最佳隱私工具了〔稍稍諷刺的一點是，Tor 原是美國政府機構美國海軍實驗室（Naval Research Laboratory）開發出來的，目的是為了幫助保護美國的情報通訊〕。

　　若你覺得你對匿名特別偏執，那就試試一種名為「TAILS」（The Amnesic Incognito Live System）的作業系統。這是一個類 Linux 系統，使用 DVD、USB 隨身碟或 SD 卡之類的可啟動設備來執行，使用 Tor 技

圖表 13-5 美國國安局對於 Tor 的簡報投影片（2007年）

TOP SECRET//COMINT// REL FVEY

Tor Stinks... (U) ——————— Tor很煩人……

- We will never be able to de-anonymize all Tor —— 我們總是無法成功地辨
  users all the time. 識出所有的Tor使用者。

- With manual analysis we can de-anonymize a —— 佐以人工分析，我們可
  very small fraction of Tor users, however, **no** 以辨識出**很小部分**的
  success de-anonymizing a user in response to a Tor使用者，但對隨需
  TOPI request/on demand. 請求TOPI作出回應的
  使用者，我們**從未能**成
  功辨識他們。

術及洋蔥瀏覽器，在它運轉的電腦上不留下數位足跡。在 TAILS 作業系統中運行的軟體使用 Tor 技術來連結網際網路，因此，你應該是匿名的。TAILS 也不儲存任何東西於本機輔助儲存器上，只儲存於主記憶體，使用 TAILS 後，當關閉電腦時，記憶體中的東西就清除了，這讓你能夠處理文件，但不在主機上留下任何記錄。TAILS 也提供一套其他的密碼術工具，包括 OpenPGP，讓你對電子郵件、檔案及其他任何東西加密。TAILS 是開放源碼軟體，可以從網路上下載。[167]

13.2.2 比特幣

匯款與收款是另一個高度重視匿名的領域。現金是不記名的東西：若你支付現金，不會留下記錄，無從辨識涉及的各方。除了小額的本地購買如汽油及雜貨之外，現在愈來愈難使用現金了，租車、機票、旅館、線上購物，全都需要使用信用卡或簽帳金融卡以識別購買人。塑膠貨幣很便利，但是，當你使用信用卡／金融卡或線上購物時，你會留下足跡。

聰明的密碼術可以應用於創造匿名貨幣，最成功的例子是**比特幣**（Bitcoin），由中本聰（Satoshi Nakamoto）發明，並於 2009 年以開放源碼軟體形式發布而啟動（中本聰的真實身分未知，這是一個不尋常的成功

匿名例子）。

比特幣是一種去中心化的數位貨幣或加密貨幣，它不是任何政府或政黨發行或控管的，它沒有實體形式，不同於傳統貨幣的紙鈔及硬幣。它的價值不來自法定（政府發行的貨幣的價值來自法定），也不是基於某種珍貴的自然資源如黃金，不過，跟黃金一樣，比特幣的價值取決於其使用者願意為產品與服務支付或接受多少比特幣。

比特幣使用端對端協定，讓兩方交換**比特幣**，不需要使用一個中介或信賴的第三方——就這點來說，它跟現金一樣。比特幣協定確保比特幣的確實交換（亦即其所有權轉移），在交易中不創造或遺失比特幣，交易不可逆，但交易雙方可以對彼此及世界的其餘人匿名。

比特幣維持一個所有交易的**公開帳本**（public ledger），名為**區塊鏈**（blockchain），但交易背後的交易方是匿名的，僅以一個位址來識別，這位址實際上就是一個密碼公鑰。比特幣是透過執行一定量的困難運算工作去驗證及儲存支付資訊於公開帳上而創造（挖礦）出來的，區塊鏈上的區塊有數位簽章，並且提到先前的區塊，因此，先前的交易記錄不能被修改，因為要修改那些交易記錄，必須重做先前創造出那些區塊的所有工作，這是不可能做到的。從比特幣問世起的所有交易情況都內含於區塊鏈上，雖說理論上可以被重造，但沒有人能夠在不重做所有工作下偽造出一個新區塊，在電腦運算上，不可能重做所有工作。

很重要的一點是，區塊鏈是完全公開的，因此，比特幣的匿名比較像是「使用筆名」：所有人都知道有關於所有交易的一切，以及一個關聯的特定位址，只是他們不知道那個位址是你的。但是，若你不妥善保管你的位址，你就有可能被關聯至你的交易。若你遺失私鑰，你也可能會失去你的比特幣。

由於交易人可以保持匿名（若他們小心的話），比特幣是毒品交易、支付贖金，及其他非法活動鍾愛使用的一種貨幣。[168] 一個名為「絲路」（Silk Road）的線上市集被廣用於非法販售毒品，以比特幣放款，該網站的經營者最終被識別出來，不是因為匿名軟體的任何瑕疵，而是因為他在「絲路」

早期發布通知時使用的名稱和他在另一個線上論壇發表評論時使用的名稱相同，被一位細心勤勞的國稅局調查人員注意到，從這線索追溯出他在真實世界的身分。[169] 行動安全（operations security，情報界行話「opsec」）難以做得好，只消一個閃失，就會露出馬腳。

比特幣是一種「虛擬貨幣」，但它們可以被轉換成傳統貨幣，傳統貨幣也可以轉換成比特幣，兩者的匯率波動甚大。比特幣相對於美元的價值起伏甚劇，＜圖表 13-6 ＞顯示多年期間的比特幣價格。[170]

大咖銀行，甚至臉書之類的公司都涉足加密貨幣領域，提供服務，或甚至供應它們自己的版本的區塊鏈貨幣。稅務當局當然也對比特幣感興趣，因為匿名交易的用途之一是逃稅，在美國，比特幣之類的虛擬貨幣是聯邦所得稅應稅財產，因此，交易的資本利得可被課稅。

想體驗比特幣技術，很容易，「bitcoin.org」是個不錯的起始地，

圖表 13-6　比特幣價格（finance.yahoo.com）

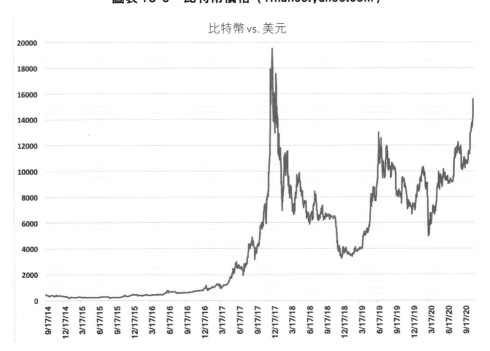

「coindesk.com」提供優異的教學資訊，也有書籍和線上課程。[171]

13.3 本章總結

密碼術是現代科技的一個重要部分，它是我們使用網際網路時保護我們的隱私與安全的基本機制，但不幸的事實是，密碼術可以幫助所有人，不論好人或壞人。這意味的是，犯罪者、恐怖分子、兒童色情業者、販毒集團、政府，全都將使用密碼術來推進他們的利益，犧牲你的利益。

沒有方法可以把密碼術精靈塞回瓶中，世界級密碼術專家少，且散布世界各地，沒有任何一個國家壟斷地擁有他們。此外，密碼程式大都是開放源碼，任何人都可以取得。因此，任何國家試圖以法律限制或禁止強大的密碼術，也不太可能阻擋密碼術的使用。

經常爆發的激烈辯論是，加密技術是否幫助恐怖分子及犯罪者，因此應該立法限制與禁止，或者，應該更務實地在加密系統中設立「後門」，讓獲得適當授權的政府當局可以破解犯罪者或敵人的密碼。

專家一致認為，這是一個糟糕的想法。一群特別有資格的專家在 2015 年發表一份報告〈門墊下的鑰匙：規定政府有權取得所有資料與通訊必然造成不安全〉（Keys under doormats: Mandating insecurity by requiring government access to all data and communications），從文章標題就能看出他們的看法了。[172]

密碼術本來就極難做得好，若再加上刻意設置的弱點，不論多麼小心地設計，都將導致更大的失敗。我們一再看到政府（我的政府和你的政府）在保持機密方面做得很糟糕，想想史諾登與國安局的例子。所以，倚賴政府機關保管後門鑰匙且適當地使用，這是一個先驗（可由因果推論而得）的壞點子，縱使有高度信心（這是一個大假設），也是個失敗可能性很高而不應嘗試的點子。

根本問題在於，我們若削弱恐怖分子使用的加密術，就必然也會削弱人人使用的加密術。誠如蘋果公司執行長提姆・庫克（Tim Cook）所言：「事

實是，若你建立一個後門，那個後門將是針對所有人，包括好人與壞人。」當然，壞蛋、恐怖分子及其他政府反正不會使用削弱版本的加密術，所以，受害的是我們。

蘋果軟體對使用 iOS 的 iPhone 的所有內容加密，使用的是由用戶本身提供的一個金鑰，蘋果公司不知道此金鑰。若一政府機關或法官要求蘋果公司解密一支手機，該公司可以說它無法做到，因為它沒有金鑰。蘋果的這個立場不受政治人物或執法機關的歡迎，但這是一個可以合理辯護的立場，而且，從商業角度來看也有道理，精明的顧客不願意購買政府機關能夠輕易窺探內容與通訊的手機。

2015 年末，兩名恐怖分子在加州聖伯納迪諾（San Bernardino）槍殺十四人後遭擊斃，聯邦調查局試圖強迫蘋果公司破解其中一名恐怖分子的手機密碼。蘋果公司表示，若建立一個特殊用途機制去取得顧客資訊，將會創造一個嚴重削弱所有手機資安的先例。

聖伯納迪諾事件最終未決，聯邦調查局聲稱已經找到另一種方法去挖掘資訊。但是，2019 年末發生於佛羅里達州的另一起槍擊案使這問題再現，聯邦調查局請求蘋果公司協助，蘋果說它已經提供它手上有的全部資訊，該公司沒有客戶的密碼。[173]

關於這個問題的辯論很激烈，兩邊陣營都有其合理考量，我個人的看法是，老百姓能夠用以對抗政府權力過度延伸及犯罪者入侵的防禦機制不多，堅實的加密是其中之一，我們不能讓出它。如同前文談到元資料時所說的，政府機關有很多其他方法可以取得資訊，只需有一個合適的案例即可證明，不需要為了調查少數人而削弱所有人的加密功能。不過，這些是困難的議題，經常在一些暴力事件後引發的政治與情緒高度緊張狀況下浮現而引發熱議，我們不太可能在短期內看到令人滿意的解決方法。

任何資安系統的最脆弱環節都涉及人，有人意外地或刻意地破壞太複雜或難以使用的系統。想想看，當你被迫更改你的密碼時，你怎麼做？尤其是當系統要求你必須當即建立一個新的密碼，而且必須符合怪異的要求——例如必須內含大小寫字母、至少有一個數字，以及一些特殊符號（但不能使用

其他符號）時。多數人訴諸慣用方法，並且把它寫下來備忘，這兩種做法都有資安隱憂。問問自己：若一個敵人看到你的兩、三個密碼，他（她）能否猜出你的其他密碼？想想魚叉式網路釣魚，你有多常收到貌似可信的電子郵件，要你去點擊或下載或開啟？你受到引誘了嗎？

縱使人人都努力於建立資安，意志堅定的敵人總是能使用四個 B──賄賂（bribery）、勒索／脅迫（blackmail）、盜竊（burglary）、野蠻（brutality）──來獲得存取。對於那些拒絕提供密碼的人，政府可以用坐牢來威脅。不過，若你夠小心謹慎，你可以對自己做出起碼的保護，雖無法抵擋所有威脅，但足以讓你在現代世界相當程度地安全運作。

第 14 章

接下來呢？

「預測很難，尤其是對未來做預測。」

——出處眾說紛紜，包括尤吉·貝拉（Yogi Berra）、尼爾斯·波耳
（Niels Bohr）、薩謬爾·高德溫（Samuel Goldwyn）、
馬克·吐溫（Mark Twain）

「教師應該為了學生的未來而教育學生，不是為了教師自身的過去。」

——理查·漢明（Richard Hamming），《科學與工程工作的藝術：
學習如何學習》（*The Art of Doing Science and Engineering:
Learning to Learn*），1996 年

我們已經談了很多，你應該已經學到了什麼？哪些東西在未來很重要？哪些電腦運算問題將仍是未來五或十年間必須繼續奮鬥解決的？哪些問題將已經成為過去式或不再重要？

表面細節總是不斷改變，我在本書中討論到的許多技術細節不是非常重要，敘述這些只是為了更具體地幫助你了解實際的運作情形，畢竟，比起抽象概念，多數人從實例中學習的效果更好，而電腦運算領域抽象概念太多了。

在硬體方面，了解電腦是如何組織的，它們如何表述及處理資訊，一些行話與數字是什麼意思，以及它們如何歷時演變，這些是有幫助的東西。

軟體方面，你應該知道如何正確定義運算流程，包括抽象的演算法（同時也要某種程度地了解它們的運算時間如何隨著資料量的增加而增加），以及具體的電腦程式。你應該了解軟體系統是如何組織的，如何以各種語言來

撰寫程式,以及程式往往是使用既有的套件(亦即前人已經寫好的程式)來組合與建構的,所有這些東西將幫助你了解我們所有人使用的軟體的背後重要組件。幸運的話,幾章有關於編程的內容就足以讓你能夠合理地考慮自行撰寫更多程式,就算你永遠不寫程式,對編程有一些基本了解,總是好事。

通訊系統無所不在,有本地系統,也有全球通訊系統,你應該了解資訊如何傳輸,誰有存取管道,以及如何控管這一切。協定是關於系統之間如何互動的規則,這部分也很重要,因為協定的屬性具有深廣影響,從現今的網際網路通訊驗證問題就能看出這點。

一些電腦運算概念非常有助於我們理解這個世界。舉例而言,我經常區別邏輯架構和實作這兩個部分,這個核心概念以各種各樣的形式呈現,電腦就是一個好例子:電腦的建造(實作部分)快速變化,但在很長期間,它的邏輯架構大致維持不變。更概化地說,數位電腦全都有相同的邏輯屬性——基本上,它們全都完成相同的運算。在軟體方面,程式提供一個把實作隱藏起來的抽象化,實作可以被改變,但使用它們的東西不需要改變。虛擬機器、虛擬作業系統、甚至真實的作業系統,全都是使用介面來把邏輯架構和實作區分開來的例子。可以說,程式語言也提供此功能,因為它們讓我們能夠與電腦交談,彷彿電腦全部說相同的語言,而且是我們也了解的語言。

電腦系統是工程上做出消長取捨的一個好例子,如同我們看到的,桌上型電腦、筆記型電腦、平板、手機,全都是電腦運算設備,但它們在處理體積、重量、耗電及成本等限制方面,明顯不同。

電腦系統也是如何把大而複雜的系統分割成更小、更能應付、且可以獨立建造的組件的一個好例子,軟體、應用程式介面、協定與標準等等的層級化,全都是例子。

我在本書前言篇中談到的四個「通用」(universal),將仍然是幫助我們了解數位技術的重要層面。以下扼要重溫它們。

第一個層面是「**通用的資訊數位表述法**」(universal digital representation of information)。化學有超過一百種元素,物理學有十多種基本粒子,數位電腦只有兩種元素——0 與 1,所有其他東西都是用 0 與 1 建

構的。位元代表任何種類的資訊，從最簡單的二元選擇（例如對與錯、是與否），到數字與字母，到一切任何東西。大實體——例如從你的線上瀏覽與購物、你的電話通訊，以及無所不在的監視攝影機中取得的你的生活記錄，是更簡單的資料項的集合，以此類推，直至個別位元層級。

第二個層面是「**通用的數位處理器**」（universal digital processor）。電腦是操縱位元的數位器材，告訴處理器去做什麼事的程式指令被編碼成位元，通常和資料一起儲存在相同的記憶體中；改變程式指令會導致電腦去做不同的事，這也是電腦之所以被稱為通用型機器的原因。位元的含義取決於背景脈絡，一個人的程式指令可能是另一個人的資料。複製、加密、壓縮、錯誤檢測之類的程序，可以由與原程式無關的別的軟體來執行，雖然，特定的方法可能對特定種類的資料做得較好。以使用通用型作業系統的通用型電腦取代專門型器材，這種趨勢將會持續，未來很可能會出現以生物運算學為基礎的處理器，或是量子電腦，或是目前尚未發明出來的其他東西，但數位電腦將繼續與我們同在很長一段期間。

第三個層面是「**通用的數位網路**」（universal digital network），把包括資料與程式指令的位元從位於世上任何地方的一台處理器傳送至位於別處的處理器。網際網路和電話網路將可能結合成一個通用網路，相仿於我們現今看到的——電腦運算與通訊在手機上聚合。網際網路一定會繼續演進，只是不知道是否仍將繼續保持其早年脫韁野馬般無拘無束的特徵，有可能會變得更加受限、受控於企業及政府，猶如圍牆花園，固然迷人，但被圍牆圍起來了。很不幸的是，我押注於後者；其實，我們已經看到這樣的例子了：整個國家長期管制其人民的網際網路連結或封鎖他們上特定網站，或是在動盪期間完全切斷網際網路連結。

最後一個層面是「**數位系統的普及**」（universal availability of digital systems）。數位器材將繼續變得更小、更便宜、更快速、更普及，並且融入更多進步技術。單一一項技術的進步（例如儲存密度）往往影響到所有數位器材。物聯網將環繞我們，愈來愈多我們使用的器材將內含電腦及連網，這將使得資安問題變得更糟。

數位科技的核心限制及可能問題將依然是操作性質，你應該警覺它們。科技帶來許多好處，但也引發新形式的困難問題，並使既有的問題更加惡化，以下是一些最重要的問題。

錯誤資訊、造假資訊、假新聞。這些快速增加，已成為網際網路上日益嚴重的問題。社交媒體網站上充斥不實及誤導的新聞報導、圖像、影片等等，而這類網站完全太消極被動於遏制危險的錯誤內容。對於審查及干預言論自由的關切，當然是有理的，但在我看來，現在的鐘擺已經太嚴重偏向一邊了。這裡隨便舉一個例子，2020 年新冠疫情的三個月期間，臉書刪除了七百萬則誤導性質的貼文，這些貼文：「提供捏造的防疫措施或誇大的治療方法，美國疾病防治中心（CDC）及其他健康專家告訴我們，那些措施與療方具有危險性。」[174] 這期間，臉書也對近一億則其他貼文發出警告。

隱私。我們的隱私持續受到來自商業、政府及犯罪目的的威脅，廣泛且大量收集我們的個人資料的情形將繼續加快加劇，個人隱私可能比現在更加減損。網際網路原本是非常容易匿名的，尤其容易匿名做壞事，但現在，縱使是善意行為，也幾乎不可能保持匿名。政府試圖管控人民的網際網路連結，試圖削弱密碼術，這些對好人沒助益，反倒對壞傢伙提供了幫助、鼓勵，以及可利用的單一攻擊點，我們或可諷刺地說，政府想讓其人民易於被辨識與監視，但支持異議分子在其他國家的隱私與匿名。企業熱切於想知道更多有關於既有及潛在顧客的資訊，一旦資訊上了網，就永遠存在於網路上，沒有有效的方法可以完全撤下它們。

監視。從無處不在的攝影機，到網路追蹤，到記錄我們的手機目前的位置，監視持續增加，儲存與處理成本的劇降，使得監視者愈來愈能保存我們的全部生活的完整數位記錄。記錄截至目前為止你在你的生活中聽過及說過的一切，需要多少的磁碟儲存空間，而這儲存空間的成本是多少呢？若你現年二十歲，答案是 10 TB，2021 年時，10 TB 的成本不到 200 美元。若是製作一個完整的影像記錄，需要的儲存空間不會超過 10 或 20 倍大。

資安。個人、企業及政府的資安也是一個持續的問題，我不確定「網路戰」或任何「網路 X」之類的用詞有沒有什麼幫助，但可以確定的是，個人

以及更大的團體潛在上、且往往實際上遭到民族國家及有組織犯罪的某種網路攻擊。糟糕的資安實務使我們很容易遭到來自政府及商業資料庫的資訊盜竊。

版權。在這個可以零成本製作無限量數位材料拷貝、並把它們散播至全球的時代，版權的保護相當困難。數位時代之前，對創作的傳統版權保護運作得還算差強人意，因為書籍、音樂、電影及電視節目的製作與傳播需要專業及專門設備。但那個時代早已過去，版權及合理使用被授權及數位版權管理取代，這些無法阻止真正的盜版者，倒是對一般人造成相當程度的不便。我們該如何防止製造商使用版權來減少競爭及鎖住顧客呢？我們該如何保護作者、作曲人、表演者、製片人及程式設計師的權利，同時也確保他們的作品不會永久設限呢？

專利。這也是一個困難問題，在愈來愈多器材內含由軟體控制的通用型電腦之下，該如何保護創新者的正當利益，同時也防止那些涉及範圍太廣或研究不充分的專利的持有人過度敲詐？

資源分配。尤其是稀有、但珍貴的資源（例如頻寬），將總是引發爭議，在位者——那些已經分配到資源者，例如大型電信公司——在這方面擁有大優勢，它們可以用它們的地位，透過錢、遊說及自然的網路效應來維持它們的優勢。

反托拉斯。在歐盟及美國，這是一個顯著的問題。亞馬遜、臉書、谷歌等公司宰制它們的市場，這使它們握有超大的集中力量。谷歌可能是最易於遭到反托拉斯指控與調查的公司，美國司法部在 2020 年末宣布對谷歌提起反托拉斯訴訟。全球至少 70% 的搜尋是透過谷歌（在美國，這市場佔有率達 90%），它是廣告業最重要的公司，它的大部分營收來自廣告，此外，全球有大量手機使用谷歌的安卓作業系統。臉書透過它本身及它旗下的事業如映思（Instagram），稱霸社交媒體市場。臉書和谷歌經常收購小公司以取得技術與專長，但同時也藉此消弭競爭於壯大之前。大科技公司辯稱它們成功是因為它們提供的服務優於競爭者，它們的成功是優勝劣敗的結果。但是，也有人會說，不論正當合理與否，它們的力量太大。跡象顯示，歐盟及

美國開始擔憂這點，甚至在一些情況下採取行動以控制這些公司的力量。

司法管轄權。 在資訊能傳輸至任何地方的時代，這也是個困難問題。在一個司法管轄區屬於合法的商業及社會實務，在其他司法管轄區可能違法，但法律制度完全未能跟上此發展。美國的跨州稅徵問題，美國與歐盟的資料隱私規範不一問題，都是例子。挑選法庭（forum shopping）也是源於司法管轄權問題，專利或誹謗官司的原告刻意挑選他們預期判決將對他們有利的司法管轄區提起訴訟，不管侵犯情事發生於何處或被告位於何處。網際網路管轄權本身則是受到那些想要更加掌控其自身利益的實體的威脅。

監管。 這可能是所有問題中最大的一個。政府想監管其人民在網際網路（網際網路已愈來愈成為所有媒體的代名詞）上可以說什麼和做什麼，國家防火牆可能會變得更普遍且更難以逃避，一些國家也將對在該國營運的公司施加愈來愈多的限制——規定它們必須做什麼，才能繼續待在該國境內做生意。公司想要把它們的顧客限制在難以逃離的圍牆花園內，想想看，你使用的器材有多少被它們的供應商鎖住，使你無法在這些器材上跑你自己的軟體，甚至使你無法確知它們做什麼。個人會想限制政府及公司的觸角，但我們所處的賽場離公平差得遠，本書敘述的防護機制可以幫上忙，但絕對不足。

最後，切記一點，科技快速變化，人沒有。在多數層面，我們仍然相同於幾千年前的人類，出於良善動機的好人和出於邪惡動機的壞人的比例相似於以往年代。社會、法律與政治機制確實會因應科技變化而做出調適，但這可能是一個緩慢過程，以不同速度改變與演進，而且，在世界不同地區，有不同的解決方法。我不知道情況在未來幾年將如何演變，但我希望這本書能幫助你預期、應付及正面地影響一些無可避免的改變。

註釋

「你的內容組織得不錯，你選擇的材料很明智，你的文筆良好，但你不太懂得做註釋的基本工夫。C+。」

——我大三時撰寫的一篇論文的評分者給我的評價，1963 年

　　這註釋篇收集了一些參考文獻（當然，這絕非完整的參考文獻），包括我喜歡、且認為你可能也會喜歡的書籍。近乎任何主題，在做快速調查與基本事實查詢時，維基百科（Wikipedia）向來是一個優異的資訊源頭。搜尋引擎非常有助於找到相關資料，但我盡量不在此提供線上資訊的鏈結，因為在書籍出版時正確的鏈結，日後可能變成失效鏈結。

1. IBM 7094有大約150KB RAM，時脈速率（clock rate/clock speed）為500 KHz，一台要價近300萬美元。參見：en.wikipedia.org/wiki/IBM_7090。

2. Richard Muller, *Physics for Future Presidents*, Norton, 2008. 這是一本很棒的書，也是鼓舞我撰寫此書的著作之一。

3. Hal Abelson, Ken Ledeen, Harry Lewis, Wendy Seltzer, *Blown to Bits: Your Life, Liberty, and Happiness After the Digital Explosion*, Second edition, Addison-Wesley, 2020.這本書探討許多重要的社會與政治主題，尤其是和網際網路有關的議題。各式各樣的主題構成我在普林斯頓大學開設的課程的好材料，部分靈感也來自哈佛大學的一門類似的課程。

4. 在聯邦交易委員會（Federal Trade Commission，FTC）指控Zoom就「端對端加密」一事撒謊後，該公司股價重挫，但後來股價回漲了。

5. 中國的新冠肺炎手機應用程式：www.nytimes.com/2020/03/01/business/china-coronavirus-surveillance.html。

6. 參見Bruce Schneier對於接觸追蹤應用程式的成效提出的質疑：www.schneier.com/blog/archives/2020/05/me_on_covad-19_.html。

7. 關於史諾登的故事，參見：Glenn Greenwald的 *No Place to Hide* (2014)；Laura Poitras的獲獎紀錄片 *Citizenfour* (2015)；史諾登本人的 *Permanent*

Record (2019)；以及 Bart Gellman 的 *Dark Mirror* (2020)。

8. www.npr.org/sections/thetwo-way/2014/03/18/291165247/report-nsa-can-record-store-phone-conversations-of-whole-countries.

9. 參見：James Gleick, *The Information: A History, A Theory, A Flood*, Pantheon, 2011。這是關於通訊系統的有趣參考材料，聚焦於資訊理論之父克勞德‧夏儂，歷史部分特別引人入勝。

10. 美國國家安全局對於限制位址資料的建議：media.defense.gov/2020/Aug/04/2002469874/-1/-1/0/CSI_LIMITING_LOCATION_DATA_EXPOSURE_FINAL.PDF。

11. Bruce Schneier, *Data and Goliath: The Hidden Battles to Collect Your Data and Control Your World*, Norton, 2015 (p. 127). 本書相當具有權威性，寫得很好，但讀起來令人不安，很可能令你合理地心生氣憤。

12. James Essinger, *Jacquard's Web: How a Hand-loom Led to the Birth of the Information Age*, Oxford University Press, 2004. 這本書敘述從賈卡織布機到查爾斯‧巴貝奇、赫曼‧何樂禮及霍華‧艾肯的發展故事。

13. 這差分機相片是維基百科的公眾領域展示的一張照片：commons.wikimedia.org/wiki/File: Babbage_Difference_Engine_(1).jpg。

14. Doron Swade, *The Difference Engine: Charles Babbage and the Quest to Build the First Computer*, Penguin, 2002. 作者史魏德也在這本書中敘述1991年打造的一台巴貝奇差分機，這台差分機目前存放於倫敦的科學博物館。<圖表I-1>的照片是2008年複製的一台巴貝奇差分機，目前存放於加州山景市的電腦史博物館。參見：www.computerhistory.org/babbage。

15. 這句話出自愛達‧羅弗雷斯伯爵夫人對 Luigi Menabrea 於1843年撰寫的〈Sketch of the Analytical Engine〉的一文的翻譯與註解。

16. 科學計算軟體「Wolfram Mathematica」的開發者史蒂芬‧沃爾夫朗（Stephen Wolfram）對愛達‧羅弗雷斯伯爵夫人的歷史撰寫了一篇很長且甚具教育作用的部落格文章，參見：writings.stephenwolfram.com/2015/12/untangling-the-tale-of-ada-lovelace。

17. 愛達‧羅弗雷斯伯爵夫人的這幅肖像畫取自維基百科的公眾領域：commons.wikimedia.org/wiki/File:Carpenter_portrait_of_Ada_Lovelace_-_detail.png。

18. Scott McCartney, *ENIAC: The Triumphs and Tragedies of the World's First Computer*, Walker & Company, 1999.

19. Burks, Goldstine and von Neumann, "Preliminary discussion of the logical design of an electronic computing instrument," www.cs.unc.edu/~adyilie/

comp265/vonNeumann.html.

20. macOS是蘋果的作業系統現在的名稱，以前的名稱是Mac OS X。

21. 線上版本的《傲慢與偏見》：www.gutenberg.org/ebooks/1342。

22. Charles Petzold, *Code: The Hidden Language of Computer Hardware and Software*, Microsoft Press, 2000. 這本書說明電腦是如何用邏輯閘建構的，它提供比本書更低一、兩階的入門內容。

23. Gordon Moore, "Cramming more components onto integrated circuits," newsroom.intel.com/wpcontent/uploads/sites/11/2018/05/moores-law-electronics.pdf.

24. 關於數位相機的運作方式，這個參考資料提供優異的說明：www.irregularwebcomic.net/3359.html。

25. 十七世紀數學家暨哲學家萊布尼茲（Gottfried Wilhelm Leibniz）在1670年代探索二進制、甚至十六進制，除了數字0到9，他使用音符（ut, re, mi, fa, sol, la）作為另外六個數位。

26. colornames.org是一個有趣的網站，這網站有展示1,600萬種色彩究竟有多少。

27. 2020年起，蘋果的macOS的Catalina版已經不再支援32位元程式。

28. Donald Knuth, *The Art of Computer Programming, Vol 2: Seminumerical Algorithms*, Section 4.1, Addison-Wesley, 1997.

29. 圖靈機是一種抽象的運算模型，以下的YouTube影片有非常棒的具體操作展示：www.youtube.com/watch?v=E3keLeMwfHY。

30. 德國海軍於1944年使用的一台恩尼格瑪密碼機在2020年的一場拍賣會上以437,000美元賣出：www.zdnet.com/article/rare-and-hardest-to-crack-enigma-code-machine-sells-for-437000.

31. Alan Turing, "Computing machinery and intelligence."《大西洋》（*The Atlantic*）雜誌有一篇有關圖靈測驗的文章，兼具教育作用及娛樂趣味：www.theatlantic.com/magazine/archive/2011/03/ mind-vs-machine/8386。

32. 這CAPTCHA圖像取自維基百科的公眾領域：en.wikipedia.org/wiki/File:Modern-captcha.jpg。

33. 英國數學家暨作家安德魯·霍奇斯（Andrew Hodges）經營一個有關圖靈的網站，此網站的首頁是：www.turing.org.uk/turing。霍奇斯著有最詳實可靠的圖靈傳記《艾倫·圖靈傳》（*Alan Turing: The Enigma*），此書的最新版本由普林斯頓大學出版公司於2014年出版。

34. 電腦協會圖靈獎（ACM Turing Award）官方網站：amturing.acm.org/。

35. 有關於摩爾定律終結的許多文章之一：https://www.technologyreview.com/

2020/02/24/905789/were-not-prepared-for-the-end-of-moores-law/。

36. 從軟體角度來說明737 MAX 的狀況：spectrum.ieee.org/aerospace/ viation/ how-the-boeing-737-max-disaster-looks-to-a-software-developer。

37. 愛荷華州民主黨初選紕漏：www.nytimes.com/2020/02/09/us/politics/iowa-democraticcaucuses.html。

38. 新冠肺炎疑慮引發的網際網路投票危險性：www.politico.com/news/2020/06/08/online-voting-304013。

39. www.cnn.com/2016/02/03/politics/cyberattack-ukraine-power-grid.

40. en.wikipedia.org/wiki/WannaCry_ransomware_attack.

41. thehill.com/policy/national-security/507744-russian-hackers-return-to-spotlight-with-vaccineresearch-attack.

42. James Gleick on Richard Feynman: "Part Showman, All Genius," www.nytimes.com/1992/09/20/magazine/part-showman-all-genius.html.

43. The River Cafe Cookbook, "The best chocolate cake ever," books.google.com/books? id=INFnzXj81-QC&pg=PT512.

44. 參見William Cook, *In Pursuit of the Traveling Salesman*, Princeton University Press, 2011。這本書對TSP的歷史及其最新方法有非常引人入勝的敘述。

45. 美國電視影集《福爾摩斯與華生》（Elementary）2013年的一集就是以P = NP 為主題：www.imdb.com/title/tt3125780/。

46. 參見：John MacCormick, *Nine Algorithms That Changed the Future: The Ingenious Ideas That Drive Today's Computers*, Princeton University Press, 2011。這本書對包括搜尋、壓縮、糾錯及密碼術在內的一些重要演算法提供淺顯易懂的說明。

47. Kurt Beyer, *Grace Hopper and the Invention of the Information Age,* MIT Press, 2009. 霍普是個傑出人士，具有極大影響力的電腦運算先驅，她於七十九歲正式退役時，是當時年紀最大的美國海軍軍官。她在演講時總是有一個噱頭，那就是用兩手比出約一英尺的距離，或是發給聽眾約一英尺的纜線，告訴聽眾：「這是一奈秒（nanosecond）。」（譯註：因為這是光在一奈秒內旅行的距離，也是訊號在真空中傳輸的最大速率。她也用此來說明為何電腦必須小，才能運行得快。）

48. NASA Mars Climate Orbiter report: llis.nasa.gov/llis_lib/pdf/1009464main 1_0641-mr.pdf.

49. www.wired.com/2015/09/google-2-billion-lines-codeand-one-place.

50. 此相片取自以下的公眾領域：www.history.navy.mil/our-collections/photo-

graphy/numerical-list-of-images/nhhc-series/nh-series/NH-96000/NH-96566-KN.html。

51. www.theregister.co.uk/2015/09/04/nsa_explains_handling_zerodays.

52. 最高法院的這項裁決確認1998年的《桑尼波諾著作權年限延長法案》（Sonny Bono Copyright Term Extension Act）合憲，該法案被嘲諷地戲稱為「米老鼠保護法案」（Mickey Mouse Protection Act），因為它延長了已經相當長的米老鼠及其他迪士尼角色的著作權保護。參見：en.wikipedia.org/wiki/Eldred_v._Ashcroft。

53. 亞馬遜的「一鍵購買」專利：www.google.com/patents?id=O2YXAAAAEBAJ。

54. 維基百科對專利蟑螂有詳細的討論：en.wikipedia.org/wiki/Patent_troll。

55. 這EULA來自：About this Mac / Support / Important Information... / Software License Agreement，長約十二頁。

56. 在macOS Mojave的EULA中有如下條款：「You also agree that you will not use the Apple Software for any purposes prohibited by United States law, including, without limitation, the development, design, manufacture or production of missiles, nuclear, chemical or biological weapons.」中譯為：「你也同意你將不會把蘋果軟體用於美國法律禁止的任何用途，包括（但不限於）發展、設計、製造或生產飛彈、核子、化學或生物武器。」

57. en.wikipedia.org/wiki/Oracle_America,_Inc._v._Google,_Inc.

58. 我的車子的程式：www.fujitsu-ten.com/support/source/oem/14f。

59. 參見：Brian Kernighan, *Unix: A History and a Memoir* (Kindle Direct Publishing, 2019)，這是我個人從一個當時置身其中者、但不是此系統開發計畫負責人的角度，對Unix系統歷史的回顧。

60. 原始的Linux程式可在「www.kernel.org/pub/linux/kernel/Historic」上找到。

61. Windows file recovery tool: www.microsoft.com/en-us/p/windows-file-recovery/9n26s50ln705.

62. 從一個谷歌搜尋獲得的 6,500 萬個結果的例子之一：「Leaked White House emails reveal behind-the-scenes battle over chloroquine in coronavirus response」。

63. Microsoft Windows on ARM processors: docs.microsoft.com/en-us/windows/uwp/porting/appson-arm.

64. Court's Findings of Fact, paragraph 154, 1999, at www.justice.gov/atr/cases/f3800/msjudgex.htm. 對微軟的遵法行為的最後監督在2011年結束，此案

件也落幕。

65. 歐巴馬在YouTube上發出的這項規勸是電腦科學教育週活動的一部分：www. whitehouse.gov/blog/2013/12/09/don-t-just-play-your-phone-program-it。

66. 學習JavaScript的實用網站很多，「jsfiddle.net」和「w3schools.com」是其中兩個。

67. 你可以從「python.org」下載Python。

68. 你可以從「colab.research.google.com」進入Colab。

69. Jupyter notebook是：「一個開放源碼的網路應用程式，讓你創作及分享內含程式碼、方程式、視覺化與敘事性文本的文件。」參見jupyter.org。

70. 關於視覺遠距傳訊的詳細、有趣故事，參見：Gerard Holzmann and Bjorn Pehrson, *The Early History of Data Networks*, IEEE Press, 1994。

71. 這張視覺遠距傳訊站圖取自維基百科的公眾領域：en.wikipedia.org/wiki/File:Telegraph_Chappe_1.jpg。

72. Tom Standage, *The Victorian Internet: The Remarkable Story of the Telegraph and the Nineteenth Century's On-Line Pioneers*, Walker, 1998. 這是一本引人入勝、趣味盎然的著作。

73. 懷念手機問世前的生活的人，不是只有我：www.theatlantic.com/technology/archive/2015/08/why-people-hate-making-phone-calls/401114。

74. 亞歷山大‧貝爾的文獻可上網找到，這句引言取自：memory.loc.gov/mss/magbell/253/25300201/0022.jpg。

75. www.10stripe.com/articles/why-is-56k-the-fastest-dialup-modem-speed.php.

76. 關於數位用戶迴路（DSL）的詳細說明，參見：broadbandnow.com/DSL。

77. Guy Klemens, *Cellphone: The History and Technology of the Gadget that Changed the World*, McFarland, 2010. 這本書敘述手機的歷史與技術演進，一些內容比較吃重，但大部分內容易讀，它非常詳盡地描繪了一個我們現今習以為常的系統的實際高複雜性。

78. 一名美國聯邦法官裁決不能把一個偽基地台收集的資訊作為呈堂證據，參見：www.reuters.com/article/us-usa-crimestingray-idUSKCN0ZS2VI。

79. 關於4G與LTE的更佳說明，參見：www.digitaltrends.com/mobile/4g-vs-lte。

80. 關於JPEG如何運作的互動式解說，參見：parametric.press/issue-01/unraveling-the-jpeg/。

81. 美國國家安全局和英國政府通訊總部（GCHQ）都會在光纖電纜連接到陸地的登陸點窺探：www.theatlantic.com/international/archive/2013/07/the-creepy-

long-standing-practice-of-undersea-cable-tapping/com/277855。

82. 以鳥類為載體的RFC：tools.ietf.org/html/rfc1149。你也可以去欣賞RFC-2324。

83. 現行的頂級網域名單可以在「www.iana.org/domains/root/db」找到，有近 1,600個。

84. 執法機關往往未能認知到，一個IP位址並不一定指向一個人：www.eff.org/ files/2016/09/22/2016.09.20_final_formatted_ip_address_white_paper.pdf。

85. 跟許多IXP一樣，DE-CIX提供廣泛的流量圖：www.de-cix.net。

86. Traceroute程式是范恩・雅各森（Van Jacobson）於1987年開發出來的。

87. SMTP最早由強納生・波斯泰爾（Jonathan Postel）在1981年於RFC 788中定 義的。

88. SMTP session at technet.microsoft.com/en-us/library/bb123686.aspx.

89. 2015年時，克里格（Keurig）試圖把數位版權管理（DRM）加諸於該公司的 咖啡機膠囊，引起使用者不滿，銷售量顯著下滑：boingboing.net/2015/05/08/ keurig-ceo-blames-disastrous-f.html。

90. 關於器材自動通報，參見：www.digitaltrends.com/news/china-spying-iot-devices。

91. arstechnica.com/security/2016/01/how-to-search-the-internet-of-things-for-photos-of-sleepingbabies.

92. Gordon Chu, Noah Apthorpe, Nick Feamster, "Security and Privacy Analyses of Internet of Things Children's Toys," 2019.

93. 關於使用Telnet連結物聯網器材，參見：www.schneier.com/blog/archives/ 2020/07/half_a_million.html。

94. 關於此風力發電機可能遭攻擊的報導：news.softpedia.com/news/script-kid dies-can-now-launch-xss-attacksagainst-iot-wind-turbines-497331.shtml。

95. 關於如何提高視覺障礙者的可存取性：www.afb.org/about-afb/what-we-do/ afb-consulting/afb-accessibility-resources/improving-your-web-site。

96. 微軟的《資安十鐵律》：docs.microsoft.com/en-us/archive/blogs/rhalbheer/ ten-immutable-laws-of-security-version-2-0。

97. Kim Zetter, *Countdown to Zero Day*, Crown, 2014. 這本書對網震蠕蟲有引人 入勝的敘述。

98. blog.twitter.com/en_us/topics/company/2020/an-update-on-our-security-incident.html.

99. 偽裝成希捷公司（Seagate）執行長以騙取所有員工的W-2表格的魚叉式網路釣 魚攻擊發生於2016年：krebsonsecurity.com/2016/03/seagate-phish-exposes

-all-employee-w-2s。

100. www.ucsf.edu/news/2020/06/417911/update-it-security-incident-ucsf

101. epic.org/privacy/data-breach/equifax/

102. 娃娃便利連鎖店對其資安破口事件的聲明：www.wawa.com/alerts/data-security。

103. 關於明視人工智慧公司資料被盜事件：www.cnn.com/2020/02/26/tech/clearview-ai-hack/index.html。

104. news.marriott.com/news/2020/03/31/marriott-international-notifies-guests-of-property-systemincident.

105. 亞馬遜遭分散式阻斷服務攻擊事件：www.theverge.com/2020/6/18/21295337/amazon-aws-biggest-ddos-attackever-2-3-tbps-shield-github-netscout-arbor。

106. 「零記錄」免費VPN遭駭後導致用戶資訊外洩：www.theregister.com/2020/07/17/ufo_vpn_database/。

107. 聯邦貿易委員會起訴Zoom、並與之達成和解：www.ftc.gov/news-events/pressreleases/2020/11/ftc-requires-zoom-enhance-its-security-practices-part-settlement。

108. 參見Steve Bellovin, *Thinking Security*, Addison-Wesley, 2015，這本書詳盡討論威脅模式。

109. 有一個著名的xkcd連環漫畫描繪關於密碼的選擇：xkcd.com/936。

110. help.getadblock.com/support/solutions/articles/6000087914-how-does-adblock-work.

111. www.theguardian.com/technology/2020/jan/21/amazon-boss-jeff-bezoss-phone-hacked-by-saudicrown-prince.

112. Bruce Schneier, *Click Here to Kill Everybody*, Norton, 2018.

113. Eli Pariser, *The Filter Bubble: What the Internet Is Hiding from You*, Penguin, 2011.

114. 蘇斯博士在出版於1955年的童書《超越斑馬》中異想天開地擴充了英文字母表。

115. 有幾個預測大大提高網際網路資訊流量，思科的預測是其中之一：www.cisco.com/c/en/us/solutions/collateral/executive-perspectives/annual-internet-report/white-paperc11-741490.html。

116. 原始的谷歌論文：infolab.stanford.edu/~backrub/google.html。這第一部搜尋引擎原名「BackRub」。

117. 參見以下兩個網站提供的統計數據：www.domo.com/learn/data-never-sleeps

-5；www.forbes.com/sites/bernardmarr/2018/05/21/how-much-data-do-we-create-every-day-the-mind-blowing-stats-everyone-should-read。

118.哈佛大學教授拉坦雅·斯維尼發現，搜尋與種族聯想度較高的姓名，更容易生成暗示被逮捕的廣告。參見：papers.ssrn.com/sol3/papers.cfm?abstract_id=2208240。

119.www.reuters.com/article/us-facebook-advertisers/hud-charges-facebook-with-housing-discrimination-in-targeted-ads-on-its-platform-idUSKCN1R91E8.

120.www.propublica.org/article/facebook-ads-can-still-discriminate-against-women-and-older-workers-despite-a-civil-rights-settlement.

121.DuckDuckGo的隱私建議可在以下網址找到：spreadprivacy.com。

122.www.nytimes.com/series/new-york-times-privacy-project.

123.www.nytimes.com/interactive/2019/12/19/opinion/location-tracking-cell-phone.html.

124.www.washingtonpost.com/news/the-intersect/wp/2016/08/19/98-personal-data-points-that-facebook-uses-to-target-ads-to-you/.

125.臉書用於瞄準你的 98 種個人資料：www.washingtonpost.com/technology/2020/01/28/offfacebook-activity-page。

126.網飛的隱私政策：help.netflix.com/legal/privacy, June 2020。

127.關於畫布指紋識別（Canvas fingerprinting）：en.wikipedia.org/wiki/Canvas_fingerprinting。

128.關於如何關閉語音驅動的「智慧電視」的竊聽功能，參見：www.consumerreports.org/privacy/how-to-turn-offsmart-tv-snooping-features/。

129.www.nytimes.com/2020/07/16/business/eu-data-transfer-pact-rejected.html.

130.www.pewresearch.org/internet/2019/01/16/facebook-algorithms-and-personal-data.

131.《紐約時報》在2019年分析150項隱私政策，得出結論：「它們是徹頭徹尾的一場災難」。參見：www.nytimes.com/interactive/2019/06/12/opinion/facebook-google-privacy-policies.html。

132.www.swirl.com/products/beacons.

133.關於位置隱私，參見：Locational privacy: www.eff.org/wp/locational-privacy。電子前哨基金會網站（eff.org）是了解隱私與資安政策相關資訊的一個好地方。

134.fas.org/irp/congress/2013_hr/100213felten.pdf.

135.Kosinski et al., "Private traits and attributes are predictable from digital records of human behavior," www.pnas.org/content/early/2013/03/06/1218772110.full.pdf+html.

136.臉書的標籤功能說明：www.facebook.com/help/187272841323203 (June 2020)。

137.Simson L. Garfinkel, De-Identification of Personal Information, dx.doi.org/10.6028/NIST.IR.8053.

138.georgetownlawtechreview.org/re-identification-of-anonymized-data/GLTR-04-2017.

139.這圖取自：clipartion.com/free-clipart-549。

140.因為這種要求，微軟公司在 2016 年 4 月狀告美國司法部：blogs.microsoft.com/on-the-issues/2016/04/14/keeping-secrecy-exception-not-rule-issue-consumersbusinesses。

141.www.theguardian.com/commentisfree/2014/may/20/why-did-lavabit-shut-down-snowden-email.

142.一份政府的模糊化編輯錯誤顯示，政府針對的目標是史諾登：www.wired.com/2016/03/government-error-just-revealed-snowden-target-lavabit-case。

143.透明度報告：www.google.com/transparencyreport；govtrequests.facebook.com；aws.amazon.com/compliance/amazon-information-requests。

144.關於機器學習與統計學的關係，參見：www.svds.com/machine-learning-vs-statistics。

145."vas3k.com/blog/machine_learning"，這是由瓦西利‧祖巴瑞夫（Vasily Zubarev）撰寫的有關於機器學習的入門文章，非常出色，有很好的圖解，沒有數學。

146.電腦史博物館對專家系統的回顧（2018年）：www.computerhistory.org/collections/catalog/102781121。

147.三人獲頒圖靈獎的網頁：awards.acm.org/about/2018-turing。

148.www.nytimes.com/2020/06/24/technology/facial-recognition-arrest.html.

149.IBM 放棄人臉辨識：www.ibm.com/blogs/policy/facial-recognition-susset-racial-justice-reforms。

150.亞馬遜暫停授權警察使用該公司的人臉辨識系統：yro.slashdot.org/story/20/06/10/2336230/amazon-pausespolice-use-of-facial-recognition-tech-for-a-year。

151.這段與愛莉莎的交談取自：www.masswerk.at/elizabot。

152. 你可以在「inferkit.com」使用 Talk to Transformer。

153. Amazon Rekognition: www.nytimes.com/2020/06/10/technology/amazon-facial-recognition-backlash.html.

154. 明視人工智慧公司官司: /www.nytimes.com/2020/08/11/technology/clearview-floyd-abrams.html。

155. 這一節有大量內容取材自: Barocas, Hardt and Narayanan, *Fairness and Machine Learning: Limitations and Opportunities* (fairmlbook.org)。

156. Botpoet.com 是個有趣的線上作詩圖靈測試。

157. Simon Singh, *The Code Book*, Anchor, 2000. 這是一本有趣的密碼術歷史著作,很適合一般讀者。巴賓頓陰謀(Babington Plot,試圖暗殺英國女王伊莉莎白一世,讓蘇格蘭人的女王瑪麗登上王位)的故事尤其引人入勝。

158. 此相片來自維基百科全書的公眾領域: commons.wikimedia.org/wiki/File:EnigmaMachine.jpg。

159. 密碼學及資安專家布魯斯‧施奈爾撰寫過多篇文章探討何以業餘密碼術行不通,以下這篇文章也提及了他先前的幾篇文章: www.schneier.com/blog/archives/2015/05/amateurs_produc.html。

160. 密碼學家、麻省理工學院教授隆納德‧李維斯特說:「這標準看起來很像是由國安局設計去明顯地洩漏用戶資訊給國安局(不洩漏給任何其他方),雙橢圓曲線決定性隨機位元生成器(Dual-EC-DRBG)標準顯然(我會說,幾乎確定)內含一個『後門』,讓國安局可以偷偷進入。」www.nist.gov/public_affairs/releases/upload/VCAT-Report-on-NIST-Cryptographic-Standards-and-Guidelines-Process.pdf.

161. 愛麗絲、鮑伯及伊芙的漫畫故事: xkcd.com/177。

162. 結合使用數位簽章及加密時,內密碼層必須仰賴外層,以揭露外層是否被竄改了。參見: world.std.com/~dtd/sign_encrypt/sign_encrypt7.html。

163. Snapchat 隱私政策: www.snapchat.com/privacy。

164. 使用 Tor 時切勿做的事情清單: www.whonix.org/wiki/DoNot。

165. www.washingtonpost.com/news/the-switch/wp/2013/10/04/everything-you-need-to-know-aboutthe-nsa-and-tor-in-one-faq.

166. 以下網址可以找到史諾登揭露的文件: www.aclu.org/nsa-documents-search and www.cjfe.org/snowden, among others。

167. TAILS 網站: tails.boum.org。

168. 婚外情網站 Ashley Madison 被駭,一些人的身分被發現,收到勒索 2,000 美元比特幣的郵件: www.grahamcluley.com/2016/01/ashleymadison-blackmail-

letter。

169. www.irs.gov/individuals/international-taxpayers/frequently-asked-questions-on-virtual-currencytransactions.

170. 比特幣歷史價格取材自雅虎財經網站（Yahoo Finance）。

171. Arvind Narayanan et al., *Bitcoin and Cryptocurrency Technologies*, Princeton University Press, 2016.

172. "Keys under doormats": dspace.mit.edu/handle/1721.1/97690. 這些作者是非常有見識的密碼術專家，我私人認識其中的半數，信賴他們的專長與動機。

173. www.nytimes.com/2020/01/07/technology/apple-fbi-iphone-encryption.html.

174. www.msn.com/en-us/news/technology/facebook-says-it-removed-over-7m-pieces-of-wrongcovid-19-content-in-quarter/ar-BB17Q4qu.

詞彙表

「其中有些字是我無法解釋的，因為我不了解它們。」

——薩謬爾·約翰遜（Samuel Johnson），
《英語字典》（*A Dictionary of English Language*），1755 年

　　這份詞彙表對本書中出現的重要名詞提供簡短定義或解釋，聚焦於那些使用普通字、但有特別含義、且你可能經常看到的詞彙。

　　電腦與網際網路之類的通訊系統涉及很大的數字，往往用我們不熟悉的單位來表示。下表定義本書中出現的所有數字單位，以及國際單位制（International System of Units）中的其他數字單位。隨著科技進步，你將會看到更多代表大數字的單位。下表也顯示與這些數字最接近的 2 冪次，10^{24} 與 2^{80} 的誤差只有 21%，亦即 2^{80} 大約等於 1.21×10^{24}。

國際單位制名稱	10的冪次	通俗名稱	最接近的2冪次
yocto（攸）	10^{-24}		2^{-80}
zepto（介）	10^{-21}		2^{-70}
atto（阿）	10^{-18}		2^{-60}
femto（飛）	10^{-15}		2^{-50}
pico（皮）	10^{-12}	trillionth（兆分之一）	2^{-40}
nano（奈）	10^{-9}	billionth（十億分之一）	2^{-30}
micro（微）	10^{-6}	millionth（百萬分之一）	2^{-20}
milli（毫）	10^{-3}	thousandth（千分之一）	2^{-10}
-	10^{0}		2^{0}
kilo（千）	10^{3}	thousnad（千）	2^{10}
mega（百萬）	10^{6}	million（百萬）	2^{20}
giga（吉）	10^{9}	billion（十億）	2^{30}
tera（兆）	10^{12}	trillion（兆）	2^{40}
peta（拍）	10^{15}	quadrillion（千兆）	2^{50}
exa（艾）	10^{18}	quintillion（百京）	2^{60}
zeta（皆）	10^{21}		2^{70}
yotta（佑）	10^{24}		2^{80}

4G 第四代，不是很明確定義的用詞，智慧型手機使用的技術，約2010年起，為3G的後繼技術。

5G 第五代，更新且較明確定義，智慧型手機使用的技術，約2020年起，取代4G。

802.11 筆記型電腦及家用路由器之類器材使用的無線系統標準；又稱Wi-Fi。

add-on（擴充套件/擴充功能） 添加於瀏覽器上的小JavaScript程式，以增加功能或便利；例子如隱私擴充套件Adblock Plus及NoScript。又稱為「extension」。

AES（Advanced Encryption Standard，先進加密標準） 最被廣為使用的私鑰加密演算法。

algorithm（演算法） 演算法是對演算過程精確且完整的說明，但是抽象的，且與程式相比，並不能直接由電腦執行。

AM（Amplitude Modulation，調幅） 藉由調變一種訊號的振幅，把語音或資料之類的資訊加到此訊號上的一種機制；我們通常在「調幅廣播電台（AM電台）」這個名稱中看到這詞彙。參見FM。

analog（類比） 一種資訊表述法的通用術語，類比訊號使用一種平滑變化的物理屬性來表達及傳輸資訊，例如溫度計中的液體升降；與數位對照。

API（Application Programming Interface，應用程式介面） 由一個函式庫或其他軟體集提供給程式設計的服務說明；例如谷歌地圖應用程式介面說明如何用JavaScript程式語言來控制地圖的顯示。

app，application（應用程式） 執行一工作的程式或系列程式，例如Word或iPhoto；app一詞最常用於指手機應用程式如行事曆及遊戲。「殺手級應用程式」（killer app）是較早的用法。

architecture（架構） 定義不明確的用詞，指一個電腦程式、系統或硬體的組織或結構。

ASCII（American Standard Code for Information Interchange，美國資訊交換標準代碼） 字母、數字及標點符號的7位元編碼；幾乎總是儲存為8位元（一個位元組）。

assembler（組譯器，組合程式） 把處理器的指令表上的指令轉換成位元以直接載入一電腦的記憶體中的程式；組合語言（assembly language）是對應層級的程式語言。

backdoor（後門） 在密碼術中，後門指的是刻意留下的弱點，讓有更多知識的某人或某單位能夠破解或繞過加密。

bandwidth（頻寬） 一通訊路徑能夠傳輸資訊的速度，用每秒位元（bits per second，bps）來衡量，例如一電話數據機的頻寬為56 Kbps，或以太網路的頻寬為100 Mbps。

base station（基地台） 使無線器材（例如手機、筆記型電腦）連結至網路（例如電話

網路、電腦網路）的無線電設備。

binary（二元） 只有兩種狀態或可能值；二進數（binary numbers）指的是以2為底數的數字。

binary search（二分搜尋） 一種演算法，對一份排序過的表單執行時，重複地把接下來要搜尋的部分區分成對半的兩群。

bit（位元） 一種二進數位/二元數位（0或1），用以表述二元選擇（例如，開啟或關閉）的資訊。

Bitcoin（比特幣） 一種數位貨幣或加密貨幣，讓你可以使用端對端網路進行匿名線上交易。

BitTorrent 一種有效率地傳播大流行檔案的端對端協定（peer-to-peer protocol）；檔案下載者也上傳檔案。

blockchain（區塊鏈） 所有使用比特幣協定進行的先前交易的分散式帳本。

Bluetooth（藍牙） 短距離低功耗無線電，供免持電話、遊戲、鍵盤等等使用。

bot，botnet（肉雞/網路機器人，殭屍網路） 一電腦在壞傢伙的控制下運轉一程式；一個殭屍網路是一群受到命令控制的網路機器人。「botnet」是robot和network的混合詞。

browser（瀏覽器） Chrome、Firefox、Internet Explore、Edge或Safari之類的程式，向多數人提供全球資訊網服務的主要介面。

browser fingerprinting（瀏覽器指紋採集） 伺服器用以辨識用戶身分的方法，伺服器根據一用戶的瀏覽器使用特性，辨識或多或少程度獨特的此用戶。「畫布指紋識別」（canvas fingerprinting）就是這種機制的一個例子。

bug（蟲子/程式錯誤/漏洞） 一程式或系統中的一個錯誤。

bus（匯流排） 用以連結電子器材的一組線路。參見USB。

byte（位元組） 八個位元，足以儲存一個字母、一個小數字或較大數量的一部分；被視為現代電腦中的一個單位。

cable modem（纜線數據機/有線電視數據機） 用以在有線電視網路上收發數位資料的一種器材。

cache（快取記憶體） 局部儲存，以提供快速存取那些最近使用過的資訊。

CAPTCHA（Completely Automated Public Turing test to tell Computers and Humans Apart，全自動公開化圖靈測試人機辨識，俗稱「驗證碼」） 用以辨別人與電腦的一種測試；旨在用於確定一網站的用戶是一個人類，不是一個程式（機器）。

certificate（憑證） 有數位簽章的加密資料，可用於驗證一網站的真實性。

chip（晶片） 很小的電子電路，在一平坦的矽表面上製造，嵌於一陶瓷封裝中；又稱

積體電路（integrated circuit）、微晶片（microchip）。

Chorme OS 谷歌推出的一種作業系統，應用程式及用戶資料主要存在雲端，而非一台本機上，由瀏覽器採取它們。

client（用戶端） 一程式，通常是指瀏覽器，向伺服器提出請求，稱為「用戶端／伺服器」（client-server）架構。

cloud computing（雲端運算） 在一伺服器上執行運算，資料儲存於一伺服器上，取代桌面應用程式；電子郵件、行事曆及相片分享網站都是雲端運算的例子。

code（程式碼） 一程式語言中的程式文本，例如原始碼（source code）中的程式碼；一種編碼（encoding），例如ASCII中的編碼。

compiler（編譯器） 把一種高階語言（例如C語言或Fortran）撰寫的程式轉換成低階語言（例如組合語言）的程式。

complexity（複雜度） 衡量一運算工作或演算法的困難程度的方法，其表達方式是：處理N個資料項需要多久，例如N或log N。

compression（壓縮） 把一個數位表述擠壓成較少的位元，例如數位音樂的MP3壓縮法，或圖像的JPEG壓縮法。

cookie 由一台伺服器傳送的一個文本，被瀏覽器儲存於你的電腦上，你下次向那台伺服器存取資訊時，你的瀏覽器將把這文本（cookie）回傳給那伺服器；cookies被廣用來追蹤你造訪哪些網頁。

CPU（Central Processing Unit，中央處理器） 參見處理器。

cryptocurrency（加密貨幣） 使用密碼術的數位貨幣（例如比特幣），非實體資產或政府法定。

dark web（暗網） 全球資訊網的一部分，只有特殊軟體及（或）存取資訊才能進入；大都與違法活動有關。

declaration（宣告） 編程中使用的一種語句，陳述一電腦程式中的某個部分的名稱及屬性，例如，在執行一運算過程中將儲存資訊的一個變數。

deep learning（深度學習） 使用人工神經元網路的機器學習方法。

deprecated（不宜用／棄用） 在電腦運算領域，這指的是一技術將被取代或變得過時，因此應該避免使用。

DES（Data Encryption Standard，資料加密標準） 第一種被廣為使用的數位加密演算法；被AES取代。

digital（數位） 只以離散數值呈現的資訊表述法；與類比對照。

directory（目錄） 相同於folder（資料夾）。

DMCA（Digital Millennium Copyright Act，數位千禧年著作權法） 於1998年開始生效的美國法律，保護有版權的數位材料。

DNS（Domain Name System，網域名稱系統） 把網域名稱轉換為 IP 位址的網際網路服務。

domain name（網域名稱） 讓電腦連結至網際網路的一種層級式命名法，例如 www. cs.nott.ac.uk。

driver（驅動程式） 控制特定硬體器材（例如列印機）的軟體；通常在需要時載入作業系統中。

DRM（Digital Rights Management，數位版權管理） 防止非法拷貝有版權的數位材料的方法；通常不成功。

DSL（Digital Subscriber Loop，數位用戶迴路） 透過電話線路傳輸數位資料的方法。相似於有線電視纜線，但較不常被使用。

Ethernet（以太網路） 最常見的區域網路技術，用於多數住家及辦公室的無線網路。

EULA（End User License Agreement，終端使用者授權合約） 細小字體、很長的法律文件，限制你可以用軟體及其他數位資訊做什麼。

exponential（指數型） 每一固定步驟大小或期間，成長一固定比例，例如每個月成長 6%；通常被隨意用來形容「快速成長」。

fiber，optical fiber（光纖） 細束的極純玻璃，用於長距離傳輸光訊號，訊號編碼資訊。多數長距離數位通訊由光纖電纜傳輸。

file system（檔案系統） 作業系統的一部分，組織與存取磁碟及其他輔助儲存媒體上的資訊。

filter bubble（過濾氣泡） 資訊源頭及取得的資訊類型狹窄化，導致仰賴有限的線上資訊。

firewall（防火牆） 控管或封鎖從一電腦或網路去連結一網路的進出口的程式或硬體。

Flash 奧多比公司（Adobe）軟體系統，用以顯示網頁上的影片及動畫；不宜用。

flash memory（快閃記憶體） 一種積體電路記憶體技術，是非依電性記憶體，儲存資料，不需要消耗電力以使用於相機、手機、USB 隨身碟，取代硬碟。

FM（frequency modulation，調頻） 藉由改變無線電訊號的頻率來傳送資訊；我們通常在「調頻廣播電台（FM 電台）」這個名稱中看到這詞彙。參見 AM。

folder（資料夾） 裝有關於檔案及資料夾資訊的一個檔案，包括大小、日期、授權及位置；相同於目錄（directory）。

function（函式） 程式的一部分，執行特定運算工作，例如運算一個平方根或彈出一個對話框；例如，prompt 是 JavaScript 的一個函式。

gateway（閘道器） 連結兩個網路的電腦；常稱為「路由器」（router）。

GDPR（General Data Protection Regulation，一般資料保護規範） 歐盟法律，讓人民可以控管他們的線上資料。

GIF（Graphics Interchange Format，圖形互換格式） 一種壓縮演算法，用於有色塊的簡單圖像，但不用於相片壓縮。參見JPEG及PNG。

GNU GPL（GNU General Public License，GNU通用公眾授權條款） 一種保護開放源碼的版權／著作權授權條款，其保護機制是藉由規定自由存取原始碼，防止它被據為私有。

GPS（Global Positioning System，全球定位系統） 使用衛星訊號傳送至地面接收器所花的時間來運算出它目前在地面上的位置。它是單向無線系統；車輛導航系統之類的GPS器材不會向衛星廣播。

GSM（Global System for Mobile Communications，全球行動通訊系統） 一種手機通訊系統，為世界許多地區使用。

hard disk（硬碟） 把資料儲存於含有磁性物質的旋轉式磁碟上的器材，又稱為hard drive。與磁片／軟磁碟（floppy disk）對照。

hexadecimal（十六進制） 以16為底數的資料表述法，最常見於統一碼（Unicode）編碼表、統一資源定位器（URL，網址）及顏色規格（color specifications）。

HTML（Hypertext Markup Language，超文本標記語言） 用以敘述一網頁的內容與格式的語言。

HTTP，HTTPS（Hypertext Transfer Protocol，超文本傳輸協定） 用戶端（例如瀏覽器）和伺服器之間使用的協定；HTTPS是端對端加密，因此在防禦窺探及中間人攻擊方面比較安全。

IC（integrated circuit，積體電路） 裝配於一平面上的電子電路元件，嵌於一封裝內，以電路連結至其他器材。多數數位器材大部分是由積體電路構成。

ICANN（Internet Corporation for Assigned Names and Numbers） 網際網路名稱與數字位址分配機構，負責分配必須獨一無二的網際網路資源，例如網域名稱及網際網路協定編號。

intellectual property（智慧財產） 創意或發明行動的產品，受到版權／著作權及專利權的保護；包括軟體與數位媒體。有時縮寫為IP，但這與網際網路協定（Internet Protocol）的縮寫相同而導致混淆。

interface（介面） 這是一個含糊的通用詞，泛指兩個獨立實體之間的分界。參見API（應用程式介面）。另一個用法是圖形使用者介面（Graphical User Interface，簡稱GUI），是電腦程式的一部分，讓人機直接互動。

interpreter（直譯器／解譯器） 一種程式，它解譯一電腦（不論是真實或虛構的電腦）的指令，以模擬其行為，去編譯與執行；一瀏覽器中的JavaScript程式就是由直譯器處理的。參見虛擬機（virtual machine）。

IP（Internet Protocol，網際網路協定） 透過網際網路傳送封包的基本協定；「IP」這個縮寫也可以指「intellectual property」（智慧財產）。

IP address（IP位址） 以數字表示的獨特位址，此位址目前與網際網路上的一台電腦有關；大致相似於一個電話號碼。

IPv4，IPv6 IP協定的兩個版本，IPv4使用32位元位址，IPv6使用128位元位址；沒有其他版本。

ISP（Internet Service Provider，網際網路服務供應商） 提供與網際網路連結的服務的實體；例子包括大學、有線電視公司、電信公司。

IXP（Internet Exchange Point，網際網路交換中心） 實體中心，許多網路在這類交換中心交會，彼此交換資料。

JavaScript 一種程式語言，主要用於網頁，提供視覺效果以及追蹤。

JPEG 數位圖像的一種標準壓縮演算法及表述方式，以定義此標準的「Joint Photographic Experts Group」這個組織為命名。

kernel（核心） 一套作業系統的中心部分，負責控管作業及資源。

key logger（鍵盤側錄程式） 記錄一台電腦的所有鍵擊的軟體，通常是基於惡毒目的。

library（函式庫） 相關軟體元件集，可以被用來作為一程式的一部分的形式儲存與提供，例如JavaScript提供用來存取瀏覽器的標準函式。

Linux 類Unix的一種開放源碼作業系統，被廣用於伺服器。

logarithm（對數） 一個數N的對數就是你用一個底數連乘以得出此數的冪次，在本書中，底數為2，對數是整數。例如，N為1024，$1024 = 2^{10}$，因此，1024的對數為10。

loop（迴圈） 程式的一部分，這個部分重複執行一序列指令；一個無窮迴圈重複執行一序列指令很多次。

malware（惡意軟體） 惡意屬性與意圖的軟體。

man-in-the-middle attack（中間人攻擊） 敵人攔截並修改另外兩方之間的通訊。

microchip（微晶片） 晶片或積體電路的另一個名稱。

modem（數據機） 調變器（modulator）／解調器（demodulator），把位元轉換成類比表述（例如聲音）及把類比表述轉換成位元的器材。

MD5 「訊息摘要」（message digest）或「密碼雜湊值」（cryptographic hash）的一種演算法；不宜用。

MP3 數位音訊的一種壓縮演算法與表述法；影片標準MPEG的一部分。

MPEG 數位影片的一種壓縮演算法與表述法，以制定此規格標準的組織Moving Picture Experts Group為命名。

net neutrality（網路中立性） 一個通則，要求網際網路服務供應商應該一視同仁地對待所有客戶的流量（超載情形或可例外），不能基於經濟利益或其他非技術性理由

而有偏頗待遇。

neural network（神經網路） 人工神經元網路，大致就像人腦的神經元，用於機器學習演算法。

object code（目的碼） 二元形式的指令與資料，可載入到主記憶體再執行；是編譯及組譯的結果。與原始碼（source code）對照。

open source（開放源碼） 在一授權（例如GNU GPL）下，基於相同條款，供自由取用的原始碼（source code，程式設計師可以讀懂的程式）。

operating system（作業系統） 控管一台電腦的資源（包括處理器、檔案系統、器材及外部連結）的程式；例如Windows、macOS、Unix、Linux。

packet（封包） 特定格式的資訊集，例如IP封包；大致類似於一個標準信封或貨櫃。

PDF（Portable Document Format，可攜式文件格式） 可列印文件的一種標準格式，由奧多比公司原創。

peer-to-peer（端對端，對等式） 同儕間交換資訊，亦即對稱關係，不同於用戶—伺服器（client-server）。檔案分享及比特幣都是端對端模式。

peripheral（周邊） 與一台電腦連接的硬體器材，例如外接磁碟、列印機或掃描器。

phishing，spear phishing（網路釣魚，魚叉式網路釣魚） 偽裝成與攻擊對象有某種關係的人（例如朋友、同事、往來銀行或公司），取得私人資訊，或引誘攻擊對象去下載惡意軟體或揭露憑證；魚叉式網路釣魚更精確瞄準。

pixel（像素，畫素） 圖像元素；一數位圖像中的一個點。

platform（平台） 一個含糊詞，指一個提供基礎服務的軟體系統（例如作業系統）。

plug-in（外掛程式） 在一瀏覽器的背景中執行的程式；Flash及QuickTime是常見例子。

PNG（Portable Network Graphics，便攜式網路圖形） 一種無損壓縮（lossless compression）演算法，無專利，取代GIF，支援更多顏色；用於文字、線圖以及有大面積純色區塊的圖像。

processor（處理器） 一台電腦中負責執行運算與邏輯、並控管電腦其餘部分的一個部分，又稱為「中央處理器」（CPU）。英特爾及超微半導體的處理器被筆記型電腦廣為使用，大多數手機使用ARM架構處理器。

program（程式） 使電腦執行一工作的一套指令；用程式語言撰寫。

programming language（程式語言） 讓一電腦去執行序列操作的程式表述法，最終被轉譯成位元，載入隨機存取記憶體（RAM）中；例子包括組合語言、C、C++、Java、JavaScript。

protocol（協定） 關於系統彼此間如何互動的協議；最常見於網際網路，網際網路有大量關於如何在網路上交換資訊的協定。

quadratic（二次方） 數字的成長正比於一個變數或參數的平方，例如，選擇排序演算法的執行次數是要排序的資料項數量的平方，或一個圓形面積的擴大正比於半徑的平方。

RAM（Random Access Memory，隨機存取記憶體） 一台電腦的主記憶體。

ransomware（勒索軟體） 一種攻擊，對受害人的電腦或電腦上的內容加密，要求付錢才能解密。

registrar（網域名稱註冊商） 由ICANN認證授權，向個人及公司出售網域名稱的公司。

reinforcement learning（強化學習） 以機器在真實世界中執行工作的表現作為學習與改進的指引的機器學習；使用於西洋棋之類的電腦遊戲。

representation（表述，表示） 指如何以數位形式表述資訊。

RFID（Radio-Frequency Identification，無線射頻辨識） 一種低功耗的無線技術系統，用於電子門鎖、各種商品的識別標籤、寵物體內植入晶片等等。

RGB encoding（紅綠藍編碼／三原色編碼） 電腦中的色彩標準表述法，為紅、綠、藍這三原色的組合。每像素三個位元組，一個位元組是紅色的量，一個位元組是綠色的量，一個位元組是藍色的量。

router（路由器） gateway（閘道器）的另一個名稱：把資訊從一個網路傳輸至另一個網路的電腦；參見「無線路由器」（wireless router）。

RSA 最被廣為使用的公鑰加密演算法——以其發明人隆納德・李維斯特（Ronald Rivest）、阿迪・夏米爾（Adi Shamir）及雷納德・艾德曼（Leonard Adleman）為命名。

SDK（Software Development Kit，軟體開發套件） 開發軟體時使用的一套工具，幫助程式設計師為器材或環境（例如手機、遊戲機）撰寫程式。

search engine（搜尋引擎） Bing或谷歌之類的伺服器，收集網頁並回答有關於網頁的查詢。

server（伺服器） 為來自用戶端的請求，提供資料存取服務的電腦或電腦群；搜尋引擎、購物網站及社交網路都是例子。

SHA-1，SHA-2，SHA-3 安全雜湊演算法／安全散列演算法（Secure Hash Algorithm），對任意輸入資料運算出訊息摘要／雜湊值，作為密碼。SHA-1不宜用。

simulator（模擬器） 模擬一器材或其他系統的行為的程式。

smartphone（智慧型手機） iPhone及安卓之類的手機，有努力下載與執行程式（應用程式）。

social engineering（社交工程） 攻擊者偽裝成與攻擊對象有私人關係，例如一個共同友人，或聲稱任職同一公司，誘騙受害人揭露資訊或做其他事。

solid state disk/drive（固態硬碟，簡稱SSD） 使用快閃記憶體的非依電性（non-volatile，指縱使關閉電源，資訊仍然保留著）輔助儲存器材；取代使用旋轉式機器的硬碟。

source code（原始碼） 以程式設計師能理解的語言撰寫的程式文本，爾後編譯成目的碼（object code）。

spectrum（頻譜） 一系統或器材（例如電話服務或電台）使用的無線電頻率範圍。

spyware（間諜軟體） 被安裝於一台電腦上、把這台電腦上的資訊與活動情形傳回安裝者本部的軟體。

stingray（偽基地台） 這種器材模仿一手機基地台，使手機與之通訊，而非與正規的基地台通訊。

supervised learning（監督式學習） 使用有標記的例子資料（labeled data ／ tagged data）來學習的機器學習。

system call（系統呼叫） 一種讓作業系統為程式設計師提供服務的機制；系統呼叫看起來就像函式呼叫（function call）。

standard（標準） 關於一個東西如何運作、或如何建立、或如何控管的制式規格或說明，這類規格或說明夠明確而具有互操作性（interoperability），以及能夠獨立地實作。例子包括ASCII及Unicode之類的字符集，USB之類的插頭與插座，程式語言的定義。

TCP（Transmission Control Protocol，傳輸控制協定） 一種協定，使用IP來創造雙向資訊傳輸流。TCP/IP是TCP與IP的結合。

tracking（追蹤） 記錄一網頁使用者造訪過哪些網站，以及他（她）在哪些網站做什麼事。

Trojan horse（特洛伊木馬） 表面上承諾做某件事、實際上做另一件事的程式，通常是惡意程式。

troll（名詞：酸民，動詞：引戰） 在網際網路上刻意搞破壞，可當名詞及動詞。另外，「patent troll」（專利蟑螂／專利流氓）則是尋求利用粗略的專利來牟利。

Turing machine（圖靈機） 由艾倫・圖靈（Alan Turing）構思的抽象電腦，能執行任何的數位運算；一台通用圖靈機（universal Turing machine）能模擬任何其他的圖靈機，因此也能模擬任何的數位電腦。

Unicode（統一碼） 為世界上所有的書寫制的所有字符提供標準編碼。UTF-8是一種8位元的可變長度編碼，讓不同的編碼系統之間可以交換資訊，以達到相容。

Unix 由貝爾實驗室開發的一種作業系統，成為現今許多作業系統的基礎；Linux就是一種類Unix系統，提供相同的服務，但實作不同。

unsupervised learning（非監督式學習） 不以標記過的範例為學習基礎的機器學習。

URL（**Uniform Resource Locator，統一資源定位器**） 網址的標準形式，因此俗稱「網址」，例如http://www.amazon.com。

USB（**Universal Serial Bus，通用序列匯流排**） 供外接磁碟、相機、顯示器、手機之類器材插入電腦的一種標準連接器。USB-C是較新的規格，與先前的版本不相容。

variable（**變數**） 一個儲存資訊的RAM位址；「宣告一個變數」（a variable declaration）就是對一個變數給予一個名稱，也可能提供有關於它的其他資訊，例如它的初始值，或它內含的資料種類。

virtual machine（**虛擬機**） 模擬一台電腦的程式，又稱為「直譯器」（interpreter）。

virtual memory（**虛擬記憶體**） 令人錯覺有無限的主記憶體的軟體及硬體。

virus（**病毒**） 感染電腦的程式，通常是惡意的；病毒需要幫助，以從一個系統傳播至另一個系統，蠕蟲不需要協助，能自行傳播。

VoIP（**voice over Internet Protocol，俗稱網路電話**） 使用網際網路來進行語音通訊的方法，通常有途徑去連接一般的電話系統。

VPN（**virtual private network，虛擬私人網路**） 在電腦之間建立一條加密途徑，形成安全的雙向資訊流。

walled garden（**圍牆花園**） 一種軟體生態系，把使用者限制於該系統的設施內，使他們難以存取或使用此系統外的任何東西。

web beacon（**網路信標**） 一個通常看不到內容的小圖像，用以追蹤一特定網頁被下載的事實。

web server（**網頁伺服器**） 聚焦於網頁應用程式的伺服器。

Wi-Fi（**Wireless Fidelity**） 802.11無線系統標準的行銷名稱。

wireless router（**無線路由器**） 把無線器材（例如電腦）連結至一個有線網路的一種無線電器材。

worm（**蠕蟲**） 感染電腦的一種程式，通常是惡意的；不同於病毒，蠕蟲能夠在無協助下，自行從一個系統傳播至另一個系統。

zero-day（**零時差**） 指一電腦的脆弱度，防護者沒有時間去修補漏洞或抵抗攻擊。

普林斯頓最熱門的電腦通識課

作者	布萊恩‧柯尼罕 Brian W. Kernighan
譯者	李芳齡
商周集團執行長	郭奕伶
視覺顧問	陳栩椿
商業周刊出版部	
責任編輯	林雲
封面設計	Bert
內頁排版	林婕瀅
校對	呂佳真
出版發行	城邦文化事業股份有限公司 - 商業周刊
地址	104 台北市中山區民生東路二段 141 號 4 樓
	電話：(02)2505-6789 傳真：(02)2503-6399
讀者服務專線	(02)2510-8888
商周集團網站服務信箱	mailbox@bwnet.com.tw
劃撥帳號	50003033
戶名	英屬蓋曼群島商家庭傳媒股份有限公司城邦分公司
網站	www.businessweekly.com.tw
香港發行所	城邦（香港）出版集團有限公司
	香港灣仔駱克道 193 號東超商業中心 1 樓
	電話：(852)25086231 傳真：(852)25789337
	E-mail：hkcite@biznetvigator.com
製版印刷	中原造像股份有限公司
總經銷	聯合發行股份有限公司 電話：(02)2917-8022
初版 1 刷	2022 年 2 月
初版 2.5 刷	2023 年 1 月
定價	台幣 450 元
ISBN	978-626-7099-17-9（平裝）
EISBN	9786267099209（EPUB）／ 9786267099193（PDF）

版權所有‧翻印必究（本書如有缺頁、破損或裝訂錯誤，請寄回更換）
商標聲明：本書所提及之各項產品，其權利屬各該公司所有

國家圖書館出版品預行編目資料

普林斯頓最熱門的電腦通識課 / 布萊恩‧柯尼罕（Brian W. Kernighan）
著；李芳齡譯. -- 初版. -- 臺北市：城邦文化事業股份有限公司商業周刊，
2022.02
　面；　公分.
譯自：Understanding the digital world : what you need to know about
computers, the internet, privacy, and security, 2nd ed.
ISBN 978-626-7099-17-9（平裝）
1.CST: 電腦科學
312   111000549

藍學堂

學習・奇趣・輕鬆讀